TRAITÉ

DE CHIMIE

Le **Traité de Chimie,** par Louis Serres, se compose de trois parties :

Première partie : Métalloïdes, 1 volume. . . . . 3 fr. 50

Deuxième partie : Métaux, 1 volume . . . . 3 fr. 50

Troisième partie : Chimie organique, 1 volume. . . . . 3 fr. 50

Les trois parties réunies en un seul volume. Prix : 10 fr.

ÉVREUX, IMPRIMERIE CH. HÉRISSEY, PAUL HÉRISSEY, SUCC^r

TRAITÉ
DE CHIMIE

AVEC LA NOTATION ATOMIQUE

À L'USAGE

DES ÉLÈVES DE L'ENSEIGNEMENT PRIMAIRE SUPÉRIEUR
DE L'ENSEIGNEMENT SECONDAIRE MODERNE ET CLASSIQUE
DES CANDIDATS AUX ÉCOLES DU GOUVERNEMENT
ET DES ÉLÈVES DE CES ÉCOLES

PAR

LOUIS SERRES

ANCIEN ÉLÈVE DE L'ÉCOLE POLYTECHNIQUE
PROFESSEUR DE CHIMIE
À L'ÉCOLE MUNICIPALE SUPÉRIEURE JEAN-BAPTISTE SAY

———

Troisième partie : CHIMIE ORGANIQUE

———

PARIS ET LIÉGE

LIBRAIRIE POLYTECHNIQUE, CH. BÉRANGER, ÉDITEUR

PARIS, 15, RUE DES SAINTS-PÈRES, 15
LIÉGE, 21, RUE DE LA RÉGENCE, 21

———

1913

TRAITÉ DE CHIMIE

TROISIÈME PARTIE
CHIMIE ORGANIQUE

CHAPITRE PREMIER

DÉFINITION. — ANALYSE ORGANIQUE. — ÉTABLISSEMENT DES
FORMULES. — CLASSIFICATION ET NOMENCLATURE

DÉFINITION

1016. Chimie organique. — On a d'abord distingué, sous le nom
de *chimie organique*, l'étude des composés que fournissent les corps
organisés, animaux ou végétaux, soit pendant leur vie, soit après leur
mort.

Cette étude a conduit les premiers chimistes qui l'ont faite à s'oc-
cuper des circonstances de production des composés organiques et,
par conséquent, à faire de la physiologie, ou, comme l'on dit aujour-
d'hui, de la *chimie biologique*. C'est ainsi que Fourcroy, dans sa
chimie organique, étudiait le développement de la graine et les phénomènes de nutrition et que Thénard, un peu plus tard et en y
insistant beaucoup moins, confondait dans la chimie organique
l'étude de la nutrition chez les végétaux et les animaux.

1017. Espèces chimiques. — En se livrant à des recherches plus
précises, on a bien vite reconnu que la plupart des substances fournies par les êtres organisés ne sont pas des substances chimiquement
pures et nettement définies, mais des mélanges d'*espèces chimiques*,
auxquelles on a donné le nom de *principes immédiats*.

On a alors borné la chimie organique à l'étude monographique des
principes immédiats et de leurs propriétés physiques et chimiques :
le rôle qu'ils jouent dans l'organisme vivant n'intervient plus qu'à

titre de renseignement sur leur origine et les circonstances de leur production.

1018. Distinction avec la chimie minérale. — Ainsi définie, la chimie organique se distingue encore de la *chimie minérale* par l'origine des corps qu'elle étudie.

Autrefois, on établissait encore entre les deux chimies une distinction, fondée sur cette croyance erronée, que les composés organiques ne pouvaient être fournis que par les corps organisés : en les soumettant, dans les laboratoires, à l'action des réactifs minéraux, du chlore, du brome, de l'iode, du fluor, qui ne se trouvent généralement pas dans les composés organiques naturels, on a fabriqué toute une classe de composés organiques artificiels.

De plus, on a pu, par les réactions ordinaires des laboratoires, fabriquer de toutes pièces des composés identiques aux composés naturels, en partant de leurs éléments minéraux : c'est ainsi que M. Berthelot a fait la synthèse de l'alcool, Wœhler celle de l'urée, etc.

Il n'y a donc pas lieu de distinguer, à ce point de vue, la chimie organique de la chimie minérale.

1019. Définition. — Aujourd'hui, on définit généralement la chimie organique, la *chimie du carbone.*

Cette définition, que Gerhardt a donnée le premier, en se fondant sur ce que tout composé organique contient du carbone, a plus que jamais de raison d'être, depuis que, par l'étude des molécules organiques, on est arrivé à reconnaître le rôle prépondérant joué par le carbone dans la constitution de ces molécules : ainsi que nous le verrons plus loin, une molécule organique peut être considérée comme formée par un noyau de carbone, autour duquel viennent se souder les atomes des éléments qui concourent à sa formation. Ce carbone sert de trait d'union aux atomes qui constituent la molécule.

ANALYSE ORGANIQUE

1020. Analyse immédiate. — Nous avons vu qu'une substance organique est généralement constituée par un mélange de plusieurs principes immédiats. L'*analyse immédiate* a pour but la séparation de ces principes, chimiquement définis.

Pour effectuer cette séparation, on se sert le plus souvent de dissolvants appropriés. Ainsi, les substances sucrées se dissolvent dans l'eau, les résines dans la benzine, les substances grasses dans le sulfure de carbone, d'autres dans l'alcool, ou dans l'éther ; on peut aussi utiliser la variation de la solubilité avec la température.

Si le principe à extraire est volatil, on portera la substance à l'ébullition ; en tenant compte de ce que la vaporisation d'un corps a toujours lieu à une même température déterminée, on pourra, par exemple, séparer plusieurs liquides mélangés. C'est ce qu'on appelle une *distillation fractionnée*.

Mais, dans la pratique, ces procédés sont laborieux et demandent une grande habileté. Une même substance peut d'ailleurs contenir un très grand nombre de principes immédiats et Chevreul en a extrait quarante du suint.

Pour obtenir le principe isolé et dans un grand état de pureté, il faut le faire cristalliser, quand cela est possible, ou bien le soumettre à plusieurs fusions, ou à plusieurs distillations successives, jusqu'à ce que la température de l'opération soit bien fixe.

Ici encore il peut se présenter de grandes difficultés : l'acide margarique et l'acide stéarique, par exemple, fondent le premier à 60° et le second à 70°.

1021. Analyse élémentaire. — L'*analyse élémentaire*, appelée généralement *analyse organique*, a pour but de déterminer la nature et la proportion des éléments dont est formé un principe immédiat, un composé organique chimiquement pur.

Elle est fondée sur ce fait d'expérience qu'une substance organique, quand on la brûle, donne de la vapeur d'eau, de l'anhydride carbonique, et, quelquefois, de l'azote, ou de l'ammoniaque ; cela prouve que le composé brûlé contenait du carbone, de l'hydrogène, de l'oxygène et de l'azote, et c'est là, en effet, les quatre éléments que l'on trouve toujours, surtout les trois premiers, dans tout composé organique.

Si la substance organique est brûlée à l'abri de l'air, elle laisse toujours un résidu de carbone, parce qu'aucun composé organique ne contient assez d'oxygène pour brûler à la fois et tout son carbone et tout son hydrogène ; mais, si la combustion a lieu en présence d'un corps réductible et riche en oxygène, comme l'oxyde de cuivre, le carbone est entièrement brûlé.

Le dosage du carbone et de l'hydrogène se fait toujours en brûlant la substance en présence de l'oxyde de cuivre et recueillant l'anhydride carbonique et la vapeur d'eau formés. L'oxygène se dose par différence.

Si la substance analysée contient de l'azote, il faut, après avoir dosé le carbone et l'hydrogène, faire une seconde opération pour doser l'azote.

S'il y a dans le composé un autre élément, comme le soufre, le phosphore, etc., il faut aussi le doser dans une opération spéciale.

1022. Dosage du carbone et de l'hydrogène. — On commence par dessécher le corps à analyser, en le chauffant à l'étuve (fig. 256), à une température modérée et inférieure à celle de sa décomposition.

S'il s'agit d'un liquide, on le laisse pendant quelque temps en contact avec du chlorure de calcium, ou de la chaux vive.

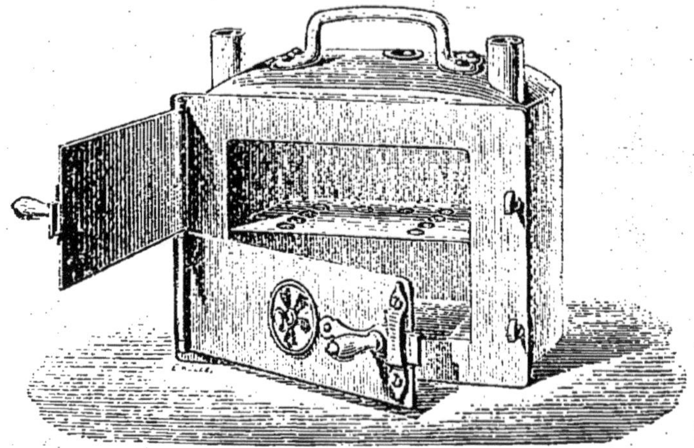

Fig. 256. — Étuve de Gay-Lussac.

Puis on prépare, d'une part, deux tubes en U, contenant, l'un de la ponce sulfurique, l'autre de la potasse caustique, et un tube à boules

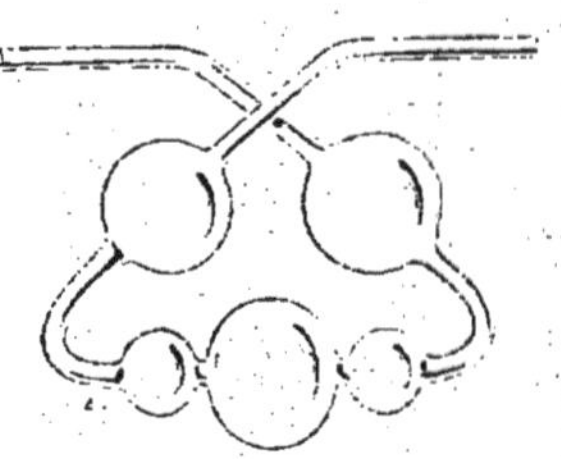

Fig. 257. — Tube à boules de Liebig.

Fig. 258. — Mortier.

de Liebig (fig. 257), dans lequel on introduit de la solution de potasse. On prend, d'autre part, un tube de verre peu fusible, long d'envi-

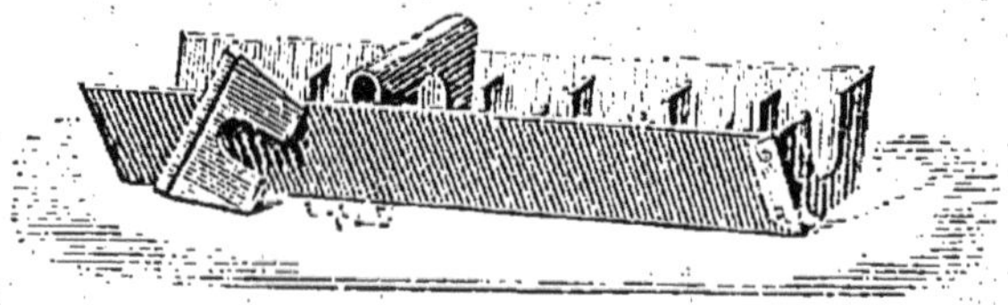

Fig. 259. — Grille à charbon pour analyse.

ron 70 centimètres, ouvert à l'une de ses extrémités et étiré en pointe à l'autre. On l'entoure entièrement d'une feuille de clinquant et on y introduit, sur une longueur de 10 centimètres, de l'oxyde cuivrique noir, préalablement desséché par calcination dans un creuset.

On réduit en poudre, dans un mortier (fig. 258), la substance à analyser, après l'avoir pesée avec soin, on la mélange à de l'oxyde de cuivre et on introduit ce mélange dans le tube à analyse ; on remplit finalement le tube avec de l'oxyde de cuivre, on le bouche et on y adapte les tubes préparés, en plaçant d'abord le tube en U à ponce sulfurique, puis le tube à boule, enfin le tube en U à potasse caustique.

On chauffe alors le tube sur une grille à charbon (fig. 259), ou

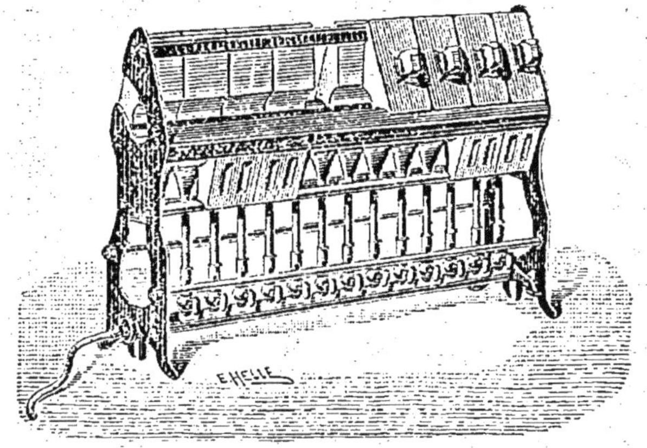

Fig. 260. — Grille à gaz pour analyse.

mieux sur une grille à gaz (fig. 260), en ayant soin de porter d'abord au rouge les petites colonnes d'oxyde de cuivre qui se trouvent aux deux extrémités du tube ; puis on chauffe modérément et progressivement la partie où se trouve la matière organique, de telle sorte que l'on puisse compter les bulbes de gaz qui traversent le tube à boules. L'appareil monté et en train de fonctionner est représenté par la figure 261.

Quand le dégagement cesse, on relie la pointe effilée du tube, au moyen d'un tuyau en caoutchouc, à un appareil producteur d'oxygène pur et sec, on brise la pointe et on fait passer ce gaz dans le tube maintenu au rouge. Les dernières traces de matière organique sont brûlées, la vapeur d'eau et l'anhydride carbonique restés dans le tube sont entraînés et bientôt il ne se dégage que de l'oxygène pur.

On arrête alors l'opération, on démonte l'appareil et on pèse les trois tubes : l'augmentation de poids du tube à ponce sulfurique fait connaître le poids de vapeur d'eau, celle des tubes à potasse fait connaître le poids d'anhydride carbonique et, connaissant la composition

de ces deux corps, on en déduit les poids de carbone et d'hydrogène
que contenait la substance analysée.

Si la substance analysée ne contient que du carbone, de l'hydrogène

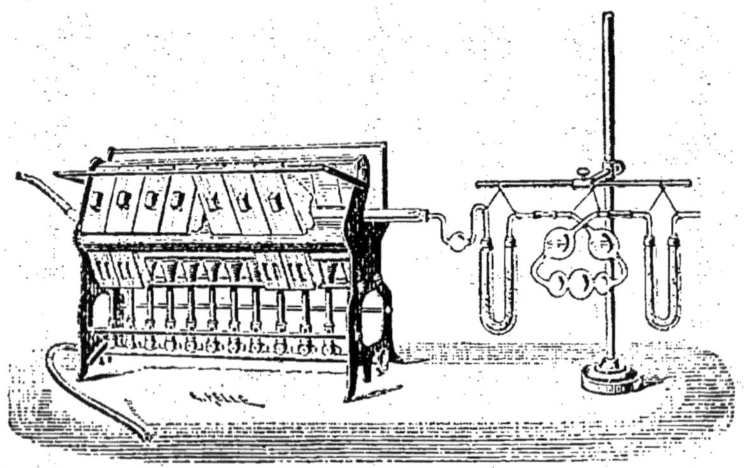

Fig. 261. — Dosage du carbone et de l'hydrogène.

et de l'oxygène, ce dernier se dose par différence ; si elle contient
d'autres éléments, il faut les doser avant de déterminer la proportion
d'oxygène.

1023. Dosage de l'azote en volume. — Une substance organique
azotée se reconnaît à ce qu'en la décomposant par la chaleur, elle
dégage, surtout en présence de la chaux, ou de la potasse caustique,
de l'ammoniaque ; de plus, si on la fait brûler à l'air, on sent une
odeur analogue à celle de la corne grillée.

Pour doser l'azote contenu dans une matière organique, on peut
employer deux méthodes ; ou bien diriger la combustion de manière
à ce que tout l'azote se dégage à l'état de gaz, le recueillir et déterminer son volume ; ou bien, le faire passer à l'état d'ammoniaque et
le doser à cet état, au moyen d'une liqueur acide titrée.

Pour doser l'azote en volume, on fait brûler la matière organique
en présence de l'oxyde de cuivre.

On prend un tube d'environ 1 mètre de long, fermé à un bout et
non étiré en pointe, ouvert à l'autre extrémité ; on l'entoure de clinquant. On met à l'extrémité fermée du bicarbonate de sodium, puis de
l'oxyde cuivrique, ensuite la matière organique pesée et mélangée à
l'oxyde de cuivre, puis encore de l'oxyde de cuivre, et enfin du cuivre
métallique, destiné à détruire les composés oxygénés de l'azote, qui
pourraient se produire pendant la combustion de la matière organique.

On adapte à l'extrémité ouverte un tube à dégagement débouchant sous une éprouvette placée sur la cuve à eau, ou à mercure. On peut aussi employer la disposition représentée par la figure 262 : le tube à dégagement arrive dans un flacon à trois tubulures, plein d'eau et surmonté d'une petite cuve, sur laquelle repose une éprouvette graduée ; ce flacon communique latéralement avec un autre flacon,

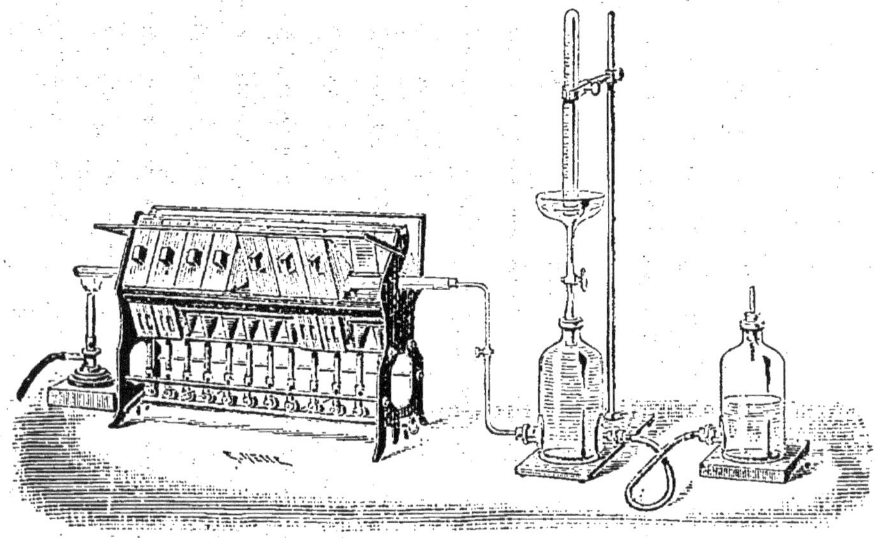

Fig. 262. — Dosage de l'azote en volume.

ouvert et contenant de l'eau. De cette façon, le niveau dans la cuve est constant.

On chasse d'abord tout l'air de l'appareil, en chauffant le bicarbonate de sodium. Quand tout l'air est chassé seulement, on place l'éprouvette et on chauffe au rouge le cuivre métallique, puis l'oxyde de cuivre, et enfin progressivement la matière organique mélangée à l'oxyde. Il se forme de la vapeur d'eau, qui se condense dans la cuve, de l'anhydride carbonique, qui est absorbé par de la potasse, que l'on a eu soin de mettre dans l'eau de la cuve, et de l'azote que l'on recueille dans l'éprouvette et dont on détermine le volume V.

Connaissant la température t, la pression atmosphérique H et le poids a du litre d'azote à 0° et sous la pression 760, on en déduira le poids P d'azote par la formule :

$$P = V \times a \times \frac{1}{1 + \alpha t} \times \frac{H}{760}.$$

1024. Dosage de l'azote à l'état d'ammoniaque. — Cette méthode est fondée sur ce fait, que, lorsqu'on chauffe une substance organique en présence d'un alcali, ou de la chaux, tout l'azote passe à l'état d'ammoniaque.

On prend un tube d'environ 50 centimètres de long, ouvert à un bout, fermé à l'autre, et on l'entoure de clinquant. On y introduit d'abord un mélange d'oxalate de calcium et de chaux sodée, puis la matière organique, mélangée de chaux sodée, et enfin de la chaux sodée ; on place le tube sur la grille à gaz et on y adapte un

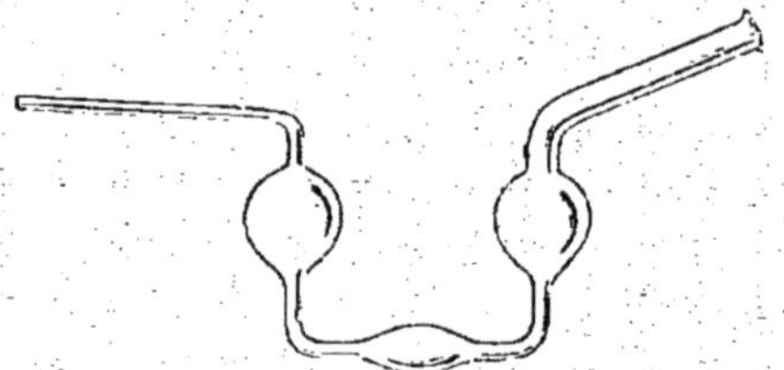

Fig. 263. — Tubes à trois boules, de Will.

tube à 3 boules de Will (fig. 263), contenant une liqueur acide titrée.

Supposons cette liqueur acide faite d'un mélange d'eau et de 98 grammes d'acide sulfurique SO^4H^2, le tout formant un volume d'un litre. La formule de la réaction de l'acide sulfurique sur l'ammoniaque :

$$SO^4H^2 + 2AzH^3 = SO^4(AzH^4)^2$$

nous montre que 98 grammes d'acide sulfurique sont saturés par 34 grammes d'ammoniaque, contenant 28 grammes d'azote ; donc, 10 centimètres cubes de la liqueur acide, contenant $0^{gr},98$ d'acide, sont saturés par un poids d'ammoniaque contenant $0^{gr},28$ d'azote.

On prend, avec une solution alcaline, contenue dans une burette graduée, le titre de 10 centimètres cubes de la liqueur acide et on en introduit 10 centimètres cubes dans le tube à boules. Soit N le nombre de divisions de la burette nécessaires pour saturer l'acide.

L'appareil étant disposé comme l'indique la figure 264, on chauffe d'abord l'extrémité du tube, où se trouve l'oxalate de calcium et la chaux sodée ; il se forme de l'hydrogène, qui se dégage et entraîne l'air du tube. Puis on porte au rouge la chaux sodée des deux extrémités et l'on chauffe progressivement la matière organique mélangée de chaux sodée ; l'ammoniaque se dégage et vient passer dans la liqueur acide, qui l'absorbe. Quand l'opération est terminée, on chauffe de nouveau l'oxalate de calcium, l'hydrogène produit balaye tout l'ammoniaque qui est dans le tube et l'entraîne dans la liqueur acide.

On recueille alors l'acide contenu dans le tube à boule et partiellement saturé par l'ammoniaque, et on détermine, avec la même solution alcaline qu'avant l'expérience, son nouveau titre.

Soit n le nombre de divisions de la burette qu'il faut alors verser ; $N-n$ représente le volume de la solution alcaline correspondant à la quantité d'acide sulfurique neutralisé par l'ammoniaque.

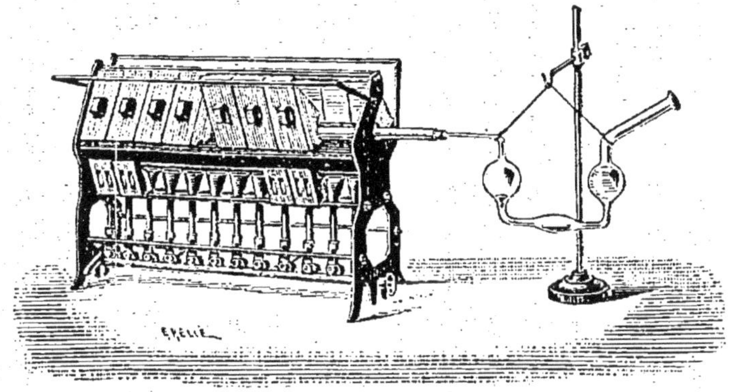

Fig. 264. — Dosage de l'azote à l'état d'ammoniaque.

Or, N, qui neutralisait 10 centimètres cubes d'acide sulfurique, correspondait à $0^{gr},28$ d'azote ; donc $N-n$ correspondra à un poids x, qui sera donné par la relation :

$$\frac{0,28}{N} = \frac{x}{N-n}.$$

D'où :

$$x = \frac{N-n}{N}\, 0,28.$$

DÉTERMINATION DES FORMULES

1025. Position de la question. — Les méthodes d'analyse précédentes font connaître la composition centésimale de la substance : une fois cette composition connue, il faut en déduire la formule du corps.

Il est d'abord facile d'établir les rapports des nombres d'atomes des éléments, qui entrent dans la constitution du corps.

Soit, par exemple, l'acide acétique, pour lequel l'analyse donne, en centièmes, la composition suivante :

$$
\begin{aligned}
C &= 40 \\
H &= 6,66 \\
O &= 53.34 \\
\hline
&\ 100,00
\end{aligned}
$$

On connaît les poids atomiques des trois éléments, qui ont été déterminés dans la première partie de ce traité (46); en divisant chacune des quantités centésimales par le poids atomique, on aura donc le nombre d'atomes de chaque élément qui entre dans la molécule. Ce calcul donne :

Pour le carbone : $\dfrac{40}{6} = 3,3$

Pour l'hydrogène : $\dfrac{6,6}{6} = 6,6$

Pour l'oxygène : $\dfrac{53,34}{16} = 3,3$

En admettant que la molécule ne renferme qu'un atome de carbone, elle en renfermerait donc 2 d'hydrogène et 1 d'oxygène; de sorte que la formule la plus simple que l'on puisse donner à l'acide acétique est CH^2O.

Il est possible que cette formule soit exacte, mais il se peut aussi qu'elle ne le soit pas. Pour le reconnaître, nous distinguerons plusieurs cas.

1026. Cas où la substance est volatile. — Si la substance est volatile, il est facile de savoir quelle est sa formule.

Nous savons (46) que la molécule correspond à 2 volumes, celui de l'atome d'hydrogène étant 1, et que le poids moléculaire d'une substance s'obtient, par suite, en multipliant sa densité de vapeur par 28,88.

Or, l'acide acétique est volatil; sa densité de vapeur est 2,077 et par conséquent son poids moléculaire est 60. Si l'on prend pour cet acide la formule CH^2O, la somme des poids atomiques des éléments ne donne que 30 pour poids de la molécule; il faut donc la doubler et prendre $C^2H^4O^2$.

Citons encore un autre exemple. L'analyse de la benzine montre que ce corps est composé en centièmes de la façon suivante :

$$C = 92,308$$
$$H = \underline{\quad 7,692}$$
$$100,000$$

En divisant chacune des quantités centésimales par le poids atomique de l'élément, on trouve :

Pour le carbone : $\dfrac{92,308}{12} = 7,69$

Pour l'hydrogène : $\dfrac{7,69}{1} = 7,69.$

La formule de la benzine est donc CH, ou un multiple de cette expression.

Or, la densité de vapeur de la benzine étant 2,7, son poids moléculaire est 78. Si l'on prenait pour formule CH, la molécule ne pèserait que 13, qui est le sixième du poids réel. Il faut donc multiplier CH par 6, et la formule de la benzine est C^6H^6.

1027. Cas où la substance est acide. — Si la substance n'est pas volatile sans décomposition, on peut, pour établir la formule, avoir recours à ses propriétés chimiques.

Si la substance est acide, on en forme un sel, en la combinant à un oxyde, l'oxyde d'argent par exemple. La constitution de ce sel indique quelle formule on doit choisir.

Soit, par exemple, encore, l'acide acétique. On sait que l'acide acétique ne forme, avec l'oxyde d'argent ou les alcalis, qu'une seule espèce de sel; il est donc monobasique et, par conséquent, le poids moléculaire de l'acétate d'argent est donné par le poids de ce sel qui contient un atome, ou 108 grammes d'argent.

L'analyse de l'acétate d'argent montre que c'est 167 grammes d'acétate qui contient 108 grammes d'argent. En remplaçant les 108 grammes d'argent par 1 gramme d'hydrogène, on aura le poids moléculaire de l'acide acétique, que l'on trouve égal à 60.

Connaissant le poids moléculaire, la formule s'établit comme dans le cas précédent.

1028. Cas des substances basiques. — On opérera d'une manière analogue pour déterminer le poids moléculaire, et par suite la formule, d'une substance organique, non volatile sans décomposition et fonctionnant comme base.

Par exemple, pour l'aniline, on déterminera le poids moléculaire de son chlorhydrate, ou de son chloroplatinate, et l'on en déduira le poids moléculaire de l'aniline, qui est 93.

La formule à laquelle on est alors conduit est C^6H^7Az.

1029. Cas des substances neutres. — Pour les substances neutres, on ne peut plus avoir recours à l'analyse de leurs sels.

On prend alors en considération les réactions chimiques auxquelles ces substances donnent naissance et les composés qu'elles produisent et dont la composition est connue. En écrivant alors les formules des réactions, on est conduit à donner à la substance étudiée une formule déterminée.

La synthèse des composés organiques peut donner, pour l'établissement de la formule, de précieuses indications.

Par exemple, M. Berthelot a obtenu l'alcool en combinant l'hydrocarbure appelé éthylène avec de l'acide iodhydrique et décomposant par la potasse caustique le composé ainsi obtenu.

Or, l'éthylène a pour formule C^2H^4 et l'acide iodhydrique HI ; la combinaison ayant lieu sans résidu, la molécule du composé formé est représentée par la formule C^2H^5I.

La potasse caustique a pour formule KOH. Quand on traite le composé C^2H^5I par la potasse, il se forme de l'iodure de potassium KI et de l'alcool. La réaction sera donc représentée par l'équation :

$$C^2H^5I + KOH = KI + C^2H^6O.$$

C^2H^6O est donc la formule de l'alcool.

CLASSIFICATION DES COMPOSÉS ORGANIQUES

1030. Essais primitifs. — Au début de la chimie organique, on a classé les composés d'après leur origine, d'abord en corps extraits des animaux, ou des végétaux, puis en corps extraits des muscles, de la graisse, de l'urine, etc.

Mais cette classification, qui n'a rien de chimique et qui ne tient aucun compte des propriétés chimiques des corps étudiés, est, on le conçoit, très défectueuse.

1031. Théorie des types. — Laurent et Gerhardt sont les premiers chimistes qui aient indiqué une classification rationnelle des composés organiques.

Pour eux, tous ces corps peuvent se ramener à trois types :

1° Le type acide chlorhydrique, HCl, auquel se réduisent tous les composés formés par l'union de deux éléments, ou de deux radicaux, univalents.

A ce type, se rattachent le chlorure de méthyle $(CH^3)Cl$, l'iodure d'éthyle $(C^2H^5)I$, etc.

2° Le type eau, H^2O, qui représente l'union d'un élément, ou d'un radical, bivalent avec 2 atomes d'un élément, ou d'un radical, monovalent.

Tels sont l'alcool, ou hydrate d'éthyle, $(C^2H^5)OH$, l'acide acétique, ou hydrate d'acétyle, $(C^2H^3O)OH$, etc.

3° Le type ammoniaque, AzH^3, auquel se rattachent les composés formés par la combinaison d'un élément, ou d'un radical, trivalent avec 3 atomes d'éléments, ou de radicaux, univalents.

A ce type appartiennent les ammoniaques composées, la méthylamine $AzH^2(CH^3)$, l'éthylamine $AzH^2(C^2H^5)$, la triméthylamine $Az(CH^3)^3$.

On a depuis ajouté, aux types de Laurent et Gerhardt, un quatrième type, le type hydrogène protocarboné CH^4, auquel se rattachent le tétrachlorure de carbone CCl^4, tous les hydrocarbures saturés et leurs dérivés.

1032. Fonctions chimiques. — Lorsqu'on a bien connu la constitution des composés organiques, on a été conduit à les étudier en commençant par les plus simples, pour finir par les plus complexes. Cet ordre est d'autant plus rationnel que l'on arrive ainsi à grouper en même temps les substances organiques par fonctions chimiques.

Voici quelles sont les principales :

1° La fonction *hydrocarbure* comprend tous les composés organiques uniquement formés de carbone et d'hydrogène, comme le gaz des marais, l'éthylène, l'essence de térébenthine, la benzine, la naphtaline, etc.

Ce sont les composés organiques les plus simples.

2° La fonction *alcool*, dont les divers corps sont composés de carbone, d'hydrogène et d'oxygène, comme l'alcool ordinaire, l'esprit de bois, la glycérine.

Ce sont des corps neutres, qui dérivent des hydrocarbures par substitution d'un groupe OH à un atome d'hydrogène.

Sous l'action de corps oxydants, les alcools donnent des aldéhydes et des acides ; par l'action des acides, ils donnent des éthers.

3° La fonction *aldéhyde* comprend des corps, composés également de carbone, d'hydrogène et d'oxygène et qui dérivent des alcools par une oxydation incomplète, dont le seul effet est d'enlever de l'hydrogène.

Tels sont le camphre, l'essence d'amandes amères, etc.

4° La fonction *acide*, dont les corps, toujours formés des mêmes éléments, fonctionnent comme les acides que nous avons déjà étudiés, c'est-à-dire sont attaqués par les métaux avec formation de sels

A ce groupe appartiennent les acides formique, acétique, oxalique, tartrique, etc.

On peut les considérer, en général, comme dérivant des alcools par une oxydation complète, qui enlève de l'hydrogène et le remplace par de l'oxygène.

5° La fonction *éther* comprend des corps, toujours formés de carbone, d'hydrogène et d'oxygène et qui peuvent être engendrés de deux façons.

Les uns résultent de la combinaison de deux alcools, avec élimination d'eau ; tels sont l'*éther ordinaire*, vulgairement appelé *éther sulfurique*, et toute la classe des *éthers mixtes*.

Les autres sont produits par l'union des acides et des alcools, avec élimination d'eau. On les appelle *éthers proprement dits* et on les compare aux sels.

Ils ont la propriété, sous l'influence d'un alcali, de donner un sel de cet alcali et de régénérer l'alcool ; cette réaction porte le nom de *saponification*.

6° La fonction *alcali* comprend deux séries de corps, formés en général de quatre éléments, carbone, hydrogène, oxygène et azote : les uns, que l'on trouve dans la nature et que l'on extrait presque uniquement des végétaux, sont appelés *alcaloïdes végétaux*, comme la morphine, la nicotine, l'atropine. Ils sont généralement très vénéneux.

Les autres, que l'on prépare artificiellement, et que l'on peut considérer comme dérivant de l'ammoniaque AzH^3 par le remplacement d'un ou de plusieurs atomes d'hydrogène par un, ou plusieurs, radicaux univalents, portent le nom d'*amines*, ou *ammoniaques composées*. Les principaux sont la méthylamine, l'éthylamine, et surtout l'aniline ou phénylamine.

7° La fonction *amide* comprend des corps, également formés de quatre éléments et qui prennent naissance dans l'action de l'ammoniaque sur les chlorures de radicaux d'acide. On peut les considérer comme des sels ammoniacaux, moins de l'eau.

Ainsi, l'urée, ou carbamide, est du carbonate d'ammonium, moins de l'eau.

8° Les *radicaux organo-métalliques* comprennent des groupes organiques, dans lesquels on a artificiellement fait entrer des métaux. Tels sont le zinc méthyle, le mercure éthyle, etc.

1033. Séries homologues. — Indépendamment de la classification par fonctions, on groupe encore les composés organiques en *séries homologues*. Les corps d'une même série sont représentés par une même formule générale, de telle sorte qu'ils ne diffèrent les uns des autres que par un multiple de CH^2.

Ainsi, il existe toute une série de carbures, dont le premier est le gaz des marais CH^4 et qui sont représentés par la formule générale C^nH^{2n+2}.

De même, l'esprit de bois CH^4O et l'alcool ordinaire C^2H^6O font partie d'une même série homologue, dont tous les composés, représentés par la formule générale $C^nH^{2n+2}O$, appartiennent à la fonction alcool.

Dans chacune de ces séries homologues, les termes ont les mêmes propriétés chimiques ; ils donnent lieu, avec les mêmes réactifs, à des réactions absolument analogues, de telle sorte qu'il suffit d'avoir étudié l'un deux pour connaître les propriétés chimiques des autres.

Mais il y a plus. On a reconnu aussi une certaine relation entre les propriétés physiques des composés organiques homologues.

Ainsi, pour les alcools de la formule générale $C^nH^{2n+2}O$, la température d'ébullition croît de 12 à 19 degrés par nombre de CH^2. Par exemple, l'alcool méthylique CH^4O bout à 66°; l'alcool ordinaire $C^2H^6O = CH^4O + CH^2$ bout à 78°; l'alcool propylique $C^3H^8O = C^2H^6O + H^2O$ bout à 97°, et ainsi de suite.

On voit donc toute l'importance qu'il faut attacher à cette notion de l'homologie.

Nous étudierons les composés organiques en les classant par séries homologues.

Mais il y a lieu aussi de rapprocher les uns des autres les composés dans lesquels entre un même radical : c'est ainsi que l'on distinguera la *série méthylique,* ou série des composés du radical méthyle CH^3; la *série éthylique,* ou série des composés du radical éthyle C^2H^5, etc.

1034. Nomenclature des composés organiques. — Les composés organiques sont extrêmement nombreux ; mais on peut les diviser en groupes, dans chacun desquels tous les composés se déduisent par substitution d'un premier composé fondamental.

Les chimistes ont pensé avec raison qu'il y avait intérêt à établir des règles, simples et fondées sur ces phénomènes de substitution, pour former les noms des composés organiques.

Ces règles toutes nouvelles, puisqu'elles ont été émises en 1892 par une Commission internationale réunie à Genève, ne sont pas encore entrées entièrement dans la pratique de l'enseignement et certaines difficultés, soulevées dans l'application, ne sont pas encore entièrement résolues.

Nous en indiquerons néanmoins dans cette partie, à propos de chaque groupe de composés, les lignes principales et nous les appliquerons aux composés les plus simples.

CHAPITRE II

GÉNÉRALITÉS

1035. Généralités sur les hydrocarbures. — Les hydrocarbures sont des composés, uniquement formés de carbone et d'hydrogène; tous

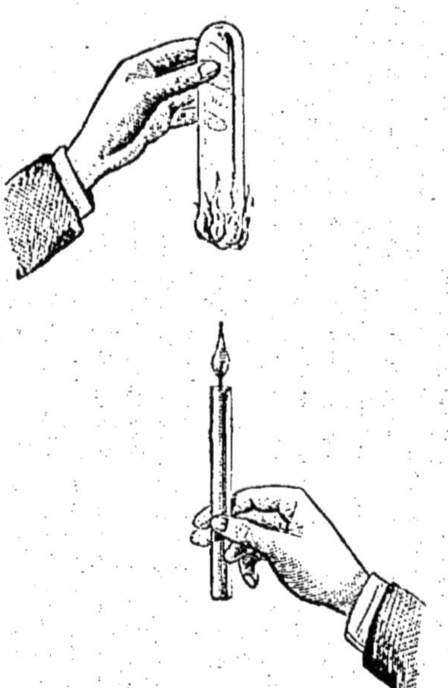

Fig. 265. — Combustion d'un hydrocarbure.

brûlent, en donnant de l'eau et de l'anhydride carbonique (fig. 265).

On les divise en plusieurs séries homologues :

1º La série des *hydrocarbures saturés*, ou *paraffines*, représentés par la formule générale C^nH^{2n+2} et ainsi nommés parce qu'on ne connaît pas de composés qui, pour la même quantité de carbone, contiennent plus d'hydrogène, qu'ils sont saturés d'hydrogène et que, par suite, ils ne se combinent directement à aucun corps, à moins qu'ils ne perdent de l'hydrogène.

Ainsi, sous l'action du chlore, le gaz des marais CH^4, qui est le premier terme de la série, donne, à la température ordinaire et à la lumière solaire, un dérivé chloré de formule CH^3Cl et de l'acide chlorhydrique :

$$CH^4 + Cl^2 = CH^3Cl + HCl.$$

2° La série des hydrocarbures *éthyléniques*, qui ont pour formule générale C^nH^{2n} et dont le premier terme est l'éthylène C^2H^4.

Ces carbures dérivent presque tous d'alcools, par déshydratation ; ils ne sont pas saturés et peuvent se combiner directement au chlore, sans rien perdre de leurs éléments.

Par exemple, l'éthylène se combine au chlore, pour donner la liqueur des Hollandais $C^2H^4Cl^2$.

3° Les carbures *acétyléniques*, dont la formule générale est C^nH^{2n-2} et dont le premier terme est l'acétylène C^2H^2.

On connaît encore d'autres séries d'hydrocarbures, dans lesquelles la quantité d'hydrogène va toujours en diminuant ; elles comprennent les essences, telles que l'essence de térébenthine, extraites des végétaux, et des produits extraits du goudron de houille, comme la benzine, le toluène, la naphtaline, l'anthracène.

Tous ces derniers corps appartiennent à la *série aromatique*.

1036. Généralités sur les alcools. — Les alcools sont des composés ternaires, formés de carbone, d'hydrogène et d'oxygène, et neutres, au point de vue chimique.

Les alcools ont principalement la propriété d'agir sur les acides pour donner des éthers.

On les distingue en alcools primaires, secondaires, tertiaires.

Les alcools primaires, par oxydation, donnent des aldéhydes et des acides. On les distingue en alcools monoatomiques et polyatomiques.

Les alcools secondaires, en s'oxydant, donnent des corps d'une fonction spéciale, les acétones.

Enfin, les alcools tertiaires se détruisent par l'oxydation, sans donner ni aldéhydes, ni acétones, mais en donnant des acides, moins riches en carbone que les alcools primitifs.

1037. Généralités sur les acides. — Les acides, composés de carbone, d'hydrogène et d'oxygène, se divisent en acides monobasiques, bibasiques, tribasiques, etc.

Les acides monobasiques ont pour formule générale $C^nH^{2n}O^2$, les acides bibasiques $C^nH^{2n}O^4$; les acides tribasiques $C^nH^{2n}O^6$, et ainsi de suite.

Chacun de ces groupes se subdivise lui-même.

Parmi les acides monobasiques on distingue :

1° Les acides gras, de formule générale $C^nH^{2n}O^2$, ainsi nommés parce qu'ils contiennent des acides que l'on trouve dans les graisses, l'acide margarique et l'acide stéarique.

On a désigné alors sous le nom de *série grasse* l'ensemble de ces acides, des alcools dont ils dérivent, des hydrocarbures qui se rattachent à ces alcools et des dérivés de ces hydrocarbures.

2° Les acides acrylique, crotonique, etc., de formule générale $C^nH^{2n-2}O^2$.

3° Les acides propargylique, sorbique, etc., de formule $C^nH^{2n-4}O^2$.

4° Un groupe d'acides de formule générale $C^nH^{2n-6}O^2$.

5° Les acides aromatiques, comme les acides benzoïque, toluique, etc., de formule $C^nH^{2n-8}O^2$.

6° Les acides cinnamique, pinique, etc., de formule générale $C^nH^{2n-10}O^2$.

De même, les acides bibasiques comprennent les subdivisions suivantes :

1° La série oxalique, de formule $C^nH^{2n-2}O^4$, comprenant les acides oxalique, malonique, succinique, etc.

2° Les acides fumarique, camphorique, qui ont pour formule générale $C^nH^{2n-4}O^4$.

3° Des acides de formule $C^nH^{2n-6}O^2$.

4° Des acides de formule $C^nH^{2n-8}O^2$.

5° La série aromatique, de formule $C^nH^{2n-10}O^4$, comprenant l'acide phtalique.

Les acides polybasiques, connus en moins grand nombre, ne se subdivisent pas.

1038. Généralités sur les éthers. — On a appelé éthers des composés de natures diverses :

D'abord, les combinaisons d'alcools entre eux, avec élimination d'eau ; ces composés, connus sous le nom d'*éthers ordinaires*, quand la combinaison a lieu entre deux molécules d'un même alcool, ou *éthers mixtes*, lorsqu'elle a lieu entre deux molécules d'alcools différents, sont des oxydes de radicaux alcooliques. Ainsi l'éther ordinaire est de l'oxyde d'éthyle.

On a réservé, en général, le nom d'*éthers,* ou d'*éthers proprement dits*, pour les éthers formés par l'action des acides sur les alcools. Mais autrefois on établissait encore une distinction : les éthers obtenus par l'action des hydracides étaient appelés *éthers simples,* ceux qui étaient obtenus par l'action des oxacides, *éthers composés.*

Aujourd'hui les premiers sont considérés comme des chlorures, bromures, ou iodures de radicaux alcooliques, et l'on conserve le nom d'éthers pour les anciens éthers composés.

On appelle *alcools monoatomiques* ceux qui n'ont besoin, pour s'éthérifier, que d'une seule molécule d'un acide monobasique; ceux qui en exigent plusieurs molécules s'appellent *alcools polyatomiques*.

1039. Généralités sur les aldéhydes. — Les aldéhydes sont des composés ternaires, qui dérivent des alcools primaires par enlèvement de deux atomes d'hydrogène, au moyen d'un corps oxydant.

Ainsi l'alcool C^2H^6O donne l'aldéhyde C^2H^4O.

On peut considérer les aldéhydes comme des hydrures de radicaux organiques, de radicaux d'acide.

Ainsi, l'aldéhyde C^2H^4O est un hydrure du radical acétyle C^2H^3O :

$$C^2H^4O = (C^2H^3O)\ H.$$

Leur formule générale est $C^nH^{2n}O$.

Par oxydation, les aldéhydes donnent l'acide, correspondant à l'alcool dont elles dérivent.

Ainsi, l'aldéhyde ordinaire C^2H^4O donne, en s'oxydant, l'acide acétique $C^2H^4O^2$.

Par hydrogénation, les aldéhydes régénèrent l'alcool dont elles dérivent.

Les aldéhydes ont la propriété curieuse et importante de se combiner aux bisulfites alcalins, en donnant un composé cristallisé; ce corps est ensuite décomposé par les acides, en redonnant l'aldéhyde, ce qui fournit un mode de purification de ce dernier corps.

1040. Généralités sur les acétones. — Les acétones, composés ternaires, prennent naissance dans l'oxydation des alcools secondaires, comme les aldéhydes proviennent de l'oxydation des alcools primaires.

Ainsi, l'alcool propylique secondaire C^3H^8O donne par oxydation l'acétone ordinaire C^3H^6O.

On appelle quelquefois, pour cette raison, les acétones des *aldéhydes secondaires*.

On peut les considérer comme des aldéhydes, dans lesquelles un atome d'hydrogène est remplacé par un radical alcoolique. Ainsi l'acétone C^3H^6O est un méthylure d'acétyle :

$$C^3H^6O = (C^2H^3O)\ CH^3$$

Les acétones présentent certaines analogies avec les aldéhydes : comme ces dernières, elles forment, avec les bisulfites alcalins, des combinaisons cristallines.

En s'hydratant, elles régénèrent l'alcool secondaire, dont elles dérivent.

1041. Généralités sur les chlorures de radicaux d'acides. — Ces composés représentent des acides, dont l'hydrogène basique a été remplacé par du chlore.

Ainsi, le chlorure d'acétyle C^2H^3OCl dérive de l'acide acétique C^2H^3OH par remplacement de l'hydrogène basique par du chlore.

On peut les rapprocher des chlorures de radicaux alcooliques, comme le chlorure d'éthyle C^2H^5Cl ; mais l'acétyle est électro-négatif, tandis que l'éthyle est électro-positif.

Traités par l'eau, les chlorures de radicaux d'acide donnent de l'acide chlorhydrique et régénèrent l'acide dont ils dérivent :

$$C^2H^3OCl + H^2O = C^2H^4O^2 + HCl$$

1042. Généralités sur les amides. — Les amides sont des composés que l'on peut considérer comme des sels ammoniaux, moins les éléments de l'eau.

Ainsi, l'acétamide $C^2H^5OAzH^2$ est de l'acétate d'ammonium $C^2H^3O^2AzH^4$, moins de l'eau :

$$C^2H^3OAzH^2 = C^2H^3O^2AzH^4 - H^2O.$$

On peut aussi considérer les amides comme résultant du remplacement, dans l'ammoniaque AzH^3, d'un atome d'hydrogène par un radical d'acide

Dans cette manière de voir, l'acétamide $C^2H^3OAzH^2$ est de l'ammoniaque AzH^3, où un atome d'hydrogène est remplacé par de l'acétyle C^2H^3O. La formule de constitution de l'acétamide est alors :

$$Az \begin{cases} C^2H^3O \\ H \\ H \end{cases}$$

Cette manière de considérer les amides est confirmée par le mode de production de ces corps, qui consiste à faire agir l'ammoniaque sur le chlorure d'acétyle :

$$AzH^3 + C^2H^3OCl = AzH^2 (C^2H^3O) + HCl.$$

On les obtient aussi en chauffant les éthers des acides gras avec l'ammoniaque.

On distingue :

1° Les amides *primaires*, qui résultent du remplacement d'un seul atome d'hydrogène par un radical d'acide.

2° Les amides *secondaires*, comme la diacétamide $AzH (C^2H^3O)^2$, qui résultent du remplacement de deux atomes d'hydrogène par deux radicaux d'acide.

3° Les amides *tertiaires*, qui résultent du remplacement de trois atomes d'hydrogène par trois radicaux d'acide.

Les amides primaires, par l'action d'un corps déshydratant, comme l'anhydride phosphorique, perdent de l'eau et donnent des composés appelés *nitriles*.

Ainsi l'acétamide $C^2H^3OAzH^2$ donne l'acétonitrile C^2H^3Az :

$$C^2H^3O\ AzH^2 = C^2H^3Az + H^2O.$$

L'acétonitrile n'est autre chose que le cyanure de méthyle CH^3CAz et chaque nitrile est ainsi le cyanure du radical de l'alcool inférieur à celui qui correspond à l'acide de l'amide.

Le nitrile de l'acide formique CH^3O^2 est ainsi l'acide cyanhydrique $HCAz$, que l'on peut obtenir en chauffant le formiate d'ammonium :

$$CHO^2AzH^4 = HCAz + 2H^2O.$$

1043. Généralités sur les ammoniaques composées. — Les ammoniaques composées sont des bases organiques, préparées artificiellement et que l'on peut considérer comme dérivant de l'ammoniaque AzH^3 par remplacement de 1, 2, ou 3 atomes d'hydrogène par 1, 2, ou 3 atomes de radicaux alcooliques, identiques ou différents.

On les appelle aussi souvent des *amines*.

Par exemple, la méthylamine $AzH^2 (CH^3)$ est de l'ammoniaque AzH^3, dans lequel un atome d'hydrogène est remplacé par du méthyle CH^3.

On les obtient en faisant agir sur l'ammoniaque un chlorure, ou un iodure, de radical alcoolique :

$$CH^3I + AzH^3 = AzH^2CH^3 + HI.$$

On les divise en : *ammoniaques primaires*, résultant du remplacement de 1 seul atome d'hydrogène par un radical alcoolique ; *ammoniaques secondaires*, produites par le remplacement de 2 atomes d'hydrogène, et *ammoniaques tertiaires*, renfermant 3 radicaux alcooliques.

Ainsi la méthyléthylamylamine :

$$Az\begin{cases} CH^3 \\ C^2H^5 \\ C^5H^{11} \end{cases}$$

Tous ces corps ont des propriétés alcalines, comme l'ammoniaque.

On a obtenu des amines, dans lesquelles l'azote est remplacé par le phosphore, l'arsenic, l'antimoine. On leur a donné les noms de *phosphines, arsines, stibines*.

Ces corps dérivent des hydrogènes phosphoré, arsénié et antimonié, comme les amines dérivent de l'ammoniaque.

Ainsi l'éthylphosphine :

$$P\begin{cases} C^2H^5 \\ H \\ H \end{cases}$$

dérive de l'hydrogène phosphoré PH^3, par remplacement d'un atome d'hydrogène par le radical éthyle.

1044. Généralités sur les radicaux organo-métalliques. — Les radicaux alcooliques, qui s'unissent aux métalloïdes comme le chlore, l'iode, qui peuvent saturer une ou plusieurs des valences de l'azote, peuvent aussi s'unir aux métaux et donner les composés appelés organo-métalliques.

Tels sont le zinc éthyle $Zn(C^2H^5)^2$, le mercure éthyle $Hg(C^2H^5)^2$, le bismuth éthyle $Bi(C^2H^5)^3$, le stannotétréthyle $Sn(C^2H^5)^4$.

L'étude de ces composés est importante au point de vue de l'atomicité des métaux ; ils constituent également des réactifs importants pour la chimie organique.

SÉRIE MÉTHYLIQUE

1045. Généralités. — Les corps de cette série sont tous des composés du radical monovalent, le méthyle CH^3.

Voici les principaux de ces composés.

HYDRURE DE MÉTHYLE (Méthane)

$$(CH^3)H$$

L'hydrure de méthyle, qui n'est autre chose que le *méthane*, ou *gaz des marais*, CH^4, a été déjà étudié page 271.

HYDRATE DE MÉTHYLE (Méthanol)

$$(CH^3)OH$$

1046. Préparation. — L'hydrate de méthyle constitue l'*alcool méthylique*, appelé aussi *esprit de bois* et *méthanol*.

On l'obtient généralement dans la distillation sèche du bois en vase clos. On coupe le bois en morceaux, on l'introduit dans des cylindres (fig. 266), que l'on ferme ensuite et que l'on chauffe au rouge. Il se forme alors un grand nombre de produits *pyrogénés*, c'est-à-dire dus à l'action du feu, volatils, qui passent dans une série de tubes, refroidis par un courant d'eau ; la plus grande partie de ces produits se condense et est recueillie dans un récipient inférieur. Ceux qui restent à l'état gazeux sont utilisés pour chauffer le foyer.

Les parties liquides recueillies sont formées de goudron, d'acide acétique, appelé ici acide pyroligneux, d'esprit de bois, etc. On sépare par décantation les parties plus liquides du goudron ; on obtient ainsi un liquide brun, d'une odeur goudronneuse, que l'on distille. En recueillant seulement le premier dixième de ce qui passe à la distillation, on retire tout l'esprit de bois, qui est la partie la plus volatile, mélangé d'un peu d'acide acétique, ainsi que de sels d'ammoniaque et de méthylamine.

On traite le produit de la distillation par la chaux vive, qui retient l'acide acétique, et par l'acide sulfurique, qui décompose les sels

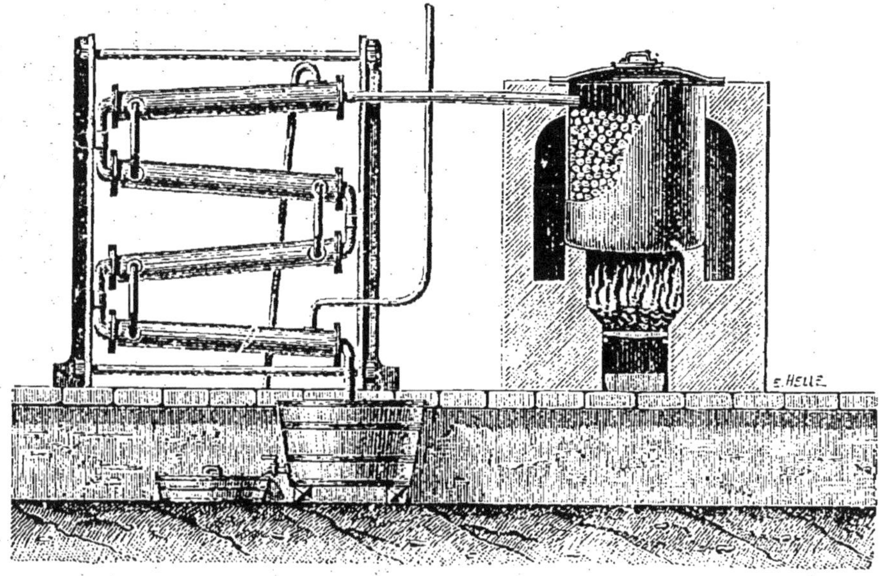

Fig. 266. — Distillation du bois.

d'ammoniaque et de méthylamine, et on distille de nouveau.

Enfin, pour l'avoir absolument pur, on le chauffe au bain-marie, en présence du chlorure de calcium, et on le rectifie sur de la chaux vive.

M. Berthelot a fait la synthèse de l'alcool méthylique, en partant du chlorure de méthyle CH^3Cl, qui peut être obtenu par la combinaison directe de ses éléments, et en le chauffant à 100°, en tube scellé, en présence d'une solution de potasse caustique :

$$CH^3Cl + KOH = (CH^3)OH + KCl.$$

1047. Propriétés physiques. — L'alcool méthylique est un liquide très mobile, incolore, d'une odeur empyreumatique.

Il est soluble dans l'eau, dans l'alcool, dans l'éther, en toutes proportions; quand il trouble l'eau, c'est qu'il contient des hydrocarbures insolubles.

Sa densité est 0,798 à 15°. Il bout à 66°,3.

Il dissout bien les résines et les matières grasses.

1048. Propriétés chimiques. — C'est Dumas et Péligot qui, en 1833, reconnurent les premiers les caractères chimiques de ce corps, le signalèrent comme un alcool et lui donnèrent le nom d'alcool méthylique.

Il s'enflamme facilement et brûle à l'air avec une flamme peu éclairante; aussi l'utilise-t-on depuis fort longtemps dans les lampes à alcool.

En présence du noir de platine, l'alcool méthylique, sous l'action de l'oxygène de l'air, perd de l'hydrogène et donne le corps CH^2O, appelé *aldéhyde formique* ou *méthanal* :

$$CH^4 O + O = CH^2O + H^2O.$$

Par une oxydation plus prolongée et plus complète, il se forme de l'acide formique CH^2O^2 :

$$CH^4O + O^2 = CH^2O^2 + H^2O.$$

Chauffé avec un acide, l'alcool méthylique, ou hydrate de méthyle, fait la double décomposition, comme un hydrate métallique, et son radical CH^3 se substitue à l'hydrogène basique de l'acide; en même temps, il se forme de l'eau.

Ainsi, avec l'acide chlorhydrique, on a du chlorure de méthyle CH^3Cl :

$$(CH^3)OH + HCl = CH^3Cl + H^2O.$$

Avec l'acide azotique, il se forme de l'azotate de méthyle $AzO^3(CH^3)$, d'après l'équation :

$$(CH^3)OH + AzO^3H = AzO^3 (CH^3) + H^2O.$$

Ces sels de méthyle, pour ainsi dire, sont, comme nous le verrons plus tard, des éthers.

On en trouve dans la nature. Ainsi, en étudiant un certain nombre d'huiles essentielles, Cahours a reconnu que l'essence de *gaultheria procumbens* avait la formule du salicylate de méthyle, ou éther méthyl-salicylique, et on a pu le reproduire artificiellement, en traitant l'esprit de bois par l'acide salicylique.

En chauffant l'alcool méthylique avec de l'acide sulfurique, on obtient l'oxyde de méthyle $(CH^3)^2O$, ou éther méthylique.

1049. Usages. — L'esprit de bois est employé comme combustible, dans les lampes à alcool, pour la fabrication des vernis et de certaines couleurs dérivées de l'aniline.

Ses propriétés et ses usages le rapprochant de ceux de l'alcool ordinaire, ou esprit-de-vin, on s'en sert souvent, quand il est bien pur, pour frauder ce dernier.

OXYDE DE MÉTHYLE (Méthane-oxy-méthane)

$$(CH^3)^2O.$$

1050. Préparation. — L'oxyde de méthyle, ou *éther méthylique ordinaire*, s'obtient en chauffant l'alcool méthylique avec de l'acide sulfurique.

Il se forme d'abord de l'acide sulfométhylique $SO^4H(CH^3)$:

$$(CH^3)OH + SO^4H^2 = SO^4H(CH^3) + H^2O.$$

Puis, cet acide est décomposé par une nouvelle molécule d'alcool, d'après l'équation :

$$(CH^3)OH + SO^4H(CH^3) = (CH^3)^2O + SO^4H^2.$$

C'est, comme nous le verrons plus loin (1080), la théorie de l'éthérification donnée par Williamson.

L'alcool et l'éther méthyliques appartiennent tous deux au type H^2O ; dans l'alcool, un seul atome d'hydrogène est remplacé par le radical monovalent, le méthyle ; dans l'éther, les deux atomes d'hydrogène sont remplacés par du méthyle.

1051. Propriétés. — L'oxyde de méthyle est un gaz incolore, d'une odeur éthérée.

Il se liquéfie à — 20° sous la pression atmosphérique. Le froid produit par l'évaporation rapide de ce liquide a été utilisé pour la production de la glace et la conservation de la viande fraîche.

C'est un gaz très soluble et très combustible.

Il est remarquable que sa formule brute C^2H^6O est la même que celle de l'alcool ordinaire, dont il est un isomère ; mais les propriétés des deux corps sont tout à fait différentes.

CHLORURE DE MÉTHYLE (Chlorométhane)

$$(CH^3)Cl.$$

1052. Préparation. — Le chlorure de méthyle, appelé aussi *éther méthyl chlorhydrique*, ou *gaz des marais monochloré*, se produit dans l'action du chlore gazeux sur le gaz des marais, à la température ordinaire et sous l'influence de la lumière.

On l'obtient aussi, comme tous les corps résultant de l'action d'un acide sur un alcool, en chauffant un mélange d'alcool méthylique, d'acide sulfurique et de sel marin ; sous l'influence de la chaleur, l'acide sulfurique décompose le sel marin et met en liberté l'acide chlorhydrique, qui, à l'état naissant, agit sur l'alcool méthylique :

$$(CH)^3OH + HCl = (CH^3)Cl + H^2O.$$

Dans l'industrie, on le prépare en grand et à bon marché, par un procédé dû à M. Vincent et qui consiste à utiliser les produits volatils provenant de la calcination des vinasses de betteraves. En faisant passer ces vapeurs, qui contiennent de la triméthylamine $Az(CH^3)^3$, dans l'acide chlorhydrique, il se forme du chlorhydrate de triméthylamine $Az(CH^3)^3HCl$, que l'on recueille et que l'on chauffe à 350° ; il se décompose, en dégageant du chlorure de méthyle, par la formule :

$$3[Az(CH^3)^3HCl] = 3(CH^3)Cl + AzH^3 + 2[Az(CH^3)^3].$$

En faisant passer dans l'acide chlorhydrique les produits de cette décomposition, le chlorure de méthyle se dégage et on obtient encore du chlorhydrate de triméthylamine, qui peut servir à une nouvelle décomposition.

1053. Propriétés. — Le chlorure de méthyle est un gaz incolore, d'une odeur éthérée. Sa densité est 0,991.

Il se liquéfie à — 23°,7 et se solidifie à — 36°.

C'est un gaz peu soluble dans l'eau, très soluble dans l'alcool.

Il brûle avec une flamme verdâtre.

Par une action prolongée du chlore, sous l'action de la lumière, il se forme les produits suivants : le méthane bichloré, ou chlorure de méthylène CH^2Cl^2, le chloroforme $CHCl^3$ et le tétrachlorure de carbone CCl^4.

L'évaporation rapide du chlorure de méthyle produit un abaissement de température, qui est utilisé dans certains appareils réfrigérants et qui le fait employer comme un anesthésique local.

Il est utilisé aussi pour la fabrication des couleurs dérivées de l'aniline.

CHLOROFORME (Trichlorométhane

$CHCl^3$.

1054. Préparation. — Le chloroforme a été découvert, en 1831, par Soubeiran, en France, et Liebig, en Allemagne.

C'est un des produits de substitution du chlore à l'hydrogène, dans le gaz des marais ; mais on le prépare plus facilement et en plus grande quantité par l'action du chlorure de chaux sur l'alcool.

Pour préparer en grand le chloroforme, par la méthode de Soubei ran, on introduit dans un grand alambic 10 kilogrammes de chlorure de chaux et 3 kilogrammes de chaux éteinte, délayés dans 60 litres d'eau ; on ajoute 2 kilogrammes d'alcool à 85° et on chauffe à la température de 80°.

La réaction se produit : quand elle est en train, on retire le feu, elle continue et l'on chauffe de nouveau, lorsqu'il est passé environ 3 litres de liquide.

On abandonne ce liquide pendant vingt-quatre heures : il se sépare en deux couches, dont l'inférieure est du chloroforme impur, qu'on recueille par décantation, qu'on lave avec du carbonate de sodium et qu'on dessèche, en le chauffant au bain-marie en présence du chlorure de calcium.

Pour expliquer la formation du chloroforme dans ces circonstances, on admet généralement que le chlorure de chaux, agissant comme chlorurant, transforme l'alcool C^2H^6O en chloral C^2HCl^3O, d'après la formule :

$$C^2H^6O + 8Cl = C^2HCl^3O + 5HCl.$$

En présence de l'hydrate de calcium, le chloral se décompose à son tour, en donnant du chloroforme et du formiate de calcium $(CHO^2)^2Ca$:

$$2\,C^2HCl^3O + CaO^2H^2 = (CHCl^3)^2 + (CHO^2)^2Ca.$$

Le formiate de calcium est à son tour détruit et transformé, par l'action oxydante du chlorure de chaux, en carbonate de calcium, comme l'indique la formule :

$$(CHO^2)\,^2Ca + O = CO^3Ca + H^2O.$$

Le carbonate de calcium est décomposé à la température de la réaction et il y a dégagement d'anhydride carbonique ; finalement, il ne reste dans l'alambic que du chlorure et de l'hydrate de calcium.

On obtient du chloroforme très pur, en décomposant le chloral par les alcalis, par la potasse, par exemple. La réaction se produit à froid ; il se produit en même temps du formiate :

$$C^2HCl^3O + KOH = CHO^2K + CHCl^3.$$

1055. Propriétés. — Le chloroforme est un liquide incolore, très mobile, d'une odeur agréable, d'une saveur piquante et sucrée.

Sa densité à 0° est 1,526. Il bout à 61° et se solidifie à — 70°.

Il est très peu soluble dans l'eau, très soluble, au contraire, dans l'alcool et l'éther.

Il dissout l'iode, le soufre, le phosphore, les corps gras et toutes les matières organiques riches en carbone, telles que le caoutchouc.

Le chloroforme pur est inaltérable à l'air et résiste bien à la chaleur ; la lumière l'altère lentement.

Le chlore, sous l'action de la lumière, le transforme en tétrachlorure de carbone, avec production d'acide chorhydrique :

$$CHCl^3 + Cl^2 = CCl^4 + HCl.$$

Chauffé avec une solution alcoolique de potasse, il donne du chlorure et du formiate de potassium, d'après l'équation :

$$CHCl^3 + 4KOH = 3KCl + CHO^2K + 2H^2O.$$

De là le nom de *chloroforme*, qui lui a été donné.

Le chloroforme est très employé en chirurgie comme anesthésique général, dans les opérations.

Appliqué sur la peau, c'est un puissant caustique. Son absorption par les voies digestives peut être mortelle.

TÉTRACHLORURE DE CARBONE (TÉTRACHLOROMÉTHANE)

$$CCl^4$$

Ce corps a déjà été étudié à la page 289.

BROMURE DE MÉTHYLE (BROMOMÉTHANE)

$$(CH^3)\,Br$$

1056. Préparation. — Le bromure de méthyle, ou *éther méthylchlorhydrique*, se produit par l'action du brome sur l'hydrure de méthyle.

On le prépare en grand, par l'action du bromure de phosphore sur l'alcool méthylique. Pour cela, on introduit dans un ballon, entouré de glace et contenant de l'alcool méthylique, du brome, que l'on verse peu à peu et en agitant ; on ajoute de petits morceaux de phosphore et on sort le ballon de la glace.

La réaction se produit à la température ordinaire. Le brome et le phosphore s'unissent avec un grand dégagement de chaleur et le bromure de phosphore produit décompose l'alcool :

$$PBr^3 + 3(CH^3)OH = 3(CH^3)Br + PO^3H^3.$$

Quand la réaction est terminée, on décante la partie liquide, on la distille au bain-marie et à une température peu élevée. Puis on lave le bromure à l'eau, on le dessèche, en le laissant séjourner sur du chlorure de calcium et on le distille de nouveau.

1057. Propriétés. — C'est un liquide incolore, d'un odeur éthérée, très volatil et bouillant à 13°.

Sa densité à 0° et 1,732.

On l'emploie dans la fabrication des couleurs dérivées de l'aniline.

1058. Bromoforme (Tribromométhane). — Le bromoforme $CHBr^3$ est un composé analogue au chloroforme et qui dérive du bromure de méthyle, comme le chloroforme dérive du chlorure.

Dumas l'a obtenu en traitant l'alcool par le bromure de chaux.

C'est un liquide incolore, d'une odeur agréable, dont la densité à 12° est 2,9 et qui bout à 152°.

Les alcalis le dédoublent en bromure et formiate.

Il est sans emplois.

IODURE DE MÉTHYLE (IODOMÉTHANE)

$$(CH^3)I$$

1059. Préparation. — L'iodure de méthyle, ou *éther méthyl-iodhydrique*, se produit aussi comme les précédents, dans l'action de l'iode sur l'hydrure de méthyle.

On le prépare en grand et plus facilement par une méthode analogue à celle que nous avons indiquée pour le bromure.

Dans une cornue bitubulée, contenant de l'alcool méthylique et dont le col aboutit à un ballon condensateur, on introduit par petites quantités de l'iode, puis de petits fragments de phosphore. Une vive réaction se produit ; quand elle est calmée, on chauffe très doucement et on recueille le liquide distillé, que l'on purifie comme le bromure de méthyle.

La réaction est ici la même que dans le cas précédent : l'iodure de phosphore formé, PI^3, décompose l'alcool méthylique $(CH^3)OH$, en donnant de l'iodure $(CH^3)I$ et de l'acide phosphoreux PO^3H^3.

1060. Propriétés. — L'iodure de méthyle est un liquide incolore, d'une odeur éthérée ; sa densité est 2,1992 à 0°. Il bout à 44°.

Dans l'industrie, on l'emploie à la fabrication des couleurs dérivées de l'aniline.

Mais, dans les laboratoires, on l'utilise surtout, comme composé du radical méthyle, pour faire passer ce radical dans d'autres composés. Ainsi, en traitant l'iodure de méthyle par la potasse, ou hydrate de potassium, on a l'hydrate de méthyle, ou alcool méthylique, et l'iodure de potassium :

$$CH^3I + KOH = (CH^3)OH + KI$$

Nous en verrons par la suite d'autres exemples.

1061. Iodoforme (Triodométhane). — L'iodure de méthyle donne, par substitution, un dérivé bi-iodé, l'iodoforme CHI^3, correspondant au chloroforme et au bromoforme.

Ce corps, découvert par Sérullas, se produit par l'action de l'iode sur l'alcool, en présence du carbonate de sodium.

On chauffe au bain-marie, à 60°, dans un ballon, un mélange de 10 parties d'eau, 1 d'alcool à 85°, 1 d'iode et 3 de carbonate de sodium, jusqu'à décoloration de la liqueur. Par le refroidissement, l'iodoforme se dépose en cristaux tubulaires, de couleur jaune. On les recueille et on les égoutte.

L'iodoforme est un corps solide, jaune clair, d'une odeur vive et persistante. Sa densité est 2. Il fond à 119° et s'évapore lentement, à la température ordinaire.

Il est insoluble dans l'eau, mais soluble dans l'alcool, l'éther, etc.

La chaleur le décompose facilement et la potasse le dédouble en iodure et formiate.

Il est utilisé en chirurgie, comme anesthésique local. Ses propriétés sont très actives.

On l'emploie aussi à l'intérieur, mais à très faible dose, car c'est un poison violent.

AZOTATE DE MÉTHYLE

$$AzO^3(CH^3)$$

1062. Préparation. — L'azotate de méthyle, ou *éther méthyl-azotique*, se prépare en mélangeant dans un ballon de l'azotate de potassium pulvérisé, de l'alcool méthylique et de l'acide sulfurique.

La réaction commence à la température ordinaire et dégage assez de chaleur pour faire distiller l'azotate de méthyle, que l'on recueille dans un appareil réfrigérant, avec lequel communique le col du ballon.

On le purifie par une distillation au bain-marie.

1063. Propriétés. — L'azotate de méthyle est un liquide incolore, d'une odeur éthérée, qui bout à 66°.

Au-dessus de cette température, sa vapeur détone violemment à l'air.

On l'a employé, comme les autres composés du méthyle, à la fabrication des couleurs dérivées de l'aniline ; mais les dangers de son emploi l'ont fait généralement abandonner aujourd'hui.

OXALATE DE MÉTHYLE (ETHANE-DIOATE DE MÉTHYLE)

$$C^2O^4(CH^3)^2$$

1064. Préparation. — L'oxalate de méthyle, ou éther *méthyl-oxalique*, s'obtient en chauffant un mélange d'alcool méthylique et d'acide sulfurique, en présence de l'oxalate de potassium. Le liquide qui distille, recueilli dans un appareil réfrigérant, se solidifie par le refroidissement et laisse déposer des cristaux d'oxalate de méthyle.

1065. Propriétés. — L'oxalate de méthyle est un corps solide, cristallisé, sans odeur. Sa densité est 1,1566.

Il fond à 54° et se volatilise à 163°,5.

Il n'est pas soluble dans l'eau ; quand on essaie de le dissoudre, il se dédouble en alcool méthylique et acide oxalique.

A cause de la facilité et du peu de danger de sa préparation, on cherche à le produire, lorsqu'on recherche l'esprit de bois dans une liqueur alcoolique, dans un vin par exemple. En chauffant le liquide avec l'acide sulfurique et l'oxalate de potassium, s'il y a, même de petites quantités, d'esprit de bois, il se dégage de l'oxalate de méthyle.

CHAPITRE III

SÉRIE ÉTHYLIQUE

———

SÉRIE ÉTHYLIQUE

1066. Généralités. — Tous les corps de la série éthylique sont des composés du radical monovalent, l'éthyle C^2H^5, homologue immédiatement supérieur du méthyle CH^3, dont il diffère par une fois CH^2.

Nous retrouverons les composés correspondant à ceux que nous avons étudiés dans la série précédente, et chacun d'eux sera l'homologue immédiatement supérieur du composé correspondant de la série méthylique; il en différera par une fois CH^2.

HYDRURE D'ÉTHYLE (Ethane)

$$(C^2H^5)H$$

1067. Préparation. — L'hydrure d'éthyle, appelé aussi *éthane*, se rencontre dans la nature ; il s'en dégage de certains gisements de pétrole, principalement en Amérique. Dans certains pays, les indigènes creusent des puits, allument le gaz qui s'en dégage et utilisent la flamme pour se chauffer, ou cuire leurs aliments. C'est ce que l'on appelle des *puits de feu*.

On peut l'obtenir par une méthode générale de préparation des hydrocarbures saturés, en traitant l'iodure de méthyle par le sodium. La formule de la réaction est la suivante :

$$2(CH^3I) + Na^2 = 2NaI + C^2H^6$$

Cette réaction nous renseigne sur la nature de l'éthane. On voit que, le sodium s'emparant de l'iode, il reste en présence deux radicaux méthyles monovalents, CH^3, qui se saturent immédiatement et réciproquement, donnant ainsi l'éthane C^2H^6, dans lequel toutes les atomicités sont satisfaites.

Ainsi considéré, l'éthane a pour formule $(CH^3)^2$ et porte le nom de *diméthyle*.

L'éthane préparé par cette méthode n'est pas pur ; pour l'obtenir à l'état de pureté, on décompose, à basse température, le zinc-éthyle $(C^2H^5)^2Zn$ par l'eau :

$$(C^2H^5)^2Zn + H^2O = ZnO + 2C^2H^6.$$

1068. Propriétés. — L'hydrure d'éthyle est un gaz incolore, inodore ; sa densité est 0,75.

Il est très peu soluble dans l'eau, beaucoup plus soluble dans l'alcool.

C'est un hydrocarbure saturé, comme le gaz des marais, et les réactifs ont peu d'action sur lui.

Cependant, le chlore, sous l'action de la lumière, donne avec lui des dérivés chlorés, analogues à ceux que donne le gaz des marais : $C^2H^5Cl, C^2H^4Cl^2$, etc.

HYDRATE D'ÉTHYLE (ÉTHANOL)

$$(C^2H^5)OH$$

1069. Préparation. — L'hydrate d'éthyle n'est autre chose que l'*alcool ordinaire*, appelé aussi *alcool éthylique*, ou *esprit-de-vin*, que l'on obtient dans la distillation des boissons et des liqueurs fermentées, telles que le vin, le cidre, etc.

Sa présence dans ces liquides est due à une transformation, que subit le sucre en présence d'une substance particulière, appelée *ferment*; cette transformation est la *fermentation alcoolique*, que nous étudierons plus tard (1448).

Le ferment de la fermentation alcoolique est un végétal microscopique, formé de cellules, et portant le nom de *levure*; il y en a de plusieurs sortes. La plus importante est la *levure de bière*.

Sous l'influence de ce ferment, le glucose $C^6H^{12}O^6$, ou sucre de fruits, contenu dans les liquides sucrés, se dédouble en anhydride carbonique CO^2 et alcool C^2H^6O :

$$C^6H^{12}O^6 = 2C^2H^6O + 2CO^2.$$

Cette action peut être mise en évidence, en introduisant dans un flacon une solution de glucose, de la levure de bière et un peu de phosphate et de sels ammoniacaux, qui favorisent le développement du ferment. En bouchant le flacon avec un bouchon, traversé par un tube à dégagement, qui aboutit à une éprouvette, sur la cuve à eau (fig. 267), on constate bientôt un boursouflement; il se dégage de l'anhydride carbonique, que l'on recueille dans l'éprouvette, et le liquide contient de l'alcool, que l'on peut en retirer ensuite par distillation.

Pendant la fermentation, la levure se développe et augmente de poids; de plus, en même temps que l'alcool ordinaire, il se produit de la glycérine, de l'acide succinique et des alcools, homologues de l'alcool ordinaire, les alcools propylique, butylique, amylique, etc., qu'on appelle des alcools de fermentation et que nous étudierons plus loin (1116).

Le sucre, qui subit la fermentation alcoolique, n'est pas le sucre cristallisé blanc, mais le sucre *interverti*, produit à la longue par

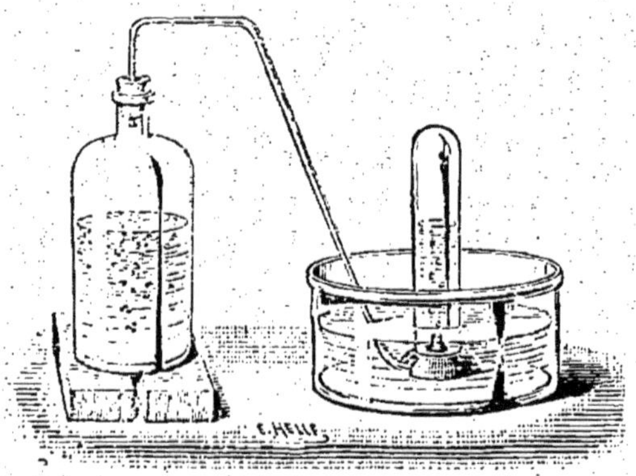

Fig. 267. — Fermentation alcoolique.

l'action de l'eau sur le sucre cristallisé, ou plus rapidement par l'action des acides étendus d'eau. Ce sucre constitue le glucose, ou sucre de fruits, qui se trouve dans le jus des fruits mûrs, les jus de betterave et de canne à sucre; les matières amylacées, comme l'amidon des céréales et la fécule des pommes de terre, se transforment, sous l'action d'une sorte de ferment, appelé *diastase*, en sucre fermentescible.

Aussi dans l'industrie retire-t-on l'alcool des jus de fruits, de bette raves, de canne à sucre, des graines de céréales, de la fécule de pomme de terre, délayés dans l'eau. Ces liquides sont abandonnés à la fermentation spontanée, ou en présence de la levure de bière, et, quand la fermentation est terminée, on les distille.

1070. Synthèse de l'alcool. — L'alcool, qui est un produit de fermentation et que l'on a cru pendant longtemps ne pouvoir être obtenu par des méthodes de laboratoire, a cependant été reproduit par synthèse, en partant de ses éléments.

En 1854, M. Berthelot l'a réalisée pour la première fois.

Il prenait du tétrachlorure de carbone CCl^4, obtenu par l'action du

chlore sur le gaz des marais, et l'a transformé en éthylène C^2H^4,
par l'action de l'hydrogène, au rouge :

$$2CCl^4 + 12H = C^2H^4 + 8HCl.$$

En agitant cet éthylène avec de l'acide sulfurique, il obtenait
l'acide éthyl-sulfurique $SO^4H(C^2H^5)$:

$$SO^4H^2 + C^2H^4 = SO^4H(C^2H^5).$$

Cet acide, distillé avec de l'eau, régénère l'acide sulfurique et
donne de l'alcool :

$$SO^4H(C^2H^5) + H^2O = SO^4H^2 + C^2H^6O.$$

M. Berthelot a également obtenu de l'alcool éthylique par un procédé analogue à celui qu'il a employé pour préparer l'alcool méthylique (1046) : il a traité l'éthane $(C^2H^5)H$ par le chlore et a obtenu
ainsi le chlorure d'éthyle $(C^2H^5)Cl$, qu'il a décomposé par la potasse :

$$(C^2H^5)Cl + KOH = (C^2H^5)OH + KCl.$$

1071. Distillation des liquides fermentés. — Dans les liquides fermentés, l'alcool est mélangé à une grande quantité d'eau, à laquelle
il se mêle facilement et dont la température d'ébullition est assez
voisine de celle de l'alcool, de sorte qu'après une seule distillation dans l'alambic, on a un alcool contenant encore 25 à 50 p. 100
d'eau et constituant l'*eau-de-vie* du commerce.

Pour avoir de l'alcool marquant 80 à 95°, comme cela est nécessaire dans l'industrie, il faudrait faire un grand nombre de distillations
successives. Aujourd'hui, on y arrive par une seule distillation, au
moyen d'appareils, dont le principe a été indiqué en 1801 par
Edouard Adam, de Rouen.

Le principe de la méthode consiste à faire passer les vapeurs, mélangées d'eau et d'alcool, qui se dégagent, dans un premier serpentin,
entouré d'eau un peu chaude et dans lequel l'eau se condense presque
entièrement, tandis que l'alcool reste à l'état de vapeur et va se condenser dans un serpentin, placé plus loin et refroidi.

L'eau, condensée dans le premier serpentin, revient à la chaudière.

C'est le principe qui est appliqué dans les appareils à rétrogradation (fig. 238) : c'est ce que l'on appelle la *déphlegmation*.

Mais, en même temps que les vapeurs s'appauvrissent ainsi en
eau, on les enrichit en alcool. Pour cela, au lieu d'introduire directement dans la chaudière le liquide à distiller, on lui fait suivre, en
sens inverse, le même chemin qu'aux vapeurs qui se dégagent ; ce
liquide s'échauffe alors de plus en plus, son alcool se volatilise peu à
peu et se mêle aux vapeurs qui se dégagent.

L'appareil primitif d'Edouard Adam a été successivement perfectionné par Laugier, Derosne et Cail, Dubrunfaut, Savalle, Champonnois, etc.

La disposition généralement employée aujourd'hui, est la suivante (fig. 269):

L'appareil se compose d'une *chaudière*, surmontée d'une haute *colonne*. Cette colonne est formée de tronçons cylindriques, s'emboîtant les uns dans les autres et constituant, pour ainsi dire, de petites cuvettes, au centre desquelles est une ouverture pour le pas-

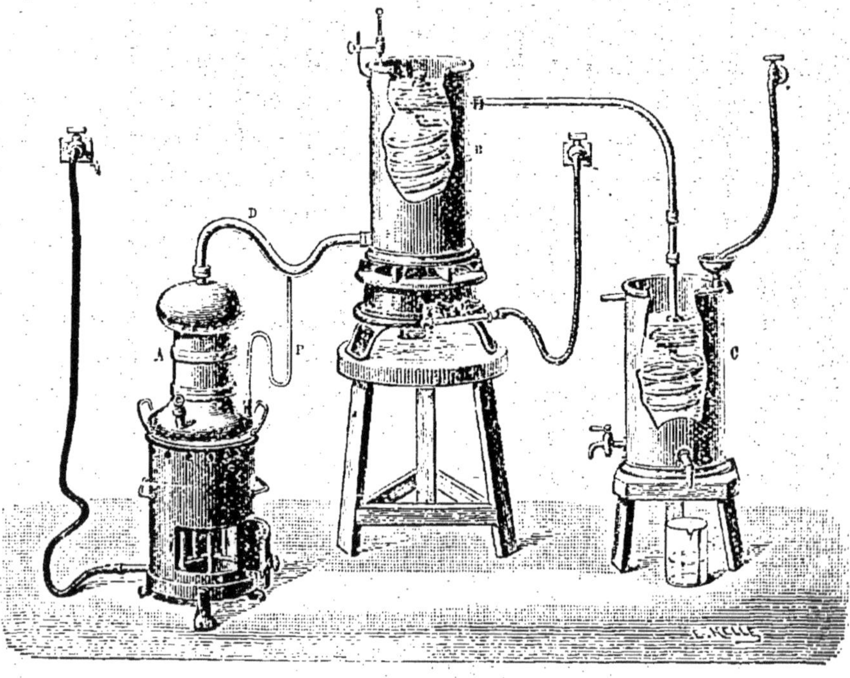

Fig. 268. — Appareil à rétrogradation.

sage des vapeurs. Au-dessus de la colonne et sur le côté, les vapeurs qui se dégagent passent dans un serpentin, autour duquel circule le liquide que l'on introduit dans l'appareil ; c'est l'*analyseur*, dans lequel une grande partie de la vapeur d'eau se condense. Les vapeurs non condensées dans l'analyseur vont dans le réfrigérant, placé en bas et à droite ; ce réfrigérant est formé de deux enveloppes, entre lesquelles circule le liquide à distiller, qui refroidit ainsi les vapeurs et s'échauffe en même temps.

Pour faire suivre au liquide à distiller un chemin inverse de celui de la vapeur, on le pompe dans le réfrigérant inférieur, où il s'est déjà un peu échauffé, par suite de la condensation des vapeurs ; on l'amène dans l'analyseur et il circule autour du serpentin, où il s'échauffe encore davantage, puis de là il pénètre dans la colonne par

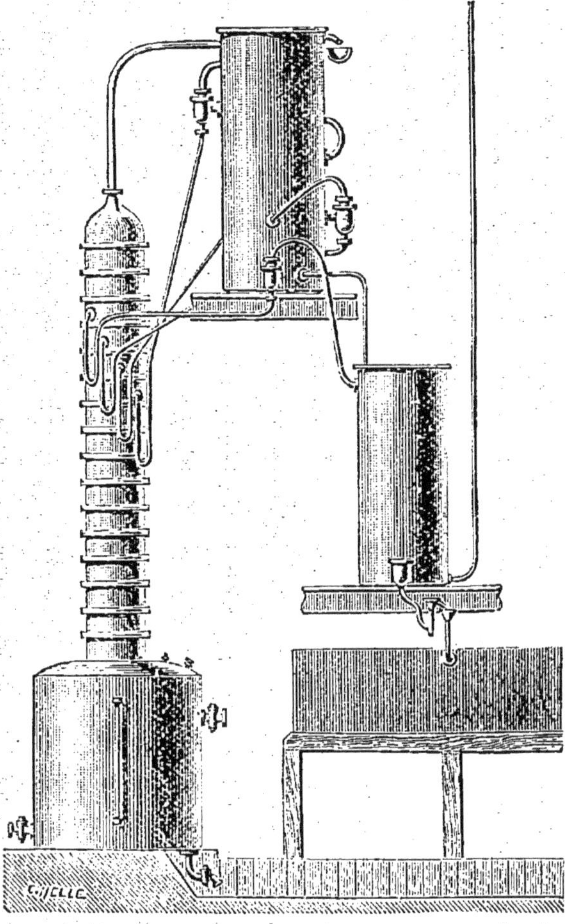

Fig. 269. — Appareil distillatoire à colonne.

des conduits latéraux et descend par des tubes verticaux, disposés comme des trop pleins, de tronçon en tronçon jusqu'à la chaudière. Les vapeurs qui s'élèvent barbottent, en passant, dans le liquide qui remplit les cuvettes et qui, grâce à la température, déjà assez élevée et qui s'élève de plus en plus, leur abandonne une grande partie de son alcool.

La distillation est continue ; le liquide obtenu ne contient plus que 6 p. 100 d'eau environ.

On emploie dans les laboratoires, pour les distillations fractionnées, un appareil connu sous le nom de *déphlegmateur*, imaginé par Lebel et Henninger et qui est fondé sur le même principe.

Il est formé d'un tube vertical, sur la longueur duquel sont soufflées plusieurs boules, généralement 4 ou 6, reliées une à une par des tubes latéraux, alternativement placés d'un côté et de l'autre (fig. 270). Les boules sont séparées par un étranglement, muni d'une grille en platine, qui laisse passer les vapeurs, mais non les liquides, et qui joue le même rôle que les tronçons dans l'appareil distillatoire à colonne.

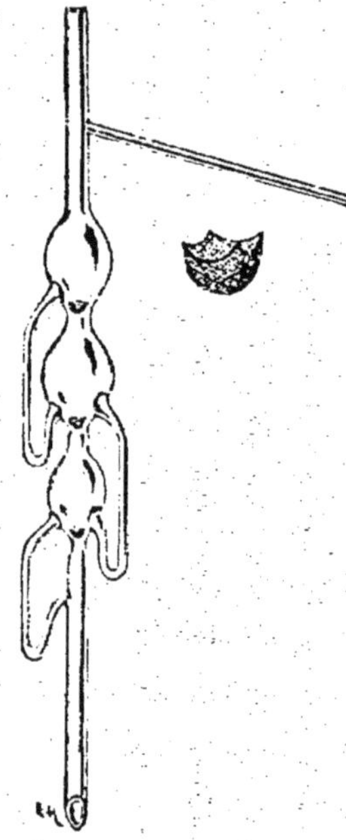

Fig. 270. — Tube Lebel et Henninger.

1072. Purification des alcools. — Les alcools, obtenus avec les boissons fermentées, telles que e vin, le cidre, sont généralement purs et ne contiennent que des quantités extrêmem . faibles de substances étrangères.

Mais il n'en est pas de même des alcools de betteraves, de grains et de fécule; ces alcools contiennent des impuretés, qui leur communiquent une odeur et, surtout, un goût caractéristiques; c'est ce que l'on appelle des alcools *mauvais goût*.

Ces impuretés sont principalement des alcools supérieurs, les alcools propylique, butylique, amylique, etc., des éthers, des huiles essentielles, des ammoniaques composées.

Pour en débarrasser l'alcool, on le rectifie, en le distillant de nouveau dans un appareil à colonne ; on rejette les premières portions, qui sont surtout les éthers et les produits les plus volatils et les plus odorants, on rejette aussi les dernières portions, qui contiennent des substances goudronneuses; on ne recueille que le produit intermédiaire, qui marque environ 95° et constitue les alcools *bon goût*.

Cette rectification n'enlève pas complètement à l'alcool ses impuretés et lui laisse toujours une légère saveur rappelant son origine.

Divers moyens ont été proposés pour purifier entièrement l'alcool. On a introduit dans l'appareil distillatoire une solution de potasse perlasse, pendant la rectification ; on a fait passer un courant d'air, à une certaine température, pour entraîner les produits volatils ; enfin, plus récemment, on a fait passer dans l'alcool, au moyen de machines génératrices, un courant électrique, qui, décomposant l'eau, fournit de l'oxygène et de l'hydrogène naissants, qui agissent tous deux chimiquement pour détruire les impuretés.

Ces procédés, tout en amenant une purification plus grande de l'alcool, ont l'inconvénient d'être dispendieux.

1073. Alcools du commerce. — Les alcools du commerce se divisent d'abord en alcools bon goût et alcools mauvais goût, comme nous venons de le voir.

On les divise encore, d'après leur teneur en alcool, de la façon suivante :

Esprit trois-sept, marquant environ 95° ;
Esprit trois-six, de betterave et de grains, marquant 90° ;
Esprit trois-six, de vin, de Montpellier, marquant 84°,5 ;
Eaux-de-vie, marquant de 50° à 60°.

1074. Alcool absolu. — L'alcool, obtenu par distillation d'un mélange d'alcool et d'eau, retient toujours environ 5 p. 100 d'eau, que la distillation ne peut lui enlever.

Pour enlever cette dernière quantité d'eau, pour obtenir l'alcool complètement anhydre, appelé *alcool absolu*, il faut le distiller en présence d'une matière avide d'eau, telle que la baryte, ou la chaux.

On obtient par exemple de l'alcool absolu en laissant l'alcool à 90° en contact avec de la chaux pendant deux jours, puis distillant au bain-marie, et recommençant une seconde fois l'opération.

On peut reconnaître, avec le sulfate cuivrique, la présence de l'eau dans l'alcool. Si on introduit un cristal de ce sel dans l'alcool absolu, il se déshydrate et devient blanc et pulvérulent ; il conserve, au contraire, sa couleur et son aspect cristallin, au contact de l'alcool mélangé d'eau.

1075. Propriétés physiques. — L'alcool est un liquide incolore, d'une odeur caractéristique, d'une saveur âcre et brûlante. Sa densité à 0° est 0,8026.

Il bout à 78° et sa densité de vapeur est 1,5 ; MM. Wroblewski et Olzewski l'ont obtenu solide, sous la forme d'une masse blanche, en le refroidissant à — 130°.

C'est, après l'eau, le dissolvant le plus employé dans les laboratoires. Il dissout des gaz, comme l'anhydride carbonique, des corps simples, comme l'iode, avec lequel il donne la teinture d'iode, des corps composés, comme les acides organiques, des alcalis, potasse et soude, et surtout des composés organiques, comme les résines, avec lesquelles il donne les vernis.

1076. Propriétés chimiques. — L'alcool absorbe facilement l'humidité de l'air et l'eau des substances qui en contiennent ; il déshydrate et coagule l'albumine, et son introduction dans le sang peut être mortelle.

Son mélange avec l'eau est accompagné d'un dégagement de chaleur et d'une contraction, ce qui indique bien qu'il y a combinaison. Le maximum de contraction correspond à un mélange de 52,3 volumes d'alcool pour 47,7 d'eau à 15°; le volume du mélange est seulement de 96 volumes 35.

L'alcool ordinaire est combustible, comme l'alcool méthylique; il brûle avec une flamme pâle et en donnant de l'eau et de l'anhydride carbonique :

$$C^2H^6O + O^6 = 2CO^2 + 3H^2O.$$

A l'air, l'alcool ne s'oxyde pas; mais, sous l'influence des agents d'oxydation, tels que le noir de platine, l'alcool prend d'abord deux atomes d'hydrogène et donne l'aldéhyde ordinaire C^2H^4O, homologue supérieur de l'aldéhyde formique CH^2O.

Sous une action oxydante plus énergique, l'alcool se transforme en acide acétique $C^2H^4O^2$, homologue supérieur de l'acide formique CH^2O^2.

Ces réactions sont analogues à celles que nous avons vues pour l'alcool méthylique.

Cette oxydation de l'alcool peut s'obtenir en versant goutte à goutte, par un tube à entonnoir, de l'alcool sur du noir de platine, placé sous une cloche; un papier bleu de tournesol, collé sur les parois de la cloche, devient alors rouge.

On peut aussi recouvrir, avec un bouchon portant une spirale de platine incandescente, un verre dans le fond duquel est de l'alcool. Les vapeurs d'alcool s'oxydent et la chaleur de la réaction suffit pour maintenir le platine incandescent.

C'est une réaction du même genre qui se fait, lorsque les boissons fermentées, exposées à l'air, s'aigrissent, donnant ainsi le vinaigre, qui contient de l'acide acétique; leur alcool a absorbé l'oxygène de l'air et s'est transformé en acide sous l'influence d'un ferment, le *mycoderma aceti*. C'est la fermentation acétique.

L'anhydride chromique CrO^3 agit aussi comme oxydant et peut donner de l'acide acétique et du sesquioxyde de chrome :

$$C^2H^6O + 2CrO^3 = C^2H^4O^2 + Cr^2O^3 + H^2O + O.$$

Si l'anhydride chromique et l'alcool sont bien purs, la chaleur de la réaction enflamme souvent l'alcool.

Chauffé avec l'acide azotique, qui agit comme oxydant, l'alcool donne de l'aldéhyde et de l'acide acétique ; mais, en même temps, il se forme de l'azotate et de l'azotite d'éthyle.

Avec les azotates d'argent et de mercure, en présence de l'acide azotique, l'alcool donne des produits particuliers, explosifs, les fulminates d'argent et de mercure, employés dans les amorces. Ce sont des dérivés du cyanogène (1253).

Le chlore attaque l'alcool et, sous l'influence des rayons solaires, il peut y avoir inflammation. A la lumière diffuse, il se produit d'abord de l'aldéhyde, par enlèvement de l'hydrogène :

$$C^2H^6O + Cl^2 = C^2H^4O + 2HCl.$$

Par une action plus prolongée, il se produit des dérivés chlorés de l'aldéhyde, parmi lesquels le *chloral* C^2HCl^3O.

Nous savons que l'alcool, chauffé avec le chlorure de chaux et la chaux, fournit le *chloroforme* (1054).

Chauffé avec l'iode, en présence des alcalis, ou des carbonates alcalins, il donne l'iodoforme (1061), qui cristallise par refroidissement. Cette propriété a été utilisée pour reconnaître la présence de l'iode dans l'eau.

Les acides minéraux et organiques agissent sur l'alcool ordinaire, comme sur l'alcool méthylique, pour donner des composés appelés éthers, qui ont la composition de sels d'éthyle :

$$HCl + (C^2H^5)OH = C^2H^5Cl + H^2O.$$

$$(C^2H^3O^2)H + (C^2H^5)OH = C^2H^3O^2(C^2H^5) + H^2O.$$

L'acide sulfurique agit sur l'alcool d'une façon très remarquable, en donnant des produits importants et qui varient suivant la température de la réaction.

A froid, les deux liquides se combinent molécule à molécule, avec élimination d'une molécule d'eau et donnent le composé $SO^4H(C^2H^5)$, qui fonctionne comme un acide monobasique, donne des sels avec les métaux alcalins, et qu'on appelle l'acide *sulfo-vinique, éthylsulfurique*, ou *sulfo-éthylique* :

$$(C^2H^5)OH + SO^4H^2 = SO^4H(C^2H^5) + H^2O.$$

Il est analogue à l'acide sulfo-méthylique (1050).

A partir de 120° à 150°, cet acide est décomposé par l'alcool et il se forme de l'éther ordinaire, ou oxyde d'éthyle, $(C^2H^5)^2O$:

$$SO^4H(C^2H^5) + (C^2H^5)OH = (C^2H^5)^2O + SO^4H^2.$$

Enfin, à une température plus élevée, au delà de 160°, l'éther est décomposé et il se dégage de l'éthylène C^2H^4 :

$$(C^2H^5)^2O = 2C^2H^4 + H^2O.$$

C'est ainsi qu'on prépare l'éthylène (367).

Quand on projette dans l'alcool, à la température ordinaire, un morceau de sodium, il se produit une vive réaction, analogue à la décomposition de l'eau ; il se produit un dérivé de substitution, $(C^2H^5)ONa$, qu'on appelle *alcool soudé*, ou *éthylate de sodium* :

$$(C^2H^5)OH + Na = (C^2H^5)ONa + H.$$

On obtient de même l'*alcool potassé*, ou *éthylate de potassium*.

Ces composés sont très utilisés comme réactifs en chimie organique, ils servent à introduire dans les réactions le radical éthyle. Ainsi, Wurtz a fait la synthèse de l'éther ordinaire, en traitant l'iodure d'éthyle par l'éthylate de sodium :

$$(C^2H^5)ONa + (C^2H^5)I = (C^2H^5)^2O + NaI.$$

1077. Usages. — L'alcool, à l'état d'*eau-de-vie*, est employé pour alcooliser les vins, préparer les liqueurs et confire les fruits.

Dans les laboratoires, on l'utilise pour dissoudre et préparer un grand nombre de substances, telles que l'éther et les alcaloïdes.

En pharmacie, des solutions de diverses substances dans l'alcool sont employées sous le nom de *teintures*.

Les eaux de toilette employées en parfumerie, telles que l'*eau de Cologne*, l'*eau de lavande*, ne sont autre chose que de l'alcool, tenant en dissolution diverses essences.

Enfin, on emploie l'alcool à la fabrication des vernis et à la conservation des pièces anatomiques.

1078. Alcoométrie. — L'alcoométrie est la recherche de la proportion d'alcool qui existe dans une liqueur alcoolique.

Aujourd'hui, en France, cette opération se fait toujours avec l'*alcoomètre centésimal* de Gay-Lussac, sorte d'aréomètre à poids constant, gradué d'une façon beaucoup plus précise que les aréomètres ordinaires.

L'appareil et sa graduation sont décrits dans tous les traités de physique. Nous indiquerons simplement ici la manière de s'en servir.

L'alcoomètre, qui est en somme un densimètre, construit avec des mélanges d'alcool et d'eau en proportions connues, ne peut être plongé directement dans le liquide à étudier, lorsque celui-ci n'est pas uniquement composé d'alcool et d'eau ; il faut alors le distiller, ce qui se fait à l'aide de l'alambic Salleron (fig. 271),

On mesure, avec une éprouvette à pied, qui porte un trait de repère, un volume déterminé de liquide, on l'introduit dans un récipient en verre, muni d'un tuyau en caoutchouc aboutissant à un serpentin, autour duquel circule de l'eau froide ; au-dessous de l'extrémité du serpentin, on place l'éprouvette à pied bien nettoyée, et on chauffe.

L'alcool et l'eau passent dans les premiers moments de la distillation et on chauffe, dans la plupart des cas, jusqu'à ce l'on ait recueilli environ la moitié du volume de l'éprouvette ; pour les liquides riches en alcool, comme les vins d'Espagne et de Madère, il vaut mieux continuer jusqu'à ce que l'on ait environ les deux tiers.

On ajoute alors dans l'éprouvette de l'eau distillée, jusqu'au trait marqué, et on y plonge l'alcoomètre.

Mais, comme les indications de l'appareil ne sont bonnes, sans correction, qu'à la température à laquelle il a été gradué, on plonge en même temps dans l'éprouvette un thermomètre, qui indique la température du liquide.

Une table de correction à double entrée, vendue par le constructeur de l'appareil et établie d'après des indications données par Gay-Lussac, fait connaître la proportion exacte d'alcool : il suffit de prendre sur la ligne horizontale supérieur la température indiquée par le thermomètre plongeant dans le liquide, sur la colonne verti-

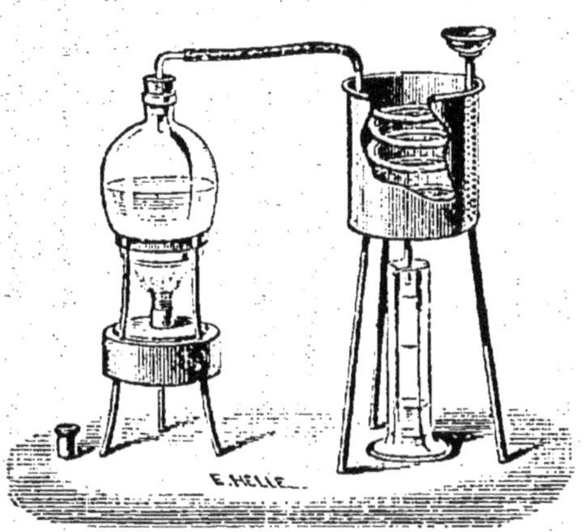

Fig. 271. — Alambic Salleron.

cale de gauche le degré lu sur l'alcoomètre ; à la rencontre des deux lignes, on trouve le degré exact.

On emploie quelquefois, pour éviter la distillation du liquide, un appareil appelé *ébullioscope;* le plus employé est celui de Brossard-Vidal.

Il est fondé sur ce fait, qu'un mélange d'alcool et d'autres substances bout à une température d'autant plus voisine de 78°, température d'ébullition de l'alcool, que celui-ci est en plus grande quantité.

Il se compose d'un petit fourneau en cuivre, supportant une bouilloire, dans laquelle on fait bouillir le liquide et qui est disposée de telle façon que les vapeurs y retombent constamment, maintenant ainsi constante la composition de ce liquide. La température d'ébullition est donnée par un petit thermomètre à mercure, qui porte une échelle gradué empiriquement et faisant connaître les degrés correspondants de l'alcoomètre centésimal.

Pour éviter l'influence de la pression atmosphérique sur la température d'ébullition, l'échelle est mobile et on fait, immédiatement avant la détermination du degré alcoolique, une expérience à blanc, avec de l'eau pure On place le zéro exactement au sommet de la colonne de mercure.

OXYDE D'ÉTHYLE (ÉTHANE-OXY-ÉTHANE)

$$(C^2H^5)^2O$$

1079. Préparation. — L'oxyde d'éthyle est l'*éther ordinaire*, appelé encore quelquefois *éther éthylique*, ou improprement, *éther sulfurique*.

Il se produit, comme nous l'avons vu en étudiant l'alcool ordinaire, dans l'action de l'acide sulfurique sur l'alcool, à la température de 140°.

Pour le préparer, on verse dans un récipient maintenu froid, au

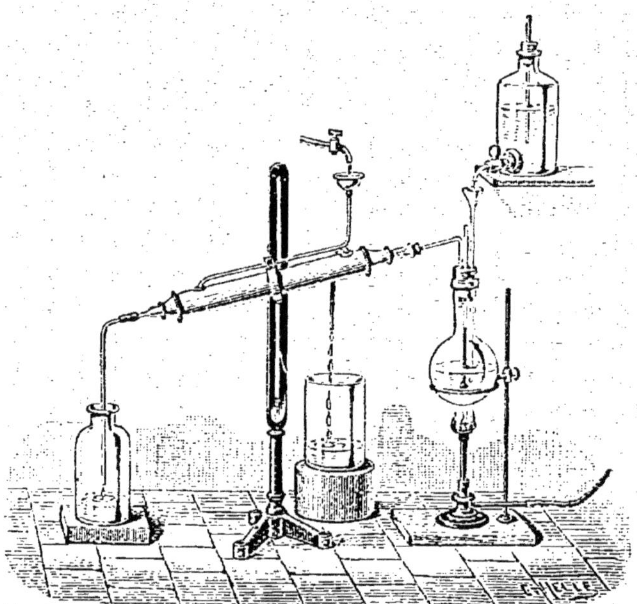

Fig. 272. — Préparation d l'éther ordinaire.

moyen de l'eau par exemple, cinq parties d'alcool à 90° et on y ajoute peu à peu et en agitant constamment 9 parties d'acide sulfurique concentré. On introduit le mélange dans un ballon, dont le col est muni d'un tube à dégagement, entouré d'un réfrigérant à circulation d'eau froide et débouchant dans un récipient refroidi (fig. 272).

Le bouchon qui bouche le col du ballon est traversé par un tube à entonnoir plongeant dans le liquide et par lequel on fait arriver dans le ballon un filet continu et très lent d'alcool placé dans un récipient situé au-dessus.

On chauffe le ballon directement, ou mieux au bain de sable, en maintenant la température dans les environs de 140°, et on arrête l'opération lorsque le liquide du ballon commence à noircir.

On recueille l'éther condensé dans le récipient. Il est mélangé d'un peu d'eau, d'alcool, d'acide sulfurique et de quelques autres substances.

Pour le purifier, on le fait digérer avec de la chaux, on le lave à l'eau et on le dessèche sur du chlorure de calcium ; puis on le rectifie au bain-marie, sur du sodium.

1080. **Théorie de l'éthérification.** — La formule de l'alcool étant $(C^2H^5)^2OH = C^2H^6O$ et celle de l'éther $(C^2H^5)^2O = C^4H^{10}O$, on voit que deux molécules d'alcool, en perdant une molécule d'eau, donnent une molécule d'éther :

$$2C^2H^6O = C^4H^{10}O + H^2O.$$

Il semble donc naturel d'admettre que, dans la préparation de l'éther, l'acide sulfurique, agissant comme corps avide d'eau, déshydrate l'alcool, donnant ainsi naissance à l'éther ; c'est en effet la première théorie de l'éthérification qui fut admise par les chimistes.

Mais on a constaté depuis longtemps que, dans les produits de la distillation, on retrouve toute l'eau de l'alcool éthérifié ; il est donc difficile d'admettre qu'elle est retenue par l'acide sulfurique, qui certainement ne l'abandonnerait pas à la température de 140°.

Les chimistes cherchèrent donc dans une autre voie, et bientôt plusieurs d'entre eux signalèrent la présence de l'acide sulfovinique $SO^4H (C^2H^5)$ dans les liquides que contenait la cornue. Certains d'entre eux, en particulier Liebig, admirent alors que l'éther est produit par la décomposition de cet acide :

$$2SO^4H (C^2H^5) = (C^2H^5)^2O + SO^4H^2 + SO^2 + O.$$

Mais l'acide sulfovinique, chauffé seul, ne donnant pas d'éther, cette théorie fut bientôt abandonnée.

La véritable théorie du phénomène fut donnée en 1852 par un chimiste anglais, Williamson, qui l'appuya sur des expériences irréfutables, de sorte qu'elle est généralement admise aujourd'hui.

Dans cette théorie, identique à celle qui sert à expliquer la formation de l'oxyde de méthyle (1050), on admet que, à une température peu élevée, à la température ordinaire même, l'acide sulfurique réagit sur l'alcool pour donner de l'acide sulfovinique $SO^4H(C^2H^5)$, dont il est facile d'ailleurs de constater la présence dans le mélange; on peut l'isoler par le baryte et faire cristalliser le sel.

Cet acide, à la température de 140°, réagit sur l'alcool, pour donner de l'éther d'après la formule :

$$SO^4H(C^2H^5) + (C^2H^5)OH = (C^2H^5)^2O + SO^4H^2.$$

L'acide sulfurique, ainsi mis en liberté, agit de nouveau sur l'alcool pour donner de l'acide sulfovinique, que l'alcool transforme de nouveau en éther, et ainsi de suite. Les mêmes réactions se reproduisent d'une façon continue et, à la fin, il reste de l'acide sulfovinique et de l'acide sulfurique.

La réalité de cette théorie est démontrée par ce fait, qu'en chauffant dans la cornue un mélange d'alcool et d'acide sulfovinique, on a de l'éther et un résidu d'acide sulfurique.

Mais il y a plus; si l'on chauffe l'acide sulfovinique, ou sulfate acide d'éthyle $SO^4H(C^2H^5)$, avec un autre alcool, l'alcool méthylique $(CH^3)OH$ par exemple, on obtient un composé, appelé éther mixte, qui résulte de l'éther ordinaire par remplacement d'un groupe C^2H^5 par un groupe CH^3; dans la cornue, il reste de l'acide méthyl-sulfurique :

$$SO^4H(C^2H^5) + (CH^3)OH = (CH^3)(C^2H^5)O + SO^4H^2.$$

Inversement, en chauffant de l'acide sulfo-méthylique $SO^4H(CH^3)$ et de l'alcool éthylique $(C^2H^5)OH$, on obtient le même éther mixte, mais, dans la cornue, il reste de l'acide sulfo-éthylique :

$$SO^4H(CH^3) + (C^2H^5)OH = (CH^3)(C^2H^5)O + SO^4H^2.$$

Les méthodes de préparation de l'éther par synthèse sont encore des preuves en faveur de la théorie de Williamson.

Ainsi, on peut obtenir de l'éther en faisant agir l'iodure d'étyle $(C^2H^5)I$ sur l'éthylate de sodium, ou alcool sodé $(C^2H^5)ONa$; la formule suivante rend compte de la réaction :

$$(C^2H^5)ONa + (C^2H^5)I = NaI + (C^2H^5)^2O$$

On en obtient également en faisant agir l'iodure d'éthyle sur l'oxyde d'argent Ag^2O :

$$2(C^2H^5)I + Ag^2O = 2AgI + (C^2H^5)^2O.$$

1081. **Propriétés physiques.** — L'éther est un liquide incolore, très mobile, d'une odeur particulière et d'une saveur brûlante.

Sa densité est 0,736 à 0°.

Il bout à 35° sous la pression normale et sa densité de vapeur est 2,565 ; il se solidifie à 31°.

L'éther se mêle difficilement à l'eau et surnage à la surface; cependant, en agitant longtemps un mélange des deux liquides, l'eau peut en dissoudre un dixième de son volume.

Il dissout un grand nombre de corps, tels que le brome, l'iode, le soufre, le phosphore et tous les composés organiques riches en carbone, tels que les résines et les corps gras.

On l'emploie beaucoup comme dissolvant dans l'analyse immédiate.

1082. Propriétés chimiques. — L'éther brûle en donnant de l'eau et de l'anhydride carbonique :

$$C^4H^{10}O + 12O = 4CO^2 + 5H^2O.$$

Comme il se vaporise facilement et que sa vapeur, très dense, reste à la hauteur où elle prend naissance, il faut éviter de manipuler l'éther dans le voisinage d'une flamme ; on a vu des flacons de ce liquide débouchés prendre feu à de grandes distances de la source de chaleur et l'inflammation de l'éther a quelquefois causé des accidents mortels. Pour éteindre l'éther enflammé, il suffit d'étouffer la flamme en la couvrant.

Les vapeurs d'éther forment par suite avec l'air des mélanges détonants et, comme elles sont très subtiles, il faut prendre de grandes précautions pour pénétrer dans les endroits où l'on conserve l'éther ; il est bon de n'y pénétrer, en cas d'obscurité, qu'avec une lampe de sûreté (fig. 157).

La chaleur décompose l'éther en hydrogène, eau, oxyde de carbone et différents carbures d'hydrogène.

La combustion de l'éther en présence d'une quantité insuffisante d'oxygène donne de l'acétylène (365).

L'oxydation lente de l'éther donne, comme celle de l'alcool, de l'aldéhyde C^2H^4O et de l'acide acétique $C^2H^4O^2$.

L'éther se dissout dans l'acide sulfurique concentré, en donnant l'acide sulfovinique $SO^4H(C^2H^5)$:

$$2SO^4H^2 + (C^2H^5)^2O = 2SO^4H(C^2H^5) + H^2O.$$

Le chlore agit sur l'éther, à froid, en donnant des dérivés chlorés : $(C^2H^3Cl^2)(C^2H^5)O$, liquide bouillant à 145°, et $(C^2Cl^5)(C^2Cl^5)O$, solide cristallisé.

1083. Usages. — L'éther est principalement employé, dans les laboratoires, comme dissolvant et réfrigérant et, en chirurgie, comme anesthésique.

On l'emploie aussi en médecine.

CHLORURE D'ÉTHYLE (Chloroéthane)

$(C^2H^5)Cl$.

1084. Préparation. — Pour préparer le chlorure d'éthyle, ou *éther éthyl-chlorhydrique*, on emploie généralement la méthode suivante :

On sature de gaz acide chlorhydrique l'alcool absolu, refroidi dans de la glace; on abandonne le mélange à lui-même, pendant vingt-quatre heures, puis on le distille au bain-marie.

Il se dégage un mélange d'acide chlorhydrique, d'alcool et de chlorure d'éthyle, que l'on fait passer d'abord dans une solution alcaline faible, qui retient l'acide chlorhydrique et l'alcool, puis sur des fragments de chlorure de calcium fondu, qui dessèchent le chlorure d'éthyle, enfin dans un récipient refroidi, où on le recueille.

1085. Propriétés. — Le chlorure d'éthyle est un liquide incolore, très mobile, d'une odeur éthérée et agréable.

Sa densité à 0° est 0,925.

Il bout à $12°,5$.

L'eau le dissout peu.

Il brûle à l'air, avec une flamme blanche, verte sur les bords, et en donnant de l'eau, de l'anhydride carbonique et du chlore.

Le chlore, à la lumière diffuse, donne, avec le chlorure d'éthyle, des produits de substitution isomères de ceux que l'on obtient avec l'éthylène (367), tels que $C^2H^4Cl^2$ (369), $C^2H^3Cl^3$, $C^2H^2Cl^4$, C^2HCl^5, C^2Cl^6. Ce dernier est le sesquichlorure de carbone, déjà étudié (390).

BROMURE D'ÉTHYLE (Bromoéthane)

$(C^2H^5)Br$.

1086. Préparation. — Le bromure d'éthyle, ou *éther éthyl-bromhydrique*, se prépare, comme le bromure de méthyle, en faisant agir le bromure de phosphore sur l'alcool.

On chauffe doucement dans un ballon, au bain-marie, 20 parties d'alcool et 1 partie de phosphore amorphe et, dans ce mélange, on laisse tomber peu à peu du brome. Il se forme du bromure de phosphore PBr^3, qui, réagissant aussitôt sur l'acool, le transforme en bromure d'éthyle :

$$PBr^3 + 3(C^2H^5)OH = 3(C^2H^5)Br + PO^3H^3.$$

On recueille les vapeurs qui se dégagent dans un récipient refroidi.

1087. Propriétés. — Le bromure d'éthyle est un liquide incolore, très dense, d'une odeur éthérée.

Il bout à 40°

Il se comporte, dans les réactions chimiques, comme l'iodure d'éthyle, et peut servir à introduire le radical éthyle C^2H^5 ; mais, comme il se décompose plus difficilement que l'iodure, on préfère ce dernier.

IODURE D'ÉTHYLE (Iodoéthane)

$(C^2H^5)I$.

1088. Préparation. — L'iodure d'éthyle, ou *éther éthyl-iodhydrique*, s'obtient d'une façon analogue à celle dont on obtient l'iodure de méthyle, auquel il est d'ailleurs semblable.

On introduit dans un ballon 600 grammes d'alcool absolu et 140 grammes de phosphore : on le bouche avec un bouchon, traversé par le tube d'une allonge en verre verticale, qui contient 450 grammes d'iode mêlé à des fragments de verre. L'allonge communique à sa partie supérieure avec un réfrigérant incliné vers l'appareil, de telle sorte que les vapeurs condensées retombent dans l'allonge.

On chauffe au bain-marie, doucement, à une température d'environ 150° ; les vapeurs d'alcool se dégagent lentement, vont se condenser dans le réfrigérant et, en retombant dans l'allonge, dissolvent un peu d'iode, qu'elles entraînent dans le ballon. L'iode agit sur le phosphore pour donner de l'iodure de phosphore PI^3, qui agit sur l'alcool en le transformant en iodure d'éthyle :

$$PI^3 + 3(C^2H^5)OH = 3(C^2H^5)I + PO^3H^3.$$

Quand l'opération est terminée, ce que l'on reconnait à l'absence de couleur de l'alcool, qui tombe de l'allonge et qui ne contient plus d'iode, on enlève l'allonge, on distille le liquide au bain-marie et on recueille les vapeurs dans un récipient refroidi.

Le liquide obtenu est lavé à l'eau, qui s'empare de l'alcool, et se sépare alors en deux couches ; on décante la couche supérieure, qui contient l'eau et l'alcool, on recueille l'iodure d'éthyle, qui forme la couche inférieure et on le dessèche sur du chlorure de calcium. Enfin, on le rectifie par une nouvelle distillation au bain-marie.

1089. Propriétés. — L'iodure d'éthyle est un liquide incolore, d'une odeur éthérée assez agréable ; sa densité est 0,944 à 15°.

Il bout à 72°.

La lumière le décompose lentement, en mettant de l'iode en liberté et colorant le liquide en brun. La même action se produit avec le bromure d'éthyle.

Il est très employé dans les réactions chimiques, pour introduire le radical éthyle. Nous avons déjà vu que l'éther ordinaire peut s'obtenir en faisant agir l'iodure d'éthyle sur l'oxyde d'argent :

$$2(C^2H^5)I + Ag^2O = (C^2H^5)^2O + 2AgI.$$

1090. Usages. — On l'a employé avec succès pour la préparation d'un grand nombre de corps par des méthodes générales.

C'est ainsi qu'on l'utilise pour la préparation des hydrures de radicaux alcooliques, ou hydrocarbures saturés (1105), pour la préparation des éthers mixtes (1140), des éthers composés (1140), des amines, ou ammoniaques composées (1142), des radicaux organo-métalliques.

SULFATE ACIDE D'ÉTHYLE
$SO^4H(C^2H^5)$

1091. Préparation. — Le sulfate acide d'éthyle, appelé aussi *acide éthyl-sulfurique*, *sulfo-éthylique*, ou *sulfo-vinique* est un composé à fonction mixte, à la fois éther, puisqu'il résulte du remplacement de l'hydrogène basique d'un acide par un radical alcoolique, et acide, puisqu'il lui reste encore un atome d'hydrogène basique, remplaçable par du métal.

Nous verrons par la suite plusieurs de ces composés organiques à fonction mixte.

Pour préparer l'acide éthyl-sulfurique, on verse un certain volume d'alcool dans un ballon, que l'on maintient dans l'eau froide, et l'on y ajoute peu à peu et en agitant un égal volume d'acide sulfurique concentré. La réaction a lieu à la température ordinaire : on chauffe quelques instants au bain-marie, à une température inférieure à 100°, pour la compléter :

$$SO^4H^2 + (C^2H^5)OH = SO^4H(C^2H^5) + H^2O.$$

Il reste dans le ballon de l'acide éthyl-sulfurique et de l'acide sulfurique non décomposé. Pour les séparer, on sature la liqueur par le carbonate de baryum. Il se forme du sulfate de baryum insoluble et de l'éthyl-sulfate de baryum soluble ; on filtre, on évapore et on a ce dernier sel cristallisé.

Pour en retirer l'acide, on le dissout dans l'eau et on verse goutte à goutte de l'acide sulfurique, qui forme, avec le baryum du sel dissous, un sulfate insoluble. Quand tout le baryum est précipité, on filtre et l'on a une solution d'acide sulfovinique, que l'on peut concentrer en l'évaporant dans le vide.

1092. Propriétés. — L'acide éthyl-sulfurique pur est un liquide incolore, de consistance sirupeuse, de saveur très acide, soluble dans l'eau, insoluble dans l'éther.

C'est un acide monobasique, qui donne des sels avec les métaux ; les principaux sont les sels de potassium, de sodium, de calcium, de baryum. Ils sont tous solubles et cristallisent en tablettes nacrées, onctueuses au toucher.

L'acide éthyl-sulfurique, distillé en présence de l'eau, régénère l'acide sulfurique et donne de l'alcool :

$$SO^4H(C^2H^5) + H^2O = SO^4H^2 + (C^2H^5)OH.$$

Les solutions d'éthylsulfates dans l'eau sont, de même, décomposées par la chaleur ; il se produit un sulfate et il se dégage de l'alcool :

$$SO^4K(C^2H^5) + H^2O = SO^4HK + (C^2H^5)OH.$$

Chauffé avec l'alcool, à 140°, l'acide éthyl-sulfurique donne de l'acide sulfurique et de l'éther :

$$SO^4H(C^2H^5) + (C^2H^5)OH = SO^4H^2 + (C^2H^5)^2O.$$

L'acide éthyl-sulfurique peut être employé comme réactif, à la place de l'iodure d'éthyle, dans certaines réactions, où il sert à introduire le radical éthyle.

SULFATE NEUTRE D'ÉTHYLE

$$SO^4(C^2H^5)^2$$

1093. **Préparation.** — Le sulfate neutre d'éthyle, ou *éther éthyl-sulfurique*, est aussi appelé quelquefois *éther sulfatique*, pour le distinguer de l'éther ordinaire, que l'on appelle communément éther sulfurique.

Il a été récemment préparé à l'état pur. On peut l'obtenir en chauffant à 150° du sulfate d'argent avec de l'iodure d'éthyle, mélangé d'un peu d'éther et d'alcool. La réaction est la suivante :

$$SO^4Ag^2 + 2(C^2H^5)I = 2\,AgI + SO^4(C^2H^5)^2.$$

Dans l'action de l'acide sulfurique sur l'alcool à la température ordinaire, il se produit, en même temps que du sulfate acide, un peu de sulfate neutre d'éthyle, d'après l'équation :

$$SO^4H^2 + 2(C^2H^5)OH = SO^4(C^2H^5)^2 + 2H^2O.$$

On en trouve aussi de petites quantités dans le résidu de la préparation de l'éther.

On peut séparer le sulfate neutre d'éthyle du sulfate acide, ou acide sulfovinique, au moyen du chloroforme, qui dissout le sulfate neutre, mais non le sulfate acide.

1094. Propriétés. — L'éther éthyl-sulfurique est un liquide incolore, de consistance oléagineuse, d'une odeur agréable, insoluble dans l'eau.

Il bout à 200°.

La distillation avec de l'eau le transforme en acide sulfurique, avec régénération de l'alcool :

$$SO^4(C^2H^5)^2 + 2H^2O = SO^4H^2 + 2 (C^2H^5)OH.$$

Chauffé avec de l'alcool, il donne du sulfate acide d'éthyle et de l'éther ordinaire :

$$SO^4(C^2H^5)^2 + (C^2H^5)OH = SO^4H(C^2H^5) + (C^2H^5)^2O.$$

AZOTATE D'ÉTHYLE

$$AzO^3(C^2H^5).$$

1095. Propriétés. — L'acide azotique donne avec l'alcool un azotate d'éthyle, ou *éther éthyl-azotique*.

C'est un liquide d'une odeur désagréable, d'une saveur sucrée, qui détonne quand on le chauffe brusquement. Il est très instable et se décompose facilement en donnant de l'azotite d'éthyle.

AZOTITE D'ÉTHYLE

$$AzO^2(C^2H^5).$$

1096. Préparation. — L'azotite d'éthyle, ou *éther éthyl-azoteux*, s'obtient en faisant passer un courant de vapeurs nitreuses dans de l'alcool refroidi.

Il se dégage des vapeurs d'azotite d'éthyle, que l'on reçoit dans un récipient refroidi.

1097. Propriétés. — L'azotite d'éthyle est un liquide jaunâtre, d'une odeur de pommes et très volatil; il bout à 17°.

Il est encore moins stable que l'azotate d'éthyle et se décompose spontanément, en donnant de l'acide malique, acide qui se trouve dans les fruits.

NITRÉTHANE

1098. Propriétés. — L'azotite d'éthyle a un isomère, dont la formule brute est $AzO^2C^2H^5$; c'est le *nitréthane*, liquide incolore, qui bout à 114° et qui s'obtient par l'action de l'iodure d'éthyle sur l'azotite d'argent.

Le nitréthane ne présente pas les caractères d'un éther ; chauffé avec l'eau, il ne donne pas de l'alcool et de l'acide azoteux.

SULFURE D'ÉTHYLE (Éthane-thio-éthane)

$$(C^2H^5)^2S.$$

1099. Préparation. — Le sulfure d'éthyle se produit par l'action du chlorure d'éthyle sur le sulfure de potassium K^2S, dissous dans l'alcool :

$$2(C^2H^5)Cl + K^2S = (C^2H^5)^2S + 2KCl.$$

On l'obtient aussi, en chauffant un mélange de sulfure et de sulfovinate de potassium :

$$K^2S + 2SO^4H(C^2H^5) = (C^2H^5)^2S + 2SO^4HK.$$

1100. Propriétés. — C'est un liquide incolore, d'une odeur alliacée et désagréable, insoluble dans l'eau.

Il bout à 91°.

Sa formule correspond à celle de l'éther ordinaire, $(C^2H^5)^2O$, par remplacement de l'oxygène par le soufre.

SULFHYDRATE D'ÉTHYLE (Éthanethiol)

$$(C^2H^5)HS$$

1101. Préparation. — Le sulfhydrate d'éthyle, ou *mercaptan*, s'obtient en faisant passer un courant de vapeurs de chlorure d'éthyle dans une solution alcoolique de sulfhydrate de potassium :

$$C^2H^5Cl + KHS = (C^2H^5)HS + KCl.$$

On recueille dans un récipient refroidi les vapeurs qui se dégagent.

1102. Propriétés. — Le mercaptan est un liquide incolore, d'une odeur fétide, peu soluble dans l'eau.

Il bout à 36°.

L'acide azotique agit sur le mercaptan d'une façon remarquable ; il oxyde le soufre et donne le sulfite acide d'éthyle, ou acide éthylsulfureux $SO^3H(C^2H^5)$.

Le sulfhydrate d'éthyle précipite les sels de mercure en donnant le composé $(C^2H^5S)^2Hg$:

$$HgCl^2 + 2(C^2H^5)HS = (C^2H^5S)^2Hg + 2HCl.$$

D'où son nom de mercaptan (*mercurium captans*).

CYANURE D'ÉTHYLE (Propane-nitrile)

$$(C^2H^5)Cy.$$

1103. Préparation. — Le cyanure d'éthyle ou *éther éthyl-cyanhydrique*, se produit en faisant bouillir un mélange d'iodure d'éthyle avec du cyanure de potassium :

$$(C^2H^5)I + KCy = (C^2H^5)Cy + KI.$$

Les vapeurs qui se dégagent passent dans un réfrigérant incliné, de telle sorte qu'elles reviennent dans le ballon.

On peut l'obtenir également, en enlevant deux molécules d'eau à une molécule de propionate d'ammonium $C^3H^5O^2AzH^4$:

$$C^3H^5O^2AzH^4 = (C^2H^5)CAz + 2H^2O.$$

1104. Propriétés. — L'éther cyanhydrique est un liquide incolore, d'une odeur désagréable.

Traité par un alcali hydraté, comme la potasse, il donne de l'ammoniaque, qui se dégage, et de l'alcool éthylique :

$$(C^2H^5)Cy + KOH = (C^2H^5)OH + KCy.$$

CHAPITRE IV

HYDROCARBURES SATURÉS

1105. Constitution des hydrocarbures saturés. — On donne le nom d'*hydrocarbures saturés* à des composés d'hydrogène et de carbone, dans lesquels toutes les atomicités sont satisfaites.

Ainsi, le méthane, ou gaz des marais (370), est un hydrocarbure saturé, parce que le carbone, qui est tétravalent, y est combiné à quatre atomes d'hydrogène monovalent, dont chaque atome satisfait ainsi une des valences du carbone, comme le montre la formule de constitution :

$$\begin{array}{c} H \\ | \\ H - C - H \\ | \\ H \end{array}$$

dans laquelle les atomicités ou valences libres sont représentées par des traits.

On peut aussi d'ailleurs, pour le gaz des marais CH^4, le regarder comme formé par le radical CH^3, qui est monovalent, puisqu'une des valences du carbone reste libre, et dont la valence est satisfaite par un atome d'hydrogène. On l'écrit alors $(CH^3)H$ et cet atome d'hydrogène peut être remplacé par un atome de chlore, comme dans le chlorure d'éthyle CH^3Cl.

L'éthane (1067) est encore un hydrocarbure saturé ; sa formule brute, C^2H^6, ne le montre pas bien, car le carbone, tétravalent, y paraît combiné à 6 atomes de carbone. Mais nous avons vu quelle est sa constitution ; il résulte de la combinaison de deux groupes CH^3, mis en liberté dans l'action de l'iodure de méthyle sur le sodium, et dont chacun est monovalent. Ces deux groupes se soudent l'un à l'autre, par la valence du carbone qui est libre dans chacun d'eux, comme le montre la formule de constitution .

$$CH^3$$
$$|$$
$$CH^3$$

Ou mieux :

$$C \diagup\!\!\!\!\!\!- \begin{array}{l} H \\ H \\ H \end{array}$$
$$|$$
$$|$$
$$C \diagup\!\!\!\!\!\!- \begin{array}{l} H \\ H \\ H \end{array}$$

Ce sont donc les atomes de carbone qui se saturent réciproquement et l'on voit déjà par ce premier exemple toute l'importance de cet élément dans la chimie organique.

Dans l'éthane C^2H^6, on peut d'ailleurs imaginer le groupe C^2H^5, qui est monovalent, puisqu'il diffère du groupe saturé C^2H^6 par l'enlèvement d'un atome d'hydrogène. On écrira alors l'éthane $(C^2H^5)H$; ce sera un hydrure d'éthyle, comme nous l'avons supposé, et cet atome d'hydrogène sera remplaçable par du chlore, du brome ou de l'iode, donnant ainsi les chlorure, bromure, iodure d'éthyle.

Si nous prenons maintenant un mélange, à molécules égales, d'iodures de méthyle et d'éthyle, $(CH^3)I$ et $(C^2H^5)I$ et si nous faisons agir sur ce mélange du sodium, nous aurons la réaction :

$$(CH^3)I + (C^2H^5)I + Na^2 = 2NaI + (CH^3)(C^2H^5).$$

Nous obtenons ainsi un nouvel hydrocarbure saturé C^3H^8, qui résulte de la combinaison des deux groupes monovalents, le méthyle CH^3 et l'éthyle C^2H^5.

La formule de constitution de ce corps est donc :

$$CH^3$$
$$|$$
$$C^2H^5$$

que nous pouvons décomposer encore davantage, en re... .rquant que, l'éthane ayant pour formule de constitution :

$$CH^3$$
$$|$$
$$CH^3$$

l'éthyle, qui en diffère par l'enlèvement d'un atome d'hydrogène, sera :

$$CH^2$$
$$|$$
$$CH^3$$

L'un des groupes CH^3, ayant perdu un atome d'hydrogène, son carbone a une valence de libre et se soude au groupe CH^3 qui a lui-même une valence libre. La formule du carbure C^3H^8, complètement décomposée, est donc :

$$CH^3$$
$$|$$
$$CH^2$$
$$|$$
$$CH^3$$

et l'on voit qu'ici encore tous les groupes sont unis entre eux par leur carbone.

En continuant ainsi, on peut, par des réactions identiques à celles qui viennent d'être décrites, obtenir une quantité considérable d'hydrocarbures saturés, dont les formules sont :

$$C^4H^{10} = \begin{array}{c} CH^3 \\ | \\ CH^2 \\ | \\ CH^2 \\ | \\ CH^3 \end{array}$$

$$C^5H^{12} = \begin{array}{c} CH^3 \\ | \\ CH^2 \\ | \\ CH^2 \\ | \\ CH^2 \\ | \\ CH^3 \end{array}$$

et ainsi de suite.

Le carbure C^4H^{10} peut être considéré comme résultant de la combinaison de deux groupes éthyle :

$$CH^2$$
$$|$$
$$CH^3;$$

c'est le diéthyle, de même que l'éthane est le diméthyle. On peut donc obtenir C^4H^{10} de la même manière que l'éthane, en faisant agir le sodium sur l'iodure d'éthyle :

$$2(C^2H^5)I + Na^2 = 2NaI + (C^2H^5)^2.$$

1106. Nomenclature. — On peut, par les réactions précédentes, obtenir toute une série de carbones saturés, dont les formules brutes sont CH^4, C^2H^6, C^3H^8, C^4H^{10}, etc. On a préparé jusqu'au 22° terme $C^{22}H^{46}$.

On voit, par l'examen de leurs formules, que ces carbures forment une série homologue, dont les termes s'obtiennent en ajoutant constamment CH^2 au précédent. Leur formule générale est donc C^nH^{2n+2}.

Les hydrocarbures saturés ne se combinent directement avec aucun élément, puisqu'ils n'ont pas de valence libre. Aussi leur donne-t-on le nom général de *paraffines* (parum affinis).

Le gaz des marais avait d'abord été appelé *formène*, par Regnault, et les hydrocarbures saturés ont été par la suite désignés sous le nom de carbures *forméniques*.

Mais ce nom n'a pas été conservé. Pour nommer ces hydrocarbures, on suit aujourd'hui l'une ou l'autre des deux règles suivantes :

Ou bien, comme le faisait Gerhardt, on peut les considérer comme des hydrures de radicaux alcooliques; c'est ainsi que nous avons appelé le méthane hydrure de méthyle et l'éthane hydrure d'éthyle. Les carbures suivants sont :

L'hydrure de propyle $(C^3H^7)H = C^3H^8$
—   butyle $(C^4H^9)H = C^4H^{10}$
—   d'amyle $(C^5H^{11})H = C^5H^{12}$, etc.

Le plus souvent, et c'est ce qui a été prescrit par le congrès de Genève, on suit la règle indiquée par Hoffmann, et qui consiste à prendre le nom du radical du carbure, ou le nombre qui indique son rang dans la série, en lui donnant la terminaison *ane*. Ainsi, l'hydrure de méthyle est le méthane, l'hydrure d'éthyle l'éthane, etc. Les différents hydrocarbures saturés sont alors :

Le méthane CH^4;
L'éthane C^2H^6;
Le propane C^3H^8;
Le butane C^4H^{10};
Le pentane C^5H^{12};
L'hexane C^6H^{14};
Etc.

Les premiers termes, les moins riches en carbone, sont gazeux à la température ordinaire; à mesure qu'ils contiennent plus de carbone, leur densité augmente. A partir du carbure C^5H^{12}, ils sont liquides; enfin, à partir du terme $C^{16}H^{34}$, ils sont solides, fusibles et cristallisables.

Ces hydrocarbures saturés existent dans la nature : ils forment des nappes souterraines de carbures liquides, tenant en dissolution des hydrocarbures solides. Ce sont les *pétroles*, abondants surtout en Amérique et dans la région du Caucase.

1107. État naturel et propriétés générales. — Les hydrocarbures saturés peuvent s'extraire des pétroles naturels.

Pelouze et Cahours, en soumettant à des distillations fractionnées les pétroles d'Amérique, principalement ceux de Pensylvanie, en ont retiré tous les termes gazeux et liquides, CH^4, C^2H^6, etc., jusqu'à l'hexadécane $C^{16}H^{34}$.

Les résidus de cette distillation, soumis à l'action des dissolvants, donnent des substances très riches en carbone, en contenant même jusqu'à 98 p. 100 et diversement colorées, en vert, en jaune, même en blanc.

En soumettant à la distillation des substances bitumineuses naturelles, sortes de houilles grasses, telles que le *boghead*, le *cannel-coal*, l'*ozokérite*, on obtient des substances solides, blanches et cristallines lorsqu'elles ont été purifiées, qui constituent les paraffines du commerce.

Ce sont des mélanges d'hydrocarbures saturés solides. La distillation sèche des paraffines du commerce donne des hydrocarbures saturés moins riches en carbone.

Les acides gras, distillés au moyen de la vapeur d'eau surchauffée, donnent également des hydrocarbures saturés.

Les hydrocarbures saturés résistent à l'action de presque tous les corps.

Le brome et l'iode ne les attaquent pas à froid ; seul le chlore, sous l'action de la lumière, leur enlève peu à peu leur hydrogène, qu'il remplace immédiatement atome à atome.

C'est ainsi que l'on obtient, avec le gaz des marais CH^4, des dérivés chlorés qui sont : le chlorure de méthyle CH^3Cl, le chlorure de méthylène CH^2Cl^2, le chloroforme $CHCl^3$ et le tétrachlorure de carbone CCl^4.

L'acide azotique fumant n'agit qu'à chaud sur les hydrocarbures saturés.

1108. Pétrole. — Le pétrole brut existe en nappes souterraines dans le sein de la terre.

Pour l'extraire, on creuse des puits, d'où quelquefois le pétrole s'échappe en jet, comme dans les puits artésiens, on le recueille au moyen de pompes, et on le transporte, dans des wagons ou des navires spéciaux, jusqu'aux usines, où on le distille.

Le pétrole est distillé dans des cornues de fer et fournit divers produits importants, plus ou moins inflammables suivant leur température d'ébullition.

Ce qui passe entre 30 et 75° constitue l'*éther de pétrole*, liquide très mobile, très volatil et très inflammable, dont les vapeurs forment avec l'air des mélanges explosifs.

Il est dangereux à employer comme combustible ; il sert surtout, sous le nom d'essence, au dégraissage des étoffes.

Les produits qui passent entre 75 et 150° forment l'*essence minérale*, ou *essence de pétrole;* c'est un liquide encore très inflammable employé pour dissoudre les corps gras et les résines et fabriquer les vernis à l'essence. On l'utilise pour l'éclairage dans les lampes à essence, dites lampes inversables, dans lesquelles la mèche communique avec une éponge imbibée du liquide.

Les vapeurs qui passent entre 150 et 180° donnent, en se condensant, un liquide appelé *huile légère de pétrole,* ou simplement *pétrole;* on le vend dans le commerce sous les noms de *photogène, luciline,* etc. et on l'emploie comme huile à brûler dans les lampes dites au pétrole. On le décolore et on le purifie en le lavant avec une lessive de soude, puis avec de l'acide sulfurique.

Enfin, entre 180 et 400°, il passe des produits lourds, peu volatils, généralement très colorés par des impuretés : ce sont les *huiles lourdes de pétrole,* qui ne sont guère employées que pour graisser les machines.

En distillant à nouveau les huiles lourdes, on peut en retirer différents produits : des huiles un peu plus légères, pouvant servir encore à l'éclairage, des huiles lourdes et de la *vaseline,* qui est principalement employée en pharmacie comme véhicule de médicaments.

Le résidu de la distillation du pétrole, soumis au refroidissement, donne de la paraffine impure, que l'on purifie par la pression et que l'on décolore avec le noir animal.

1109. Paraffine. — La paraffine se retire, par la distillation, du pétrole, ou bien du cannel-coal, du bogh-ead et encore mieux de l'ozokérite, ou cire minérale.

C'est une substance blanche, translucide, d'aspect cristallisé, qui fond entre 50 et 60°

On utilise la paraffine pour rendre les étoffes imperméables et surtout pour fabriquer des bougies translucides ; mais ces bougies ont l'inconvénient de fondre et de se tordre facilement à la chaleur.

M. Boudréaux a utilisé la paraffine comme isolant et l'a employée à la construction d'appareils de cours pour l'électricité statique. C'est un isolant bien supérieur au verre et à l'ébonite.

1110. Isomérie des hydrocarbures saturés. — On appelle corps *isomères* des composés qui ont la même composition centésimale et le même poids moléculaire, par conséquent la même formule brute, mais dont les propriétés chimiques sont différentes.

Les formules de constitution permettent de se rendre compte de cette isomérie.

Prenons par exemple le propane C^3H^8, dont la formule de constitution est

$$CH^3$$
$$|$$
$$CH^2$$
$$|$$
$$CH^3$$

Cet hydrocarbure donne deux dérivés iodés, dont la formule brute est C^3H^7I, mais qui ont des propriétés différentes ; c'est que leur formule de constitution est pour l'un

$$CH^2 — I$$
$$|$$
$$CH^2$$
$$|$$
$$CH^3$$

et pour l'autre

$$CH^3$$
$$|$$
$$CH — I$$
$$|$$
$$CH^3$$

Dans le premier, l'iode est substitué à l'hydrogène de l'un des groupes CH^3 et dans l'autre à l'hydrogène du groupe CH^2.

En les traitant par le sodium, en présence de l'iodure de méthyle CH^3I, on obtient les deux hydrocarbures :

$$CH^2 — CH^3$$
$$|$$
$$CH^2$$
$$|$$
$$CH^3$$

et

$$CH^3$$
$$|$$
$$CH — CH^3$$
$$|$$
$$CH^3$$

qui ont tous deux pour formule brute $C^4 H^{10}$, mais qui diffèrent par les propriétés chimiques.

On voit par là le nombre considérable des isomères possibles des différents hydrocarbures saturés.

Naturellement, le nombre des isomères possibles augmente avec le nombres d'atome de la molécule, c'est-à-dire avec la complexité de la formule de constitution.

On a calculé le nombre des isomères possibles pour les différents termes de la série et on a trouvé que, tandis que les trois premiers termes CH^4, C^2H^6, C^3H^8 n'ont pas d'isomères, et les suivants C^4H^{10}, C^5H^{12}, C^6H^{14}, un petit nombre seulement, 2, 3 et 5, les termes éloignés en ont un très grand nombre. Le carbone $C^{22}H^{24}$ peut en avoir 159, le terme $C^{13}H^{28}$ peut en avoir 797 (Cayley).

Naturellement, tous ces isomères n'ont pas été préparés ; ils ne présentent qu'un intérêt théorique et ne peuvent avoir aucune utilité pratique.

Pour distinguer ces divers isomères, on indique la nature du radical formant une chaine latérale et, pour éviter toute ambiguïté, on numérote les atomes de carbone de la chaine principale, le numérotage partant de l'atome le plus voisin d'une chaine latérale.

Ainsi, les deux carbures précédents en C^4H^{10} s'appelleront, le premier le *méthyl 1.* — *vropane* et le second le *méthyl 2.* — *propane*.

ALCOOLS EN GÉNÉRAL

1111. Définition et classification. — Au méthane, ou gaz des marais, CH^4, correspond l'alcool méthylique CH^4O ; à l'éthane C^2H^6, correspond l'alcool éthylique C^2H^6O.

D'une façon générale, à chaque hydrocarbure saturé de la série C^nH^{2n+2}, correspond un alcool homologue de l'alcool méthylique et de l'alcool éthylique ; ces alcools forment une série, appelée *série grasse*, parce qu'ils donnent par oxydation des acides, dont les derniers termes sont les acides gras. Ils sont représentés par la formule générale $C^nH^{2n+2}O$.

On les désigne souvent par le nom de l'hydrocarbure saturé correspondant, dont on change la terminaison *ane* en *ylique*.

D'après les décisions du Congrès de Genève, on n'emploie pas le mot alcool ; mais on forme le nom du composé, en ajoutant *ol* au nom de l'hydrocarbure saturé. On dit *éthanol*, au lieu d'*alcool éthylique*.

Tous les alcools ont la propriété de donner, sous l'action des acides, des éthers tels que les sulfates et les azotates d'éthyle et de méthyle.

Sous l'action des corps oxydants, les alcools méthylique et éthylique donnent, comme nous l'avons vu, d'abord une aldéhyde, puis un acide.

Si l'on étudie les autres alcools, on constate qu'à partir de l'alcool propylique C^3H^8O, les alcools présentent des cas d'isomérie, comme les hydrocarbures saturés ; les composés isomères des alcools n'ont pas, en général, tous les mêmes propriétés chimiques et ne donnent pas, en présence des corps oxydants, tous les mêmes produits.

Ces isomères des alcools ont été d'acord appelés pseudo-alcools et iso-alcools. Aujourd'hui, on adopte la dénomination de M. Kolbe, qui, à la suite de ses études sur les alcools, les a divisés en trois classes :

Les alcools primaires, secondaires et tertiaires.

Les premiers, en s'oxydant, donnent des aldéhydes, puis des acides, homologues des acides formique et acétique ; les seconds, en s'oxydant, ne donnent pas d'acide, mais des corps appelés acétones (1167) ; enfin, les derniers se dédoublent, sous l'action des corps oxydants, et donnent des acides, moins riches en carbone que l'alcool qui les a fournis.

Les dénominations d'alcools primaires, secondaires et tertiaires dérivent du mode de formation et de la constitution de ces corps.

1112. Constitution des alcools primaires. — Nous avons déjà vu que l'alcool méthylique, ou hydrate de méthyle $(CH^3)OH$ s'obtient par l'action de l'iodure de méthyle $(CH^3)Cl$ sur la potasse KOH :

$$(CH^3)Cl + KOH = (CH^3)OH + KCl$$

On voit par la formule ce qui se passe dans la réaction : le potassium s'emparant du chlore, il reste en présence deux groupes monovalents, le méthyle CH^3 et l'oxhydryle OH, qui s'unissent pour donner l'hydrate de méthyle.

L'hydrate de méthyle $(CH^3)OH$ peut donc être considéré comme dérivant du méthane CH^4, par la substitution d'un groupe oxhydryle à un atome d'hydrogène. Sa formule de constitution est alors :

$$H-\underset{\underset{H}{|}}{\overset{\overset{H}{|}}{C}}-OH$$

L'alcool éthylique $(C^2H^5)OH$ s'obtiendra de même, par l'action de la potasse sur le chlorure d'éthyle. Pour écrire sa formule de constitution, nous rappellerons (1105) que l'éthyle C^2H^5 diffère du méthyle CH^3 par le remplacement dans ce dernier d'un atome d'hydrogène par un groupe CH^3. La formule de constitution de l'alcool éthylique sera donc :

$$H-\underset{\underset{H}{|}}{\overset{\overset{CH^3}{|}}{C}}-OH$$

et l'alcool éthylique pourra s'appeler l'alcool méthyl-méthylique.

En substituant, dans l'alcool méthylique, à un atome d'hydrogène un atome d'éthyle, nous aurons l'alcool méthyl-éthylique, ou alcool propylique :

$$H-\underset{\underset{H}{|}}{\overset{\overset{C^2H^5}{|}}{C}}-OH = C^3H^8O$$

Et ainsi de suite.

On voit que tous ces alcools peuvent être considérés comme dérivant de l'alcool méthylique CH^3OH par remplacement d'un seul atome d'hydrogène par un radical alcoolique; de là leur nom d'alcools primaires.

Leur formule générale, quand on les considère ainsi, est $CH^2C^nH^{2n+1}.OH$, ou mieux :

$$(C^nH^{2n+1})CH^2.OH.$$

En s'oxydant, ils remplacent leurs deux atomes d'hydrogène de CH^2 par un atome d'oxygène et donnent les acides de la série grasse, dont la formule générale est :

$$(C^nH^{2n+1})CO.OH.$$

1113. Génération des alcools secondaires. — Supposons que, dans l'alcool méthylique $(CH^3)OH$, on substitue un radical alcoolique, non plus seulement à un atome d'hydrogène, mais à deux; on aura, par exemple, un alcool diméthyl-méthylique, dont la formule de constitution sera

$$\begin{array}{c} CH^3 \\ | \\ CH^3 - C - OH \\ | \\ H \end{array}$$

La formule de ces alcools sera alors :

$$(C^nH^{2n+1})^2CH.OH.$$

Ils ne renferment plus de groupe CH^2, contenant deux atomes d'hydrogène remplaçable par de l'oxygène, et, par conséquent, ne peuvent donner d'acides. Sous l'action des corps oxydants, ils perdent deux atomes d'hydrogène et donnent des acétones (1167) dont la formule générale est $(C^nH^{2n+1})^2CO$.

Ces alcools, résultant de la substitution de deux radicaux alcooliques à deux atomes d'hydrogène, ont reçu le nom d'alcools secondaires.

1114. Génération des alcools tertiaires. — Supposons enfin que les trois atomes d'hydrogène du groupe méthyle, dans l'alcool méthylique, soient remplacés par trois radicaux alcooliques. Nous aurons un composé dont la formule de constitution sera, par exemple :

$$\begin{array}{c} CH^3 \\ | \\ CH^3 - C - OH \\ | \\ CH^3 \end{array}$$

et que nous pourrons appeler alcool triméthyl-méthylique.

Leur formule générale est donc $(C^nH^{2n+1})^3C.OH$.

Sous l'action des corps oxydants, ils se détruisent complètement, en donnant des acides, non pas correspondant à l'alcool, mais moins riches en carbone.

Les alcools primaires, secondaires et tertiaires sont donc des dérivés de l'alcool méthylique.

Ainsi l'alcool éthylique :

$$C^2H^6O = (CH^3)CH^2.OH.$$

On désigne généralement aujourd'hui l'alcool méthylique sous le nom de *carbinol* et les alcools primaires, secondaires, ou tertiaires sont des dérivés du carbinol.

Dans cette nomenclature, l'alcool éthylique est le méthylcarbinol.

1115. Isomérie des alcools primaires. — Les alcools primaires sont, comme nous l'avons dit (1111), isomères des alcools secondaires et tertiaires. Mais, indépendamment de cela, les alcools primaires présentent aussi de nombreux cas d'isomérie.

Cette isomérie des alcools primaires est une conséquence de l'isomérie des hydrocarbures saturés, dont ils dérivent.

Ainsi, nous avons vu (1105) que le carbure C^4H^{10} se présente sous deux variétés isomériques, dont les formules sont :

$$CH^2 - CH^3$$
$$|$$
$$CH^2$$
$$|$$
$$CH^3$$

et

$$CH^3$$
$$|$$
$$CH - CH^3$$
$$|$$
$$CH^3$$

A ces deux hydrocarbures, correspondront, par substitution de OH à un atome d'hydrogène dans le groupe inférieur CH^3, les deux alcools :

$$CH^2 - CH^3$$
$$|$$
$$CH^2$$
$$|$$
$$CH^2 - OH$$

et

$$CH^3$$
$$|$$
$$CH - CH^3$$
$$|$$
$$CH^2 - OH$$

qui sont deux alcools butyliques primaires isomères.

PRINCIPAUX ALCOOLS PRIMAIRES DE LA SÉRIE GRASSE

1116. Généralités. — Ces alcools, appelés aussi alcools de fermentation, prennent naissance dans la fermentation des liquides sucrés, et principalement dans celle du jus de betteraves et de l'eau de grains.

Ils se préparent artificiellement, en décomposant le chlorure alcoolique par la potasse, ou bien en hydrogénant l'aldéhyde correspondante.

ALCOOL PROPYLIQUE (Propanol)

$$C^3H^8O.$$

1117. Préparation et propriétés. — L'alcool propylique se trouve en assez grande quantité dans les résidus de la distillation des eaux-de-vie de marc et de cidre.

C'est un liquide incolore, limpide, soluble dans l'eau en toute proportion et bouillant à 98°,5.

Les corps oxydants le transforment en aldéhyde propionique C^3H^6O, puis en acide propionique $C^3H^6O^2$.

Chauffé avec les acides, il donne des éthers.

ALCOOLS BUTYLIQUES

$$C^4H^{10}O.$$

On connaît deux alcools butyliques isomères.

1118. Alcool butylique normal (butanol). — L'*alcool butylique normal*, qui se produit en hydrogénant l'aldéhyde butylique C^4H^8O, se prépare par une méthode générale, en distillant un mélange de butyrate et de formiate de calcium.

Il s'en produit dans la fermentation du glucose, sous l'influence du ferment du vin.

C'est un liquide incolore, soluble dans l'eau, bouillant à 116°,9. Sa formule de constitution est :

$$CH^3$$
$$|$$
$$CH^2$$
$$|$$
$$CH^2$$
$$|$$
$$CH^2 — OH$$

Sous l'action des corps oxydants, il donne de l'acide butyrique ordinaire.

1119. Alcool butylique de fermentation. — L'*alcool butylique de fermentation* a été retiré des résidus de la fermentation des jus de betteraves, sous l'influence du ferment de la bière.

C'est un liquide incolore, d'une odeur désagréable, bouillant à 109°. Sa formule de constitution est :

$$CH^3$$
$$|$$
$$CH - CH^3$$
$$|$$
$$CH^2 - OH$$

Sous l'influence des corps oxydants, il donne l'acide isobutyrique, isomère de l'acide butyrique ordinaire.

ALCOOLS AMYLIQUES

$$C^5H^{12}O.$$

On a préparé trois alcools amyliques, sur quatre qui sont indiqués par la théorie. Les trois alcools connus sont les suivants.

1120. Alcool amylique normal (pentanol). — *L'alcool amylique normal* a été obtenu en traitant par l'hydrogène naissant l'aldéhyde de l'acide valérique normal.

C'est un liquide incolore, très peu soluble dans l'eau, de densité 0,829. Il bout à 137°.

Sa formule de constitution est :

$$CH^3$$
$$|$$
$$CH^2$$
$$|$$
$$CH^3$$
$$|$$
$$CH^2$$
$$|$$
$$CH^2 - OH$$

Sous l'action des corps oxydants, il donne l'acide valérique normal.

1121. Alcool amylique de fermentation. — *L'alcool amylique de fermentation*, connu sous le nom d'*huile de pommes de terre*, se retire par la distillation des alcools de pommes de terre, de betterave et de marc.

C'est un liquide oléagineux, d'une odeur désagréable, bouillant entre 129 et 132°. M. Pasteur a montré qu'il était formé de deux alcools et a indiqué le moyen de les séparer.

L'alcool amylique brut est en effet un liquide, qui agit sur la lumière polarisée et qui dévie à gauche le plan de polarisation de cette lumière. Le pouvoir rotatoire variant avec les divers échantillons, même purifiés, M. Pasteur a pensé que l'alcool brut était un mélange de deux alcools différents.

En le traitant par l'acide sulfurique, il a obtenu un acide amyl-sulfurique, qui donne deux sels de baryum, faciles à séparer à cause de leur différence de solubilité; en les faisant bouillir chacun séparément avec de l'eau, il a régénéré les deux alcools différents, l'un n'agissant pas sur la lumière polarisée, l'autre qui est lévogyre.

1122. Alcool amylique inactif. — *L'alcool amylique inactif* est un liquide incolore, de consistance oléagineuse, un peu soluble dans l'eau et de densité 0,825.

Il bout à 131°,4.

Sa formule de constitution est :

$$
\begin{array}{l}
CH^3 \\
| \\
CH - CH^3 \\
| \\
CH^2 \\
| \\
CH^2 - OH
\end{array}
$$

Sous l'influence des corps oxydants, il donne l'acide valérique inactif, identique avec celui qu'on retire de la racine de valériane.

1123. Alcool amylique actif. — *L'alcool amylique actif* dévie à gauche le plan de polarisation de la lumière. Sa formule de constitution est :

$$
\begin{array}{l}
CH^3 \\
| \\
CH - C^2H^5 \\
| \\
CH^2 - OH
\end{array}
$$

C'est un liquide incolore, qui bout à 127°.

Sous l'action des corps oxydants, il donne l'acide valérique actif.

ALCOOLS HEXYLIQUES

$$C^6H^{14}O.$$

1124. Préparation et propriétés. — On connaît trois alcools hexyliques primaires, sur huit qui doivent exister théoriquement.

L'alcool *hexylique normal* se retire par distillation de l'huile de graine de l'*Heracleum giganteum*, qui renferme des éthers de l'alcool hexylique. Il a été signalé dans les produits de la distillation des marcs de raisin.

Pelouze et Cahours l'ont obtenu par synthèse, en partant de l'hexane C^6H^{14}, produit de la distillation des pétroles d'Amérique. Traité par le chlore, cet hydrocarbure fournit le chlorure d'hexyle $C^6H^{13}Cl$, qui donne, avec la potasse, l'alcool hexylique :

$$C^6H^{13}Cl + KOH = KCl + C^6H^{14}O.$$

C'est un liquide incolore, d'une odeur agréable, insoluble dans l'eau, bouillant à 157°.

Sous l'action des corps oxydants, il donne l'acide caproïque $C^6H^{12}O^2$.

Les autres alcools hexyliques ont été obtenus par des méthodes synthétiques.

ALCOOL HEPTYLIQUE NORMAL (HEPTANOL)

$$C^7H^{16}O.$$

1125. Préparation et propriétés. — Cet alcool ne se rencontre pas dans les produits de la fermentation.

On l'a obtenu en hydrogénant l'aldéhyde œnanthylique $C^7H^{14}O$.

C'est un liquide incolore, d'une odeur aromatique, qui bout entre 175 et 177°.

Par oxydation, il donne l'acide œnanthylique $C^7H^{14}O^2$.

ALCOOL OCTYLIQUE NORMAL (OCTANOL)

$$C^8H^{18}O.$$

1126. Préparation et propriétés. — L'alcool octylique normal s'obtient en distillant l'huile de graines d'*Heracleum spondylium*, ou d'*Heracleum giganteum*. On obtient ainsi l'éther octyl-acétique, $C^2H^3O^2(C^8H^{17})$, qu'on décompose par la potasse, à chaud :

$$C^2H^3O^2(C^8H^{17}) + KOH = C^2H^3O^2K + (C^8H^{17}) OH.$$

C'est un liquide incolore, bouillant à 190 ou 192°, et qui donne par oxydation l'acide caprylique $C^8H^{16}O^2$.

ALCOOL CÉTYLIQUE

$$C^{16}H^{34}O.$$

1127. Préparation et propriétés. — Cet alcool, connu sous le nom d'*éthal*, qui lui a été donné par Chevreul, s'obtient en saponifiant par la potasse le *blanc de baleine*, ou *spermacéti*, que l'on retire du crâne des cachalots. Le blanc de baleine est un palmitate de cétyle ; en le faisant fondre avec de la potasse, on obtient du palmitate de potassium et de l'hydrate de cétyle, ou alcool cétylique.

C'est un corps solide, blanc, inodore, cristallisé en lamelles nacrées et fondant à 48°.

Sous l'action des corps oxydants, il donne l'acide palmitique $C^{16}H^{32}O^2$.

ALCOOL CÉRYLIQUE

$$C^{27}H^{56}O.$$

1128. Préparation et propriétés. — L'alcool cérylique, ou hydrate de céryle, s'extrait de la *cire de chine*, qui est un éther de cet alcool, un cérotate de céryle.

En saponifiant la cire de chine par la potasse, on obtient un cérotate de potassium et de l'alcool cérylique.

C'est un corps solide, fondant à 79°, qui, sous l'action des corps oxydants, donne de l'acide cérotique $C^{27}H^{54}O^2$.

ALCOOL MYRICIQUE

$$C^{30}H^{62}O.$$

1129. Préparation et propriétés. — L'alcool myricique, ou hydrate de myricyle, existe, à l'état d'éther palmitique, dans la *cire d'abeilles*, où il y a également de l'acide cérotique.

On peut enlever l'acide cérotique par l'alcool, dans lequel il est très soluble ; il reste le palmitate de myricyle, ou *myricine*, que l'ou saponifie par la potasse.

L'alcool myricique est un corps solide, fondant à 85°. Par oxydation, il donne l'acide mélissique $C^{30}H^{60}O^2$.

GÉNÉRALITÉS SUR LES ALCOOLS SECONDAIRES

1130. Propriétés. — Les alcools secondaires, dont le premier a été découvert par M. Friedel, ne se forment pas dans les fermentations : ils se préparent artificiellement, en hydrogénant les acétones, au moyen du sodium par exemple.

Comme les alcools primaires, ils donnent des éthers avec les acides ; mais par déshydratation, ils donnent des hydocarbures non saturés, de la série C_nH_{2n}, et non des hydocarbures saturés ; enfin par oxydation ils donnent, non des acides, mais des acétones.

Leur formule générale est, comme nous l'avons dit :

$$(C^nH^{2n})^2CH\text{-}OH.$$

PRINCIPAUX ALCOOLS SECONDAIRES DE LA SÉRIE GRASSE

ALCOOL PROPYLIQUE SECONDAIRE

1131. Préparation. — L'alcool propylique secondaire, ou alcool iso-propylique, a été obtenu par M. Friedel, en traitant l'acétone humide par le sodium ; le métal décompose l'eau, dont l'hydrogène naissant agit sur l'acétone C^3H^6O :

$$C^3H^6O + H^2 = C^3H^8O.$$

1132. Propriétés. — C'est un liquide incolore, soluble en toute proportion dans l'eau et qui bout à 86°.

Sous l'action d'un corps déshydratant, comme l'anhydride phosphorique, il donne le propylène C^3H^6 ; sous l'action des corps oxydants, il donne l'acétone ordinaire C^3H^6O.

ALCOOL BUTYLIQUE SECONDAIRE

1133. Préparation et propriétés. — L'alcool butylique secondaire, ou alcool isobutylique, a été obtenu par M. de Luynes en réduisant l'érythrite $C^4H^{10}O^4$:

$$C^4H^{10}O^4 = C^4H^{10}O + O^3.$$

C'est un liquide incolore, de densité 0,85, bouillant à 98 ou 100°.

Ses réactions chimiques sont celles de tous les alcools secondaires.

ALCOOLS AMYLIQUES SECONDAIRES

1134. Propriétés. — Nous terminerons en indiquant l'existence de trois alcools amyliques secondaires, qui sont :

1° Le diéthylcarbinol, dont la formule de constitution est :

$$\begin{array}{c} C^2H^5 \\ | \\ C^2H^5 - CH.OH \end{array}$$

Il dérive de l'alcool méthylique

$$H - CHOH \quad \overset{\displaystyle H}{\vert}$$

par remplacement de deux atomes d'hydrogène par deux groupes éthyle, d'où son nom ;

2° Le propylméthylcarbinol

$$CH^3 - CH.OH \quad \overset{\displaystyle C^3H^7}{\vert}$$

3° L'isopropylméthylcarbinol

$$CH^3 - CH.OH \quad \overset{\displaystyle C^3H^7}{\vert}$$

GÉNÉRALITÉS SUR LES ALCOOLS TERTIAIRES

1135. Modes de formation. — Les alcools tertiaires, dont le premier a été découvert par un chimiste russe, M. Boutlerow, ne se produisent pas non plus dans la fermentation, ni dans les corps organisés ; ils prennent naissance par des réactions de laboratoire et s'obtiennent artificiellement.

1136. Propriétés. — Les alcools tertiaires s'éthérifient, mais lentement, par l'action des acides.

Par oxydation, ils se détruisent en donnant des acides moins riches en carbone.

Leur formule générale est

$$(C^nH^{2n+1})^3CO.H.$$

PRINCIPAUX ALCOOLS TERTIAIRES DE LA SÉRIE GRASSE

ALCOOL BUTYLIQUE TERTIAIRE

1137. Propriétés. — L'alcool butylique tertiaire, découvert par M. Boutlerow, est un triméthylcarbinol, de formule

$$CH^3 - \overset{\displaystyle CH^3}{\underset{\displaystyle CH^3}{\vert}} COH = C^4H^{10}O.$$

C'est un solide, très soluble dans l'eau, qui cristallise en prismes orthorhombiques.

Il fond à 25° et bout à 82°.

Par l'action des acides, il donne des éthers. Cependant, quand on le chauffe avec l'acide oxalique, il se produit un hydrocarbure de la série C^nH^{2n}, le butylène C^4H^8.

ALCOOL AMYLIQUE TERTIAIRE

1138. Propriétés. — L'alcool amylique tertiaire, ou hydrate d'amylène, est un diméthyléthylcarbinol, dont la formule est :

$$CH^3 - \underset{\underset{\displaystyle CH^3}{|}}{\overset{\overset{\displaystyle C^2H^5}{|}}{C}}.OH$$

C'est un liquide incolore, très mobile, ayant une odeur de camphre Il bout à 102°,5 et se solidifie à — 12°.

Par l'action des corps oxydants, il donne de l'acide acétique et de l'acétone ordinaire.

Chauffé à 200°, il se décompose en eau et en amylène :

$$C^5H^{12}O = C^5H^{10} + H^2O.$$

D'où son nom d'*hydrate d'amylène*.

GÉNÉRALITÉS SUR LES ÉTHERS

1139. Définition et classification. — On a donné le nom d'*éther* à deux sortes de composés.

L'éther ordinaire, appelé improprement éther sulfurique, qui s'obtient en chauffant vers 140° de l'alcool ordinaire et de l'acide sulfurique, est l'oxyde d'un radical alcoolique, l'éthyle, $(C^2H^5)^2O$. De même, l'éther méthylique $(CH^3)^2O$ est un oxyde de méthyle et il y a toute une classe d'éthers qui sont des oxydes de radicaux C^nH^{2n+1} et qui ont pour formule générale $(C^nH^{2n+1})^2O$.

On peut même remplacer dans ces éthers l'un des deux radicaux par un radical différent et obtenir par exemple l'oxyde double de méthyle et d'éthyle $CH^3 - O - C^2H^5$.

Il est facile de les préparer, en faisant réagir l'iodure de l'un des radicaux sur l'alcool sodé qui correspond à l'autre radical :

$$CH^3I + C^2H^5ONa = NaI + CH^3 - O - C^2H^5$$

Toute cette première classe d'éthers a reçu le nom d'*éthers mixtes*.

On forme les noms de ces éthers mixtes en prenant les noms des deux hydrocarbures, identiques ou différents, dont les radicaux sont combinés à l'oxygène, en les séparant par le mot *oxy*.

Ainsi, l'éther ordinaire sera l'*éthane-oxy-éthane;* l'éther dont nous venons de parler plus haut sera l'*éthane-oxy-méthane.*

A côté de ces éthers oxydes, se placent d'autres éthers, comme le sulfure d'éthyle $(C^2H^5)^2S$ (1099), où l'oxygène est remplacé par le soufre. La règle pour les dénommer est la même que pour les éthers oxydes, en remplaçant le mot oxyde par le mot *thio*.

Ainsi, le sulfure d'éthyle est l'*éthane-thio-éthane.*

On a appelé aussi éthers, et même *éthers proprement dits*, les corps qui résultent de l'action des alcools sur les acides et qui sont constitués par l'union de ces deux composés, avec élimination d'eau. Par exemple, l'acide azotique AzO^3H donne avec l'alcool méthylique $(CH^3)OH$ l'azotate de méthyle par la réaction :

$$AzO^3H + (CH^3)OH = AzO^3(CH^3) + H^2O.$$

On a même distingué les éthers *simples*, provenant de l'action des hydracides, et les éthers *composés*, résultant de l'action des oxacides sur les alcools.

Mais cette distinction n'a aucune raison d'être. Aujourd'hui, on appelle plus particulièrement éthers les corps qui résultent de l'action des acides sur les alcools.

Si l'acide est monobasique, comme l'acide azotique, on n'a qu'un seul éther, par l'action d'une molécule d'alcool sur une molécule d'acide. Mais, si l'acide est polybasique, comme l'acide sulfurique, qui est bibasique, ou l'acide phosphorique, qui est tribasique, l'action peut avoir lieu entre une molécule d'acide et une, deux, ou plusieurs molécules d'alcool.

Pour que la réaction soit complète et qu'on obtienne un éther proprement dit, il faut faire réagir sur une molécule d'acide un nombre de molécules d'alcool égal à la basicité de l'acide et il y a élimination d'un nombre égal de molécules d'eau.

Ainsi, l'acide sulfurique SO^4H^2 et l'alcool éthylique $(C^2H^5)OH$ donnent le sulfate d'éthyle $SO^4(C^2H^5)^2$ avec élimination de deux molécules d'eau, par la réaction :

$$SO^4H^2 + 2(C^2H^5)OH = SO^4(C^2H^5)^2 + 2H^2O.$$

L'acide phosphorique PO^4H^3 donnera de même le phosphate d'éthyle $PO^4(C^2H^5)^3$, par l'action d'une molécule d'acide phosphorique sur trois molécules d'alcool éthylique et avec élimination de trois molécules d'eau.

Si l'action a lieu entre une molécule d'acide et un nombre de molécules d'alcool inférieur à la basicité de l'acide, on obtient un corps de fonction mixte, un éther acide, comme les acides méthylsulfurique $SO^4(CH^3)H$ et éthylsulfurique, ou sulfovinique, $SO^4(C^2H^5)H$.

La règle, pour nommer les éthers proprements dits, est la même que pour les sels.

Ainsi, l'on dit *chlorure d'éthyle, iodure de méthyle, sulfate d'éthyle, azotate de méthyle*, etc.

1140. Modes de production. — En principe, on obtient les éthers en chauffant l'alcool avec l'acide.

Mais, l'eau éliminée pouvant décomposer l'éther et le dédoubler en produisant la réaction inverse de celle qui amène sa formation, on ajoute généralement au mélange d'alcool et d'acide un peu d'acide sulfurique, qui retient l'eau ; le plus souvent même, on n'emploie pas l'acide qui doit produire l'éther, mais son sel alcalin. On chauffe le

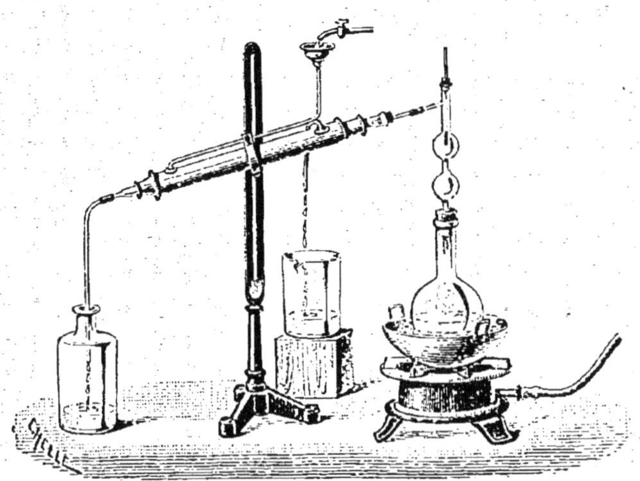

Fig. 273. — Préparation des éthers en général.

mélange d'alcool, d'acide sulfurique et du sel alcalin dans un ballon (fig. 273) et l'on recueille dans un réfrigérant les vapeurs qui se dégagent.

Ainsi, comme nous l'avons vu (1064), on prépare l'éther méthyl-oxalique en chauffant un mélange d'alcool méthylique, d'acide sulfurique et d'oxalate de potassium.

On peut aussi obtenir les éthers par une méthode générale, qui est due à Wurtz et qui consiste à traiter l'iodure du radical alcoolique par le sel d'argent de l'acide.

Ainsi, nous avons dit (1093) qu'on préparait l'éther éthyl-sulfurique en faisant agir l'iodure d'éthyle sur le sulfate d'argent.

Enfin, on obtient encore un éther, en faisant passer un courant de gaz acide chlorhydrique sur un mélange d'alcool et d'acide.

1141. Propriétés générales. — Les éthers sont en général des liquides très volatils, à odeurs variables, dont quelques-unes rappellent celles des fruits, ou des bouquets de certains vins.

Les alcalis produisent avec les éthers une réaction remarquable ; ils les dédoublent et régénèrent l'alcool et le sel alcalin de l'acide. Cette action, tout à fait analogue à celle par laquelle les corps gras donnent les savons, porte le nom général de *saponification*.

La saponification des éthers peut se produire sous l'influence de l'eau seule, qui donne l'alcool et l'acide ; mais alors elle est incomplète.

L'ammoniaque produit sur les éthers une réaction importante : elle les dédouble, en reproduisant l'alcool et en donnent une amide :

$$C^2H^3O^2(C^2H^5) + AzH^3 = C^2H^6O + (C^2H^3O)AzH^2.$$

Nous avons étudié, à propos de chaque alcool, ses éthers les plus importants.

CHAPITRE V

AMINES. — ALDÉHYDES. — ACÉTONES

GÉNÉRALITÉS SUR LES AMMONIAQUES COMPOSÉES

1142. Modes de production. — Les *ammoniaques composées*, ou *amines*, ont été obtenues pour la première fois par Wurtz, par l'action de la potasse sur les éthers cyaniques, ou cyanates de radicaux alcooliques.

C'est ainsi qu'en soumettant le cyanate de méthyle $CyO(CH^3) = CAzO(CH^3)$ à l'action de la potasse, il obtint le composé CH^3AzH^2 :

$$CAzO(CH^3) + 2KOH = CO^3K^2 + CH^3AzH^2.$$

Peu de temps après, Hoffmann prépara les amines par l'action, dans un tube scellé, des iodiures alcooliques sur l'ammoniaque en dissolution dans l'alcool :

$$CH^3I + AzH^3 = HI + CH^3AzH^2.$$

Hoffmann considérait ce composé comme de l'ammoniaque AzH^3, dont un atome serait remplacé par un groupe CH^3, et il est arrivé à substituer de même des radicaux alcooliques aux autres atomes d'hydrogène de l'ammoniaque ; il a obtenu ainsi le composé $Az(C^2H^5)^3$.

1143. Classification. — Hoffmann a divisé les amines en trois classes :

Les amines *primaires*, qui dérivent de l'ammoniaque par remplacement d'un atome d'hydrogène par un radical alcoolique.

Les amines *secondaires*, résultant du remplacement de deux atomes d'hydrogène par deux radicaux alcooliques, qui peuvent être identiques ou différents.

Les amines *tertiaires*, résultant du remplacement des trois atomes d'hydrogène par trois radicaux alcooliques, qui peuvent être tous les trois identiques, ou tous les trois différents, ou bien dont deux peuvent être identiques.

Les noms des amines rappellent la nature et le nombre des radicaux alcooliques substitués à l'hydrogène.

Ainsi, la monoéthylamine est le composé $AzH^2(C^2H^5)$; la diéthylamine est le corps $AzH(C^2H^5)^2$; la triméthylamine a pour formule $Az(CH^3)^3$.

La méthyléthylamine est représentée par $AzH(CH^3)(C^2H^5)$; la méthyléthylpropylamine par $Az(CH^3)(C^2H^5)(C^3H^7)$.

Les amines primaires ont donc pour formule générale $AzH^2(C^nH^{2n+1})$, les amines secondaires $AzH(C^nH^{2n+1})(C^{n'}H^{2n'+1})$ et les amines tertiaires $Az(C^nH^{2n+1})(C^{n'}H^{2n'+1})(C^{n''}H^{2n''+1})$, les valeurs de n, n' et n'' pouvant, dans une même formule, être identiques ou différentes.

1144. Hydrates d'ammonium substitués. — En chauffant une amine tertiaire avec un iodure alcoolique, on obtient un iodure analogue à l'iodure d'ammonium AzH^4I et représentant ce sel, dont les quatre atomes d'hydrogène seraient remplacés par des radicaux alcooliques.

En les traitant par l'hydrate d'argent, on obtient un hydrate d'ammonium tétra substitué.

Ainsi, la triméthylamine $Az(CH^3)^3$, traitée par l'iodure de méthyle CH^3I donne l'iodure de tétraméthylammonium $Az(CH^3)^4I$.

Sous l'action de l'hydrate d'argent, cet iodure donne de l'iodure d'argent et de l'hydrate de tétraméthylammonium, par la réaction :

$$Az(CH^3)^4I + AgOH = AgI + Az(CH^3)^4OH$$

Ces hydrates d'ammonium tétra substitués sont des bases énergiques, qui saturent les acides et qui déplacent les alcalis de leurs sels.

Leur formule générale est $Az(C^nH^{2n+1})^4OH$.

On les désigne par des noms qui indiquent la nature des radicaux alcooliques substitués à l'hydrogène ; ainsi on connait l'hydrate de méthyl-éthyl-propyl-amyl-ammonium, qui a pour formule $Az(CH^3)(C^2H^5)(C^3H^7)(C^5H^{11})$.

ÉTUDE DES PRINCIPALES AMINES DE LA SÉRIE GRASSE

MÉTHYLAMINE

$$AzH^2(CH^3)$$

1145. Préparation. — La méthylamine a été obtenue, à l'état de pureté, par Wurtz, en faisant agir la potasse sur le cyanate de méthyle :

$$CAzOCH^3 + 2KOH = CO^3K^2 + AzH^2(CH^3).$$

Hoffmann l'a obtenue en faisant agir l'iodure de méthyle sur l'ammoniaque ; mais le résultat de cette opération contient d'autres amines et, pour obtenir la méthylamine, il faut avoir recours à un procédé de purification un peu long.

1146. Propriétés. — La méthylamine est un gaz incolore, d'une odeur ammoniacale, très soluble dans l'eau.

La solution est caustique et répand des fumées blanches au contact des vapeurs d'acide chlorhydrique.

La méthylamine est combustible, ce qui permet de la distinguer de l'ammoniaque, avec laquelle elle présente de grandes analogies.

DYMÉTHYLAMINE

$$AzH(CH^3)^2$$

1147. Préparation et propriétés. — La diméthylamine se produit par l'action prolongée de l'iodure de méthyle sur la méthylamine :

$$AzH^2(CH^3) + CH^3I = AzH(CH^3)^2 + HI.$$

On obtient ainsi un liquide incolore, extrêmement volatil, qui bout à 10° et qui présente des réactions fortement alcalines.

TRIMÉTHYLAMINE

$$Az(CH^3)^3$$

1148. État naturel et préparation. — La triméthylamine se produit naturellement dans un grand nombre de circonstances : on en trouve dans les farines et les poissons putréfiés, auxquels elle communique une odeur forte et nauséabonde, et dans certaines plantes, qui ont une odeur analogue.

M. Vincent en a trouvé dans les vapeurs, qui se dégagent pendant la calcination des vinasses de betteraves ; elle y existe à l'état de chlorure. Ce chimiste a utilisé le sel de triméthylamine ainsi obtenu pour la préparation industrielle du chlororure de méthyle (1052).

La triméthylamine peut être préparée artificiellement par l'action de l'iodure de méthyle sur la diméthylamine :

$$AzH(CH^3)^2 + CH^3I = HI + Az(CH^3)^3$$

1149. Propriétés. — La triméthylamine est un liquide incolore, très volatil, bouillant à 9°. Elle a une forte odeur de poisson pourri. Elle peut cristalliser.

Elle a toutes les propriétés d'une base fortement alcaline et se combine aux acides pour former des sels cristallisés.

Sa solution précipite les oxydes et les hydrates insolubles.

HYDRATE DE TÉTRAMÉTHYLAMMONIUM

$$Az(CH^3)^4OH.$$

1150. Préparation. — On obtient ce corps par l'action de l'hydrate d'argent sur l'iodure de tétraméthylammonium :

$$Az(CH^3)^4I + AgOH = Az(CH^3)^4OH + AgI.$$

1151. Propriétés. — L'hydrate de tétraméthylammonium est un corps solide, blanc, d'aspect cristallisé et déliquescent, comme la potasse. Exposé à l'air, ce corps se carbonate.

Sa solution est caustique et alcaline ; elle sature les acides, précipite les oxydes et les hydrates métalliques insolubles et saponifie les corps gras.

La chaleur décompose ce corps en triméthylamine et alcool méthylique :

$$Az(CH^3)^4OH = Az(CH^3)^3 + CH^3OH.$$

ETHYLAMINE

$$AzH^2(C^2H^5)$$

1152. Préparation et propriétés. — L'éthylamine s'obtient en traitant le cyanate d'éthyle par la potasse :

$$CAzO(C^2H^5) + 2KOH = CO^3K^2 + AzH^2(C^2H^5).$$

L'éthylamine est un liquide incolore, extrêmement volatil, d'une odeur ammoniacale.

Sa solution est très alcaline et présente des réactions absolument analogues à celles de l'ammoniaque.

Cependant l'oxyde de zinc et l'alumine, précipités par l'éthylamine, se redissolvent dans un excès de réactif.

PROPYLAMINE

$$AzH^2(C^3H^7)$$

1153. État naturel. Préparation et propriétés. — La propylamine existe dans la nature ; on en trouve dans l'huile de foie de morue, la saumure de hareng et les céréales gâtées.

On l'obtient artificiellement par l'action du cyanate de propyle sur la potasse :

$$CAzO(C^3H^7) + 2KOH = CO^3K^2 + AzH^2(C^3H^7).$$

C'est un corps dont l'odeur est infecte.

Elle présente, comme les autres amines, les principales réactions de l'ammoniaque.

GÉNÉRALITÉS SUR LES PHOSPHINES, ARSINES ET STIBINES.

1154. Modes de formation. — Le phosphore, l'arsenic et l'antimoine présentant entre eux les plus grandes analogies, il est naturel de penser qu'il existe des composés, analogues aux amines, dans lesquels l'azote serait remplacé par l'un de ces trois corps. De même que les amines dérivent de l'ammoniaque, ces composés appelés *phosphines, arsines et stibines,* dérivent des hydrogènes phosphoré, arsénié et antimonié.

Les premières phosphines ont été obtenues par Paul Thénard, par l'action du phosphure de calcium sur l'iodure du radical alcoolique.

Cahours et Hoffmann, qui ont beaucoup étudié ces composés, ont indiqué un mode général de production, qui consiste à traiter le trichlorure de phosphore, d'arsenic, ou d'antimoine, par un radical organo-métallique, comme le zinc éthyle, le zinc méthyle, etc. :

$$2PCl^3 + 3Zn(C^2H^5)^2 = 3ZnCl^2 + 2P(C^2H^5)^3.$$

On connaît de même les mono, di, et triéthylphosphines ; on connaît aussi l'hydrate de tétraéthylphosphonium, qui a pour formule $P(CH^3)^4OH$.

Il en est de même pour les arsines et les stibines.

1155. Propriétés générales. — Les éthylphosphines sont des liquides très volatils, d'une odeur très désagréable et très vénéneux. Leurs propriétés se rapprochent de celles des amines et de l'ammoniaque et elles saturent les acides.

Les phosphines brûlent facilement et la diméthylphosphine, en particulier, s'enflamme spontanément à l'air.

Les arsines ont la propriété de se combiner au chlore et aux corps analogues.

Ainsi, l'on connaît le chlorure d'arseni-diméthyle $As(CH^3)^2Cl$ et le chlorure d'arseni-méthyl $As(CH^3)Cl^2$.

Les stibines se combinent peu aux acides et sont neutres en général.

CACODYLE

$As^2(CH^3)^4$

1156. Préparation. — Le cacodyle a été obtenu pour la première fois par Cadet, dans la distillation d'un mélange d'acétate de potassium et d'anhydride arsénieux.

Bunsen l'a obtenu plus pur, en traitant le chlorure de diméthylarsine $As(CH^3)^2Cl$ par le zinc ; deux groupes $As(CH^3)^2$, mis en liberté, s'unissent pour former le cacodyle :

$$2As(CH^3)^2Cl + Zn = ZnCl^2 + As^2(CH^3)^4.$$

1157. Propriétés. — Le cacodyle est un liquide incolore, mobile, d'une odeur très désagréable, bouillant à 170°.

Ses vapeurs sont dangereuses à respirer.

Il s'enflamme spontanément à l'air.

Il donne avec le chlore, le brome, l'oxygène des composés généralement vénéneux.

GÉNÉRALITÉS SUR LES COMPOSÉS ORGANO-MÉTALLIQUES

1158. Modes de production. — On appelle *radicaux organo-métalliques* des composés formés par la combinaison d'un métal avec un radical alcoolique.

Ces composés ont été principalement étudiés par Frankland, qui a donné une méthode générale de préparation : il suffit de chauffer en tube scellé le métal, ou son amalgame, avec l'iodure du radical alcoolique.

Ainsi, l'iodure de méthyle et le zinc donneront la réaction :

$$2CH^3I + Zn^2 = ZnI^2 + Zn(CH^3)^2.$$

1159. Propriétés générales. — La plupart de ces corps sont des liquides très volatils, dont les vapeurs sont très dangereuses à respirer.

Au point de vue chimique, si le nombre de radicaux alcooliques est suffisant pour saturer le métal, comme dans le zinc-méthyle $Zn(CH^3)^2$ le composé organo-métallique est neutre ; il ne se combine à aucun corps et peut seulement produire des doubles décompositions.

Si le métal n'est pas complètement saturé, comme dans le stanné-thyle $Sn(C^2H^5)$, le composé peut se combiner directement à d'autres corps et donner des chlorures, des iodures, etc.

ZINC ÉTHYLE

$$Zn(C^2H^5)^2$$

1160. Préparation. — Le zinc éthyle, qui est le plus important des radicaux organo-métalliques, se prépare par la méthode générale de Frankland, en traitant le zinc par l'iodure d'éthyle :

$$2Zn + 2C^2H^5I = ZnI^2 + Zn(C^2H^5)^2.$$

1161. Propriétés. — Le zinc éthyle est un liquide incolore, très réfringent, bouillant à 118°.

Il s'enflamme spontanément à l'air et brûle en donnant des fumées blanches d'oxyde de zinc.

Il est décomposé par l'eau avec formation d'hydrure d'éthyle :

$$Zn(C^2H^5)^2 + 2H^2O = ZnO^2H^2 + 2C^2H^6.$$

1162. Usages. — Le zinc éthyle est principalement employé à introduire le radical éthyle dans les réactions.

Par son action sur les composés chlorés des corps sur lesquels on veut fixer l'éthyle, le zinc s'empare du chlore et l'éthyle, mis en liberté, entre en combinaison.

On peut aussi l'employer à la préparation de certains radicaux organo-métalliques. Ainsi, le plomb éthyle et le mercure éthyle s'obtiennent en faisant agir sur le zinc éthyle les chlorures de plomb, ou de mercure.

GÉNÉRALITÉS SUR LES ALDÉHYDES

1163. Modes de formation. — Les aldéhydes sont des corps qui dérivent des alcools primaires par une oxydation, qui entraîne simplement la perte de deux atomes d'hydrogène. Ainsi, l'aldéhyde ordinaire C^2H^4O dérive de l'alcool ordinaire C^2H^6O.

Une oxydation plus profonde transforme l'aldéhyde en un acide, par remplacement de ces 2 atomes d'hydrogène enlevés par un atome d'oxygène. Ainsi, l'alcool ordinaire C^2H^6O donne par oxydation, d'abord l'aldéhyde C^2H^4O, puis l'acide acétique $C^2H^4O^2$.

C'est l'action qui se produit, sous l'influence d'un ferment spécial, lorsque les liquides alcooliques, exposés à l'air, aigrissent.

Si l'on admet que la substitution de l'atome d'oxygène à deux atomes d'hydrogène ait lieu dans le radical alcoolique, l'alcool s'écrivant $(C^2H^5)OH$ et étant considéré comme l'hydrate du radical éthyle, l'acide acétique s'écrira (C²H³O)OH et pourra être considéré comme l'hydrate d'un nouveau radical C²H³O.

Ce radical se déplace tout d'une pièce dans les réactions et joue un rôle analogue à celui des radicaux alcooliques, on l'appelle *acétyle*.

Ainsi, l'aldéhyde ordinaire C²H⁴O peut être considéré comme un hydrate d'acétyle et s'écrira : (C²H³O)H.

A chaque alcool primaire, ou, plutôt à chaque acide dérivant de cet alcool, correspond ainsi une aldéhyde, qui est un hydrure du radical dont l'acide est l'hydrate. On les désigne en général par le même nom que l'acide auquel elles correspondent : ainsi, on dit aldéhyde formique, aldéhyde acétique.

On peut les préparer par une méthode générale, due à M. Piria, et qui consiste à chauffer, avec du formiate de calcium, le sel calcique de l'acide correspondant à l'aldéhyde à obtenir.

Par exemple, pour avoir l'aldéhyde ordinaire, ou aldéhyde acétique, on distille un mélange de formiate et d'acétate de calcium :

$$(CHO^2)^2Ca + (C^2H^3O^2)^2Ca = 2(CO^3Ca) + 2C^2H^4O.$$

Les aldéhydes sont désignées, d'après les décisions du Congrès de Genève, par le nom de l'hydrocarbure dont elles dérivent, auquel on ajoute la terminaison *al*.

1164. Propriétés générales. — Les aldéhydes donnent toutes les mêmes réactions.

Sous une action hydrogénante, comme celle des amalgames alcalins, elles prennent deux atomes d'hydrogène pour donner l'alcool correspondant.

C'est là une méthode générale pour faire la synthèse d'un alcool en partant de son acide.

Sous l'action d'un corps oxydant, comme le noir de platine en présence de l'air, les aldéhydes fixent de l'oxygène et donnent l'acide correspondant.

Elles peuvent s'unir à l'acide cyanhydrique.

Enfin, elles se combinent toutes aux bisulfites alcalins et donnent des composés cristallisables, décomposables par les acides en reproduisant l'aldéhyde. C'est là un précieux moyen de purification.

ÉTUDE DES PRINCIPALES ALDÉHYDES DE LA SÉRIE GRASSE

ALDÉHYDE FORMIQUE (Méthanal)

$$CH^2O$$

1165. Préparation et propriétés. — L'aldéhyde formée par CH²C est le terme le plus simple de la série.

Elle se produit dans l'oxydation de l'alcool méthylique sous l'influence du noir de platine.

C'est un gaz incolore, d'une odeur vive, qui se condense à — 8°.

Cette aldéhyde est très instable. Spontanément et sous l'influence de la lumière seule, elle se transforme en un polymère $C^3H^6O^3$.

ALDÉHYDE ACÉTIQUE (ETHANAL)

C^2H^4O

1166. Préparation. — L'aldéhyde acétique, qui a été découverte par Dœbereiner et étudiée par Liebig, se prépare surtout par oxydation de l'alcool éthylique, au moyen du noir de platine, de l'acide chromique, ou d'un mélange de bichromate de potassium et d'acide sulfurique.

Cette dernière méthode est celle que l'on emploie généralement dans les laboratoires. On mélange 4 parties d'acide sulfurique avec

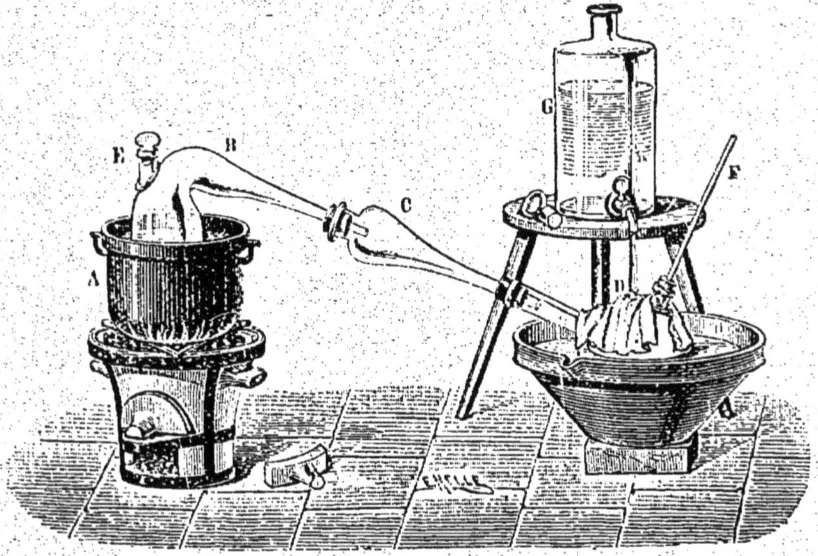

Fig. 274. — Préparation de l'aldéhyde.

12 parties d'eau et 3 parties d'alcool. On introduit ce mélange dans un ballon avec 3 parties de bichromate de potassium et l'on distille, en recueillant les vapeurs dans un ballon refroidi (fig. 274).

Le liquide recueilli est un mélange d'aldéhyde, d'alcool et d'éther, à basse température ; on y fait passer un courant d'ammoniaque gazeux, qui donne avec l'aldéhyde un composé insoluble dans l'éther et facilement décomposable par un acide, en régénérant l'aldéhyde.

L'aldéhyde peut aussi se préparer par la méthode générale de M. Piria (1163), en distillant un mélange de formiate et d'acétate de calcium.

1167. Propriétés physiques. — L'aldéhyde est un liquide incolore, d'une odeur éthérée, très volatil et bouillant à 21°.

Elle est soluble en toutes proportions dans l'eau, l'alcool et l'éther.

1168. Propriétés chimiques. — L'aldéhyde a toutes les propriétés générales des corps de cette fonction.

Soumise à des actions oxydantes, comme celles de l'acide chromique, de l'acide azotique et de l'azotate d'argent, elle réduit ces corps et donne de l'acide acétique. Si, par exemple, on chauffe doucement dans un ballon une solution d'azotate d'argent et un peu d'aldéhyde, le sel d'argent est réduit et le métal forme sur les parois du ballon un dépôt brillant. On pourrait utiliser ce procédé pour l'argenture des glaces (990).

Au contraire, sous l'action des corps hydrogénants, comme celle de l'amalgame de sodium en présence d'un peu d'eau, l'aldéhyde régénère l'alcool d'où elle dérive.

L'aldéhyde se combine à froid avec l'acide cyanhydrique pour donner un composé très peu stable.

Elle se combine avec les bisulfites alcalins, le bisulfite de sodium par exemple, en donnant une combinaison cristallisable, que les acides, ou les alcalis, décomposent en mettant l'aldéhyde en liberté.

Le chlore agit sur l'aldéhyde pour donner des dérivés de substitution. Les plus importants sont le chlorure d'acétyle C^2H^3OCl et l'hydrure de trichloracétyle, ou chloral, C^2HCl^3O.

Sous diverses influences, telles que l'acide chlorhydrique, l'anhydride sulfureux, le chlorure de zinc, l'aldéhyde se transforme en un polymère, la *paraldéhyde* $C^6H^{12}O^3$; c'est une substance solide, cristallisable et fusible. En la distillant à 124°, elle régénère l'aldéhyde.

Traitée par l'acide chlorhydrique, à froid et sous pression, l'aldéhyde se transforme en un autre polymère, l'*aldol*, $C^4H^8O^2$, découvert par Wurtz.

Cette substance, qui est visqueuse et ne régénère pas l'aldéhyde par distillation, est à la fois une aldéhyde et un alcool. Elle peut être représentée par la formule de constitution :

$$H - C = O$$
$$|$$
$$CH^2$$
$$|$$
$$CHOH$$
$$|$$
$$CH^3$$

L'alcool peut fixer deux atomes d'hydrogène pour donner le glycol butylique, alcool diatomique, $C^4H^{10}O^2$.

ALDÉHYDE TRICHLORÉE (Chloral)

C^2HCl^3O

1169. Préparation. — Le chloral a été découvert en 1835 par Liebig et étudié par Dumas.

On le prépare en faisant passer un courant de chlore, gazeux et sec, dans de l'alcool absolu, refroidi à 0° ; le liquide se sépare d'abord en

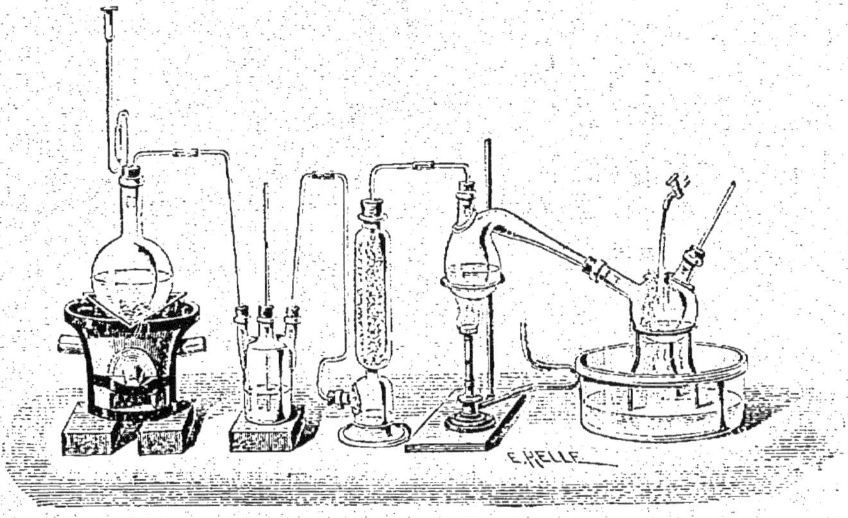

Fig. 275. — Préparation de chloral.

deux couches, qui se mélangent peu à peu et finissent par former une liqueur homogène. Vers la fin de l'opération, on chauffe très légèrement l'alcool (fig. 275).

Le chloral ainsi obtenu est impur. Pour le purifier, on l'agite avec de l'acide sulfurique, on décante, on distille sur de l'acide sulfurique, puis on rectifie sur de la chaux vive.

1170. Propriétés. — Le chloral est un liquide incolore, d'aspec oléagineux, d'une odeur piquante ; il irrite les muqueuses.

Sa densité est 1,502 ; il bout à 94°,5.

Ses propriétés chimiques sont analogues à celles de l'aldéhyde Ainsi, traité par des corps hydrogénants, il donne de l'aldéhyde :

$$C^2HCl^3O + H^6 = C^2H^4O + 3HCl.$$

Il réduit les corps oxydants, comme l'acide azotique et l'azotate d'argent, et donne alors de l'acide acétique trichloré :

$$C^2HCl^3O + O = C^2HCl^3O^2.$$

Il se combine, comme l'aldéhyde, aux bisulfites alcalins.

Les alcalis produisent avec le chloral une action particulière ; ils le décomposent en donnant du chloroforme et un formiate alcalin :

$$C^2HCl^3O + KOH = CHCl^3 + CHO^2K.$$

Nous avons vu (1054) que l'on explique par cette réaction la production du chloroforme.

Le chloral est soluble en toute proportion dans l'eau ; mais, quand on l'abandonne en présence de ce liquide, on obtient un corps cristallisé, l'hydrate de chloral $C^2HCl^3O + H^2O$. Il fond à 48° et distille à 97° ; la chaleur le dissout, comme le chlorure d'ammonium.

1171. Usages. — L'hydrate de chloral est employé en médecine comme sédatif et soporifique.

Son usage dans ce dernier cas s'explique par le dédoublement du chloral en formiate et chloroforme. Ce dédoublement, qui se produit par l'action des alcalis, peut avoir lieu lentement par l'action de l'eau.

CHLORURE D'ACÉTYLE

C^2H^3OCl

1172. Préparation et propriétés. — Le chlorure d'acétyle est le premier produit de l'action progressive du chlore sur l'aldéhyde.

On peut l'obtenir, ainsi que l'a montré Cahours, par l'action du perchlorure de phosphore PCl^5 sur l'aldéhyde :

$$C^2H^4O + PCl^5 = C^2H^3OCl + PO^4H^3 + HCl.$$

C'est un liquide incolore, d'une odeur éthérée, de densité 1,05, qui bout à 32 degrés.

Il a toutes les propriétés des chlorures de radicaux organiques.

GÉNÉRALITÉS SUR LES ACÉTONES

1173. Modes de formation. —On a donné le nom général d'*acétones* à des composés, qui peuvent, par leur constitution et l'ensemble de leurs propriétés, être rapprochées des aldéhydes.

Chancel le premier les a considérées comme des aldéhydes, dans lesquelles un atome d'hydrogène est remplacé par le radical de l'alcool immédiatement inférieur à celui qui correspond à l'acide ayant fourni l'acétone.

Par exemple, l'acétone ordinaire correspond à l'acide acétique, c'est-à-dire à l'alcool éthylique; on pourra donc le considérer comme de l'aldéhyde éthylique C^2H^4O, dans laquelle un atome d'hydrogène est remplacé par le radical méthyle CH^3. L'acétone ordinaire aura donc pour formule.

$$C^2H^3O(CH^3).$$

On peut donc le considérer comme une combinaison du radical acétyle avec le méthyle.

Cette manière de voir a été confirmée par la méthode la préparation de MM. Pebal et Freund, qui ont obtenu l'acétone en faisant réagir le chlorure d'acétyle C^2H^3OCl sur le zinc méthyle $Zn(CH^3)^2$:

$$2C^2H^3OCl + Zn(CH^3)^2 = ZnCl^2 + 2C^2H^3O(CH^3).$$

On peut aussi les considérer à un autre point de vue.

L'alcool éthylique a pour formule de constitution :

$$\begin{array}{c} CH^3 \\ | \\ CH^2 \\ | \\ OH \end{array}$$

C'est un hydrate du radical éthyle :

$$\begin{array}{c} CH^3 \\ | \\ CH^2. \end{array}$$

L'acide acétique s'obtient par oxydation de l'alcool éthylique, c'est-à-dire par le remplacement de H^2 par O, et sa formule de constitution est :

$$\begin{array}{c} CH^3 \\ | \\ CO \\ | \\ OH \end{array}$$

C'est un hydrate du radical acétyle, dont la formule est :

$$\begin{array}{c} CH^3 \\ | \\ CO \end{array}$$

Par conséquent, l'acétone résultant d'une combinaison de l'acétyle avec le méthyle, sa formule de constitution sera :

$$\begin{array}{c} CH^3 \\ | \\ CO \\ | \\ CH^3 \end{array}$$

L'acétone résulte donc de la saturation d'un groupe de carbonyle CO, qui est bivalent, par 2 radicaux alcooliques monovalents.

Cette manière de voir a été confirmée par une synthèse de l'acétone due à M. Wanklyne. Ce chimiste a en effet obtenu l'acétone par l'action du chlorure de carbonyle $COCl^2$ sur le sodium-méthyle $Na(CH^3)$:

$$2Na(CH^3) + COCl^2 = 2NaCl + (CH^3 - CO - CH^3)$$

Toutes les acétones ont des constitutions analogues. Ainsi, la propione acétone, correspondant à l'acide propionique, résulte de la saturation du carbonyle par deux atomes d'éthyle; sa formule de constitution est donc :

$$\begin{array}{c} C^2H^5 \\ | \\ CO \\ | \\ C^2H^5 \end{array}$$

Cette formule de constitution montre qu'on peut obtenir des acétones, mixtes, telles que l'acétone :

$$\begin{array}{c} CH^3 \\ | \\ CO \\ | \\ C^2H^5 \end{array}$$

Ces acétones mixtes ont été obtenues par Chancel, en distillant un mélange de deux sels calciques à acides différents, tandis que les acétones, où le radical alcoolique est le même, ont été obtenues en distillant le sel calcique à acide correspondant.

Il résulte de ce qui précède que les acétones ont pour formule générale :

$$C^nH^{2n+1} - CO - C^{n'}H^{2n'+1}$$

les valeurs de n et n' pouvant être égales, ou différentes.

Les acétones sont désignés par le nom de l'hydrocarbure dont elles dérivent, auquel on ajoute la terminaison *one*.

1174. Propriétés générales. — Les acétones se rapprochent des aldéhydes par la propriété qu'elles possèdent de fixer de l'hydrogène pour donner un alcool ; elles ont aussi la propriété de se combiner à l'acide cyanhydrique et de donner avec les bisulfures alcalins des composés cristallisables.

Mais les acétones diffèrent des aldéhydes, en ce que les alcools qu'elles fournissent par hydrogénation sont des alcools secondaires, et non primaires.

De plus, par oxydation, elles donnent bien des acides ; mais, au lieu de fournir un acide contenant le même nombre d'atomes de carbone que l'acétone, elles se dédoublent et en donnent deux.

ACÉTONE ORDINAIRE (Propanone)

$$C^3H^6O$$

1175. Préparation. — On peut obtenir l'acétone en chauffant un acétate quelconque ; on la prépare généralement par la distillation sèche de l'acétate de calcium .

$$(C^2H^3O^2)^2Ca = CO^3Ca + C^3H^6O$$

Les produits de la distillation sont recueillis dans un récipient refroidi et desséchés au moyen de chlorure de calcium. Le liquide restant est rectifié par plusieurs distillations successives, dans lesquelles on n'a soin de recueillir que ce qui passe avant 60°.

MM. Pebal et Freund l'ont obtenu en traitant le chlorure d'acétyle par le zinc-méthyle :

$$2(C^2H^3OCl) + Zn(CH^3)^2 = ZnCl^2 + 2(C^3H^6O)$$

M. Friedel a obtenu l'acétone en partant d'un dérivé chloré de l'éthylène C^2H^4, le composé C^2H^3Cl, et le traitant par le méthylate de sodium CH^3NaO :

$$C^2H^3Cl + CH^3NaO = NaCl + C^3H^6O$$

1176. Propriétés. — L'acétone est un liquide incolore, d'une odeur éthérée, dont la densité est 0,814.

Elle bout à 56° et se dissout en toutes proportions dans l'eau, l'alcool et l'éther.

Elle brûle facilement.

L'acétone fixe deux atomes d'hydrogène, pour donner un alcool secondaire, l'alcool isopropylique (M. Friedel).

Elle s'oxyde difficilement et se dédouble alors en anhydride carbonique, acide acétique et eau :

$$C^3H^6O + 4O = CO^2 + C^2H^4O^2 + H^2O$$

CHAPITRE IV

GÉNÉRALITÉS SUR LES ACIDES DE LA SÉRIE GRASSE

1177. Définition et modes de formation. — On appelle *acides gras*, ou acides de la *série grasse*, les acides qui dérivent par oxydation des alcools étudiés plus haut et qui ont pour formule générale $(C^nH^{2n+1})OH$. On leur a donné ce nom, parce que les derniers termes de la série sont constitués par les acides que l'on extrait des corps gras neutres, les graisses et les huiles, et qui sont les acides stéarique, margarique, palmitique, etc.

Ce nom a d'ailleurs été étendu à tous les composés qui dérivent de ces alcools et l'ensemble de tous ces corps constitue la série grasse. Ainsi, on dit alcools, hydrocarbures, éthers, aldéhydes, etc., de la série grasse.

L'alcool ordinaire, ou hydrate d'éthyle, C^2H^6O donne par oxydation l'acide acétique $C^2H^4C^2$. L'alcool a été considéré comme un hydrate du radical acétyle C^2H^5; on peut de même considérer l'acide acétique comme un hydrate du radical acétyle C^2H^3O et l'écrire. $(C^2H^3O)OH$.

Les alcools de la série grasse ayant pour formule générale $C^nH^{2n+2}O$, les acides de la même série auront pour formule générale $C^nH^{2n}O^2$.

On peut considérer les acides à un autre point de vue.

Nous avons fait dériver tous les alcools de la série grasse du premier terme l'alcool méthylique CH^3OH, par remplacement d'un atome d'hydrogène du radical CH^3 par un radical alcoolique (1112). C'est ainsi que l'alcool éthylique C^2H^6O est l'alcool méthyl méthylique, dont la formule de constitution est :

$$\begin{array}{c} CH^3 \\ | \\ CH^2 \\ | \\ OH \end{array}$$

De même, le premier terme de la série des acides gras étant l'acide formique CH_2O_2, dont la formule de constitution est :

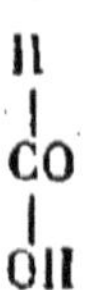

les autres acides de la série dérivent de celui-ci par le remplacement de l'atome d'hydrogène par un radical alcoolique. Ainsi, l'acide acétique résultera de l'acide formique par la substitution du radical méthyle à l'hydrogène et sa formule de constitution sera :

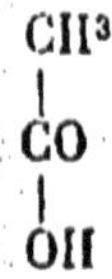

Dans cette manière de voir, la formule générale de constitution des acides gras sera :

$$\begin{array}{c} C^nH^{2n+1} \\ | \\ CO \\ | \\ OH \end{array}$$

ou encore :

$$(C^nH^{2n+1})\,CO.OH$$

ou mieux encore :

$$(C^nH^{2n+1})\,CO_2H.$$

Le groupe CO_2H est caractéristique des acides organiques.

Les acides monobasiques de la série grasse sont désignés par le nom de l'hydrocarbure dont ils dérivent, auquel on ajoute la terminaison *oïque*.

1178. Propriétés générales. — Les propriétés générales des acides de la série grasse résultent de leur constitution, qui vient d'être expliquée.

En faisant agir le cyanure alcoolique sur l'eau, on obtient un sel ammoniacal, dont l'acide organique appartient à la série immédiatement supérieure à celle du radical alcoolique. Ainsi, le cyanure d'éthyle et l'eau donnent le propionate d'ammonium :

$$C^2H^5CAz + 2H_2O = C^3H^5O_2\,(AzH_4).$$

Les isoméries possibles des radicaux alcooliques, qui, ainsi que nous l'avons montré, donnent un grand nombre d'hydrocarbures et d'alcools isomères, interviennent aussi ici pour donner un grand nombre d'acides gras isomériques.

Ainsi, on connait quatre acides valériques de la formule générale $C^5H^{10}O^2$.

Les acides gras, comme tous les acides organiques, ont des propriétés chimiques analogues à celles des acides étudiés en chimie minérale et forment des sels. Les propriétés de l'acide acétique, sa saveur et son action sur les matières colorantes, ont même été prises comme propriétés caractéristiques des acides.

Les acides gras fournissent aussi des anhydrides, que l'on peut obtenir par différentes méthodes générales.

Cahours, en faisant réagir le perchlorure de phosphore sur l'acide acétique, a obtenu le chlorure d'acétyle par la réaction :

$$C^2H^4O^2 + PCl^5 = POCl^3 + HCl + C^2H^3ClO^2.$$

Ce chlorure, réagissant sur l'acétate de potassium, donne :

$$C^2H^3OCl + C^2H^3O^2K = KCl + (C^2H^3O)^2O.$$

C'est là une méthode générale, qui permet d'obtenir des anhydrides mixtes, par l'action d'un chlorure de radical acide sur un sel d'un acide organique différent.

ÉTUDE DES PRINCIPAUX ACIDES MONOBASIQUES DE LA SÉRIE GRASSE

ACIDE FORMIQUE (Acide méthanoïque)

$$CH^2O^2$$

1179. État naturel et préparation. — L'acide formique est sécrété par les fourmis rouges, ce qui lui a fait donner son nom ; on peut l'obtenir en distillant les fourmis rouges avec de l'eau.

On en trouve aussi dans le liquide sécrété par certains insectes, tels que les chenilles, et dans le suc de l'ortie.

L'acide formique peut s'obtenir par l'action de corps oxydants sur le sucre, la gomme, l'amidon, etc. En chauffant par exemple le sucre avec un mélange d'acide sulfurique et de permanganate de potassium, on recueille un liquide, qui contient de l'acide formique impur.

En saturant par l'oxyde de plomb, on a du formiate de plomb, qui cristallise et que l'on peut obtenir pur. En le décomposant par un courant d'hydrogène sulfuré, on obtient de l'acide formique.

L'action de l'acide chlorhydrique sur l'acide cyanhydrique donne de l'acide formique ; de même, la potasse agissant sur l'acide cyanhydrique donne du formiate de potassium et de l'ammoniaque.

L'acide oxalique $C^2H^2O^4$, sous l'action de la chaleur, donne de l'anhydride carbonique et de l'acide formique :

$$C^2H^2O^4 = CO^2 + CH^2O^2.$$

On prépare dans les laboratoires l'acide formique par une méthode due à M. Berthelot, en chauffant doucement, pendant plusieurs heures, un mélange à parties égales d'acide oxalique et de glycérine avec un peu d'eau. La glycérine retient l'eau, l'acide oxalique se décompose par la chaleur en anhydride carbonique et oxyde de carbone et ce dernier corps, en présence de l'eau, donne de l'acide formique :

$$CO + H^2O = CO^2H^2.$$

L'acide formique, ainsi obtenu, peut être purifié au moyen de l'oxyde de plomb, comme il a été dit plus haut.

1180. Propriétés physiques. — L'acide formique est un liquide incolore, fumant à l'air, très corrosif et doué de propriétés acides énergiques. Une goutte sur la peau produit une brûlure douloureuse.

Il bout à 100° et se solidifie à 1°, quand il est bien pur.

Parfaitement pur, il n'a pas d'odeur. L'odeur de fourmi qu'il a souvent lui vient sans doute d'éthers qui se produisent en même temps que l'acide.

1181. Propriétés chimiques. — L'acide formique est décomposé à chaud par l'acide sulfurique ; il se dégage de l'oxyde de carbone :

$$CH^2O^2 = CO + H^2O.$$

C'est un réducteur énergique ; il réduit les sels d'or, d'argent, en mettant le métal en liberté et donnant de l'anhydride carbonique, d'après la formule :

$$CH^4O^2 + O = CO^2 + H^2O.$$

C'est un acide monobasique.

Il donne avec les métaux, et surtout avec les métaux alcalins, des sels appelés *formiates*, qui sont bien cristallisés et ont pour formule générale CHO^2M.

L'un des plus importants est le formiate de potassium CHO^2K, qui, chauffé avec de la potasse, dégage de l'hydrogène (04) :

$$CHO^2K + KOH = CO^3K^2 + H^2.$$

Il agit sur les alcools de la série grasse pour donner des formiates, ou *éthers formiques*, dont la formule générale est $CHO^2(C^nH^{2n+1})$.

Le formiate d'éthyle CHO^2 (C^2H^5), que l'on obtient en distillant un mélange d'alcool, d'acide sulfurique et de formiate de potassium, est un liquide incolore, bouillant à 55°, qui a le bouquet du rhum et qu'on appelle l'*essence de rhum*.

ACIDE ACÉTIQUE (Acide éthanoïque)

$$C^2H^4O^2$$

1182. Modes de production. — L'acide acétique, le plus important des acides de cette série, est le résultat de l'oxydation de l'alcool ordinaire C^2H^6O :

$$C^2H^6O + O^2 = C^2H^4O^4 + H^2O.$$

Cette oxydation peut se produire au moyen du noir de platine en présence de l'air, de l'anhydride chromique, etc.

La synthèse en a été faite par plusieurs méthodes.

M. Kolbe a obtenu, par l'action du chlore et de l'eau sur le chlorure de carbone C^2Cl^4, de l'acide acétique trichloré $C^2HCl^3O^2$:

$$C^2Cl^4 + Cl^2 + 2H^2O = C^2HCl^3O^2 + 3HCl.$$

Melsens, en faisant agir sur cet acide acétique trichloré l'amalgame de sodium en présence de l'eau, a obtenu l'acide acétique.

Dumas, en traitant le cyanure de méthyle par l'acide chlorhydrique, a obtenu de l'acide acétique et du chlorure d'ammonium :

$$CAzCH^3 + HCl + 2H^2O = (CH^3\text{-}CO\text{-}OH) + AzH^4Cl.$$

Enfin, M. Wanklyn, en traitant à sec le sodium méthyle par un courant d'anhydride carbonique, obtient de l'acétate de sodium :

$$Na(CH^3) + CO^2 = C^2H^3O^2 Na.$$

Dans l'industrie on obtient de grandes quantités d'acide acétique soit par la distillation du bois, et on l'appelle alors acide pyroligneux, soit dans l'acétification du vin et il constitue alors le vinaigre.

1183. Acide pyroligneux. — Quand on distille le bois dans des cylindres (fig. 266), on recueille, en condensant les vapeurs qui se dégagent, un liquide brun, d'odeur goudronneuse, qui contient de l'esprit de bois, de l'acide acétique, de l'eau et des goudrons.

Ce liquide, abandonné au repos, laisse déposer des goudrons lourds et il surnage un liquide plus léger encore, d'aspect et d'odeur goudronneux, que l'on décante.

On le distille, en ayant soin de mettre de côté ce qui passe dans les premiers moments de la distillation et qui contient tout l'esprit de bois. Le liquide recueilli ensuite est saturé par un lait de chaux, qui donne de l'acétate de calcium, encore noirci par des matières goudronneuses.

L'acétate de calcium étant décomposé par la chaleur à une température à laquelle les matières goudronneuses brûleraient, on dissout l'acétate de calcium dans l'eau et on traite par une solution de sulfate de sodium ; il se fait du sulfate de calcium insoluble et de l'acétate de sodium soluble, que l'on recueille et dont on évapore la solution. Il se produit des cristaux d'acétate de sodium, encore brunis, par des traces de goudrons, que l'on fait disparaître en calcinant doucement le sel.

Les goudrons brûlent et la masse se prend, par le refroidissement, en une masse fondue, que l'on dissout dans l'eau, que l'on fait cristalliser et que l'on décompose à chaud par l'acide sulfurique, dans une cornue de verre. Les vapeurs d'acide acétique qui se dégagent sont condensées dans un réfrigérant.

L'acide ainsi obtenu est assez pur, mais peu concentré. Pour le concentrer et le purifier, on distille l'acide précédent, en laissant perdre le premier tiers et ne recueillant que les deux derniers, puis on refroidit le liquide à 5°. L'acide pur se sépare alors en cristaux, qui constituent l'*acide acétique cristallisable*, ou *glacial*.

1184. Vinaigre. — Les liquides fermentés, tels que le vin, le cidre, la bière, les sirops de mélasses, subissent, sous l'action de l'air, une transformation qui leur communique une saveur acide. C'est que, par oxydation, l'alcool qu'ils contiennent se transforme en acide acétique.

Cette *acétification* a lieu, comme l'a démontré M. Pasteur, sous l'influence d'un ferment, sorte de petit végétal microscopique, qu'il a appelé le *mycoderma aceti* et que les vinaigriers appelaient autrefois la *mère du vinaigre*.

Ce végétal se développe à la surface du liquide, absorbe l'oxygène de l'air et le transmet au liquide, dont l'alcool s'oxyde et s'acétifie. Cette oxydation de l'alcool sous l'influence du ferment peut même être assez énergique pour brûler l'acide acétique formé et le transformer en anhydride carbonique et eau.

Aussi est-il souvent nécessaire de modérer cette oxydation, soit en opérant en présence d'un excès de vinaigre, soit en enlevant le ferment, quand l'opération est achevée.

Le vinaigre se fabrique par trois procédés principaux.

Dans le *procédé d'Orléans*, qui est le plus ancien et celui qui fournit le vinaigre de meilleure qualité, on introduit dans des barriques, d'une contenance d'environ 225 litres, 80 litres de vinaigre de bonne qualité et 10 litres de vin. Ces barriques sont placées en grand nombre dans un cellier, où la température est maintenue entre 25 et 30 degrés, qui est la température la plus favorable au développement du ferment.

Au bout de huit jours, on ajoute encore 10 litres de vin et l'on en ajoute ainsi la même quantité de huit en huit jours, à deux ou trois reprises. L'acétification a ainsi lieu toujours en présence d'un excès de vinaigre.

A la quatrième fois, avant d'ajouter le vin, on soutire environ 40 litres de vinaigre, et ainsi de suite.

L'opération est longue et elle exige de grands emplacements. Elle a été régularisée, pour ainsi dire, et rendue rationnelle par M. Pasteur, à la suite de ses études sur la *fermentation acétique.*

Le procédé de M. Pasteur consiste à mettre dans des récipients, peu profonds et dont le couvercle est percé de trous, du vin, à la surface duquel on sème du *mycoderma aceti*, recueilli sur du vin aigri. Le ferment se développe et, pendant que l'acétification se produit, on ajoute de temps en temps de petites quantités de vin.

Quand le ferment ne se développe plus et que l'opération est terminée, on soutire le vinaigre, on recueille le ferment, on le lave et on recommence de la même façon.

Enfin, dans le *procédé allemand*, on emploie des tonneaux, divisés en trois parties par des cloisons percées de trous. Le compartiment du milieu, qui est le plus grand, contient des copeaux de hêtre, sur lesquels parait exister plus abondamment le *mycoderma aceti*. Dans le compartiment supérieur, on introduit le vin, qui tombe peu à peu par les trous sur les copeaux de hêtre, où il s'acétifie ; le vinaigre produit se rassemble dans le compartiment inférieur, d'où on peut le soutirer.

Des tubes permettent la circulation de l'air dans tout l'appareil.

1185. Propriétés physiques. — L'acide acétique pur est un solide cristallisé, fusible à 17° et bouillant à 124°. Sa densité de vapeur est 2,09. L'addition d'une petite quantité d'eau abaisse son point de solidification.

Si l'on refroidit un acide acétique assez concentré, l'acide pur se sépare par cristallisation ; mais si l'acide est étendu, c'est l'eau qui se congèle et le liquide restant est plus riche en acide.

M. Grimaux a déterminé les points de solidification de différents mélanges d'eau et d'acide acétique pur ; il a constaté qu'il y avait un minimum à 24° et que ce minimum correspondait à un mélange de 38 p. 100 d'eau et 62 p. 100 d'acide. Ce mélange représenterait un hydrate de formule $C^2H^4O^2 + 2H^2O$.

L'acide acétique a pour densité 1,055 à 15°. Les mélanges d'acide et d'eau présentent des densités souvent supérieures à celles de l'acide le maximum de densité est 1,0748. Il a lieu pour un mélange contenant 78 p. 100 d'acide et correspondant à l'hydrate $C^2H^4O^2 + H^2O$.

L'acide acétique a une odeur piquante ; il est très corrosif et une goutte sur la peau produit une vive brûlure.

1186. Propriétés chimiques. — La chaleur décompose l'acide acétique en eau, anhydride carbonique et acétone :

$$2C^2H^4O^2 = CO^2 + H^2O + C^3H^6O.$$

Les alcalis et les oxydes, comme la baryte, décomposent l'acide acétique, en donnant du gaz des marais et un carbonate :

$$C^2H^4O^2 + BaO = CO^3Ba + CH^4.$$

Le chlore et le brome donnent avec l'acide acétique des dérivés de substitution, tels que : l'acide monochloracétique, $C^2H^3ClO^2$, solide cristallisé, obtenu en faisant passer du chlore dans l'acide acétique chauffé à 120° et exposé à la lumière solaire (Leblanc); l'acide dichloracétique, $C^2H^2Cl^2O^2$; et enfin l'acide trichloracétique $C^2HCl^3O^2$, solide cristallisable, obtenu par l'acion du chlore à froid sur l'acide acétique, sous l'influence de la lumière solaire.

Ces dérivés chlorés conservent les propriétés des acides et montrent que la substitution du chlore à l'hydrogène peut se faire sans modifier les propriétés chimiques des corps.

Ils ont donné lieu à des réactions importantes. Ainsi, Melsens, en faisant agir l'amalgame de sodium sur la solution aqueuse d'acide trichloracétique, a obtenu l'acide acétique.

Hoffmann et Kékulé ont hydraté l'acide monochloracétique, en le chauffant avec de l'eau et l'ont transformé en acide glycolique $C^2H^4O^3$:

$$C^2H^3ClO^2 + H^2O = C^2H^4O^3 + HCl.$$

Cahours, en faisant agir l'ammoniaque sur l'acide monochloracétique, a obtenu le dérivé amidé de l'acide acétique, qui a pour formule $C^2H^3(AzH^2)O^2$, et qui est connu sous le nom de glycocolle :

$$C^2H^3ClO^2 + 2AzH^3 = C^2H^3(AzH^2)O^2 + AzH^4Cl.$$

1187. Usages. — Le vinaigre est employé comme condiment dans l'alimentation ; le vinaigre de vin, qui contient les matières solides du vin et quelques-uns de ses éthers, est le plus agréable au goût. On emploie souvent, sous le nom de *vinaigre de bois*, l'acide acétique, provenant de l'acide pyroligneux purifié et très étendu d'eau. Il peut se distinguer du vinaigre de vin, parce qu'il ne donne aucun résidu solide par l'évaporation.

L'acide pyroligneux brut, ou purifié, est employé à la fabrication des acétates, dont plusieurs sont très importants.

CHLORURE D'ACÉTYLE

$$C^2H^3OCl$$

1188. Préparation. — Le chlorure d'acétyle C^2H^3OCl se produit par l'action du perchlorure de phosphore sur l'acide acétique :

$$C^2H^4O^2 + PCl^5 = POCl^3 + C^2H^3OCl + HCl.$$

On l'obtient aussi en traitant l'acide acétique par le trichlorure de phosphore ; il se forme en même temps de l'acide phosphoreux :

$$3C^2H^4O^2 + PCl^3 = PO^3H^3 + 3C^2H^3OCl.$$

Le chlorure d'acétyle forme à la partie supérieure du liquide une couche, que l'on distille.

1189. Propriétés. — Le chlorure d'acétyle est un liquide incolore, d'une odeur piquante, qui bout à 55°.

L'eau décompose le chlorure d'acétyle, en donnant des acides acétique et chlorhydrique :

$$C^2H^3OCl + H^2O = C^2H^4O^2 + HCl.$$

Les alcalis produisent la même décomposition, mais il se forme un acétate :

$$C^2H^3OCl + KOH = C^2H^3O^2K + HCl.$$

Les alcools agissent d'une façon analogue, en donnant un éther acétique :

$$C^2H^3OCl + C^2H^5OH = C^2H^3O^2(C^2H^5) + HCl.$$

L'ammoniaque agit aussi d'une façon analogue pour donner une amide, résultant du remplacement dans l'acide de OH par AzH^2 :

$$C^2H^3OCl + 2AzH^3 = C^2H^3OAzH^2 + AzH^4Cl.$$

Cahours a découvert, et l'on connaît aujourd'hui, toute une classe de ces chlorures de radicaux d'acides, qui tous se comportent, avec l'eau, les alcalis, les alcools, l'ammoniaque, de la même façon que le chlorure d'acétyle.

ANHYDRIDE ACÉTIQUE

$$(C^2H^3O)O$$

1190. Préparation. — L'anhydride acétique a été obtenu par Gerhardt, en faisant agir le chlorure d'acétyle C^2H^3OCl sur l'acétate de potassium anhydre $C^2H^3O^2K$:

$$C^2H^3OCl + C^2H^3O^2K = KCl + (C^2H^3O)^2O.$$

L'anhydride acétique est un oxyde d'acétyle ; il dérive de l'eau, par remplacement de l'hydrogène par le radical monovalent, l'acétyle.

On peut remplacer chacun des deux atomes d'hydrogène par des radicaux acides différents et obtenir ainsi des anhydrides mixtes : il suffit pour cela de faire agir le chlorure d'un radical acide sur un sel alcalin correspondant à un acide différent.

1191. Propriétés. — L'anhydride acétique est un liquide incolore, très mobile, d'une odeur piquante, bouillant à 137°.

Il agit vivement sur l'eau pour donner de l'acide acétique :

$$(C^2H^3O)^2O + H^2O = 2C^2H^4O^2.$$

Avec les alcools, il donne de l'acide acétique et un éther acétique :

$$(C^2H^3O,^2O + C^2H^5OH = C^2H^4O^2 + C^2H^3O^2(C^2H^5).$$

On l'emploie souvent en chimie organique.

ÉTUDE DES PRINCIPAUX ACÉTATES

ACÉTATE DE POTASSIUM

$$C^2H^3O^2K$$

1192. Préparation et propriétés. — Ce sel s'obtient, en saturant une solution d'acide acétique par la potasse, ou le carbonate de potassium.

Il existe dans les tissus végétaux et donne, par la combustion des plantes, du carbonate de potassium, que l'on trouve dans les cendres.

C'est un corps solide, cristallisé en masse écailleuse.

Il a servi dans la préparation du cacodyle (1156) et n'est guère utilisé que dans les recherches de laboratoires.

ACÉTATE DE SODIUM

$$C^2H^3O^2Na$$

1193. Préparation et propriétés. — L'acétate de sodium se prépare, comme le précédent, en saturant une solution d'acide acétique par la soude, ou le carbonate de sodium.

C'est un sel soluble, qui, par l'évaporation de la solution, se dépose en beaux cristaux, que l'on peut chauffer et faire fondre sans décomposition à la température à laquelle les matières goudronneuses brûlent.

On l'utilise (1183) dans la purification de l'acide acétique.

ACÉTATE D'AMMONIUM

$$C^2H^3O^2(AzH^4).$$

1194. Préparation et propriétés. — L'acétate d'ammonium se prépare, en faisant passer un courant d'ammoniaque gazeux dans de l'acide acétique pur.

C'est un corps solide, qui cristallise facilement en aiguilles.

Chauffé brusquement, il se décompose en donnant l'*acétamide*.

Sa solution est employée en médecine à divers usages.

ACÉTATE DE CALCIUM

$$(C^2H^3O^2)^2Ca.$$

1195. Préparation et propriétés. — L'acétate de calcium s'obtient en traitant par un lait de chaux une solution d'acide acétique.

Il est soluble dans l'eau et cristallisable.

La chaleur le décompose en donnant de l'acétone C^3H^6O et du carbonate de calcium :

$$(C^2H^3O^2)^2Ca = CO^3Ca + C^3H^6O.$$

ACÉTATE DE FER

1196. Préparation et usage. — L'acétate de fer, appelé aussi *pyrolignite de fer*, s'obtient en abandonnant des débris de fer au contact de l'acide pyroligneux, ou acide acétique impur.

On obtient ainsi une solution brune, incristallisable, qui parait contenir un mélange d'acétates ferreux et ferrique et qui est employée dans la teinture en noir.

ACÉTATE D'ALUMINIUM

$$(C^2H^3O^2)^6Al^2$$

1197. Préparation et propriétés. — L'acétate d'aluminium peut s'obtenir en saturant l'acide acétique par l'alumine, ou bien, ce qui est plus facile, en traitant une solution de sulfate d'aluminium par une solution d'acétate neutre de plomb :

$$(SO^4)^3Al^2 + 3(C^2H^3O^2)^2Pb = 3SO^4Pb + (C^2H^3O^2)^6Al^2.$$

En filtrant, le sulfate de plomb insoluble reste sur le filtre et l'on obtient une masse déliquescente, difficile à faire cristalliser.

La chaleur le décompose avec production d'alumine.

1198. Usages. — On emploie beaucoup en teinture l'acétate d'aluminium comme mordant, au lieu du sulfate d'aluminium, à cause de la propriété qu'il a de se décomposer par la chaleur et de donner de l'alumine, qui a d'une part la propriété de se fixer sur les fibres et, d'autre part, celle de retenir la couleur.

On l'emploie surtout pour fixer les couleurs rouges, comme la garance, et on l'appelle *mordant de rouge des indiennes*.

ACÉTATES DE PLOMB

1199. Acétate neutre. — L'acétate neutre de plomb s'obtient en dissolvant de la litharge dans l'acide acétique.

Par évaporation de la liqueur et refroidissement, il se dépose des cristaux prismatiques appartenant au sixième système cristallin. Ces cristaux sont efflorescents.

On emploie la solution de ce sel pour préparer les acétates d'aluminium (1197) et de cuivre (1201).

En faisant dissoudre à chaud un excès de litharge dans une solution d'acétate neutre de plomb, on obtient, suivant les proportions, divers acétates basiques.

1200. Acétate tribasique $(C^2H^3O^2)^2Pb + 3PbO$. — Ce sel, qui s'obtient comme nous venons de l'indiquer, cristallise en petites aiguilles.

Sa solution dans une petite quantité d'eau constitue *l'extrait de Saturne*. En étendant d'eau l'extrait de Saturne, on obtient une liqueur d'apparence laiteuse, utilisée en médecine sous le nom d'*eau blanche*, ou *eau de Goulard*, pour le pansement des plaies ; sa couleur laiteuse est due, sans doute, à un dédoublement que produit l'eau et à une précipitation de litharge.

Nous avons vu (908) que le gaz carbonique attaque l'acétate neutre de plomb, en donnant du carbonate de plomb ; c'est la base de la préparation de la céruse par le procédé de Clichy.

ACÉTATES DE CUIVRE

1201. Acétate neutre $(C^2H^3O^2)^2Cu$. — L'acétate neutre de cuivre, appelé dans le commerce *verdet*, s'obtient en traitant à chaud et en présence de l'eau le sulfate de cuivre par l'acétate de plomb. Il se produit du sulfate de plomb insoluble, qui précipite ; on décante et la solution évaporée laisse déposer des cristaux verts d'acétate neutre de cuivre, contenant une molécule d'eau de cristallisation.

On peut l'obtenir aussi par l'action de l'acide acétique sur les acétates basiques.

Il est employé dans la teinture en noir.

En faisant bouillir une solution d'acétate neutre de cuivre, mélangée d'anhydride arsénieux, on obtient une belle matière colorante verte, appelée *vert de Schweinfurth* et employée souvent à teindre les tissus et les papiers. Mais son emploi présente d'assez grands dangers.

1202. Acétates basiques (vert-de-gris). — On prépare un mélange d'acétates basiques, connu sous le nom de *vert-de-gris*, en abandonnant des plaques de cuivre au contact des vinasses, ou encore du raisin aigri, contenant par conséquent du vinaigre, qui attaque le cuivre.

Au bout d'une vingtaine de jours, on retire les lames de cuivre et on en détache la couche de vert-de-gris formé.

Cette préparation se fait beaucoup dans la région de Montpellier.

Le vert-de-gris ainsi formé sert à fabriquer l'acétate neutre de cuivre, par l'action de l'acide acétique.

CARACTÈRES DES ACÉTATES

1203. Action des réactifs. — Les acétates sont en général solubles dans l'eau ; aussi ne donnent-ils généralement pas de précipités.

Cependant, avec l'azotate d'argent, on obtient un précipité blanc, soluble dans l'ammoniaque et l'acide azotique ; avec l'azotate mercureux, il se forme un précipité également blanc, soluble dans l'eau chaude.

Avec le perchlorure de fer, il se produit une coloration rouge foncé, que l'acide chlorhydrique fait passer au jaune.

L'action de l'acide sulfurique qui, sous l'influence de la chaleur, dégage de l'acide acétique, peut également servir à reconnaître les acétates.

ÉTUDE DES PRINCIPAUX ÉTHERS ACÉTIQUES

ACÉTATE D'ÉTHYLE

$$C^2H^3O^2(C^2H^5)$$

1204. Préparation. — L'acétate d'éthyle s'obtient en distillant un mélange d'alcool ordinaire, d'acide sulfurique et d'acétate de sodium.

Les vapeurs condensées fournissent un liquide qui contient, avec l'acétate d'éthyle, un excès d'acide acétique. On le purifie en le saturant par de la chaux et décantant le liquide, que l'on rectifie ensuite sur du chlorure de calcium.

1205. Propriétés. — L'acétate d'éthyle est un liquide incolore, d'une odeur agréable, rappelant celle de certains fruits ; il bout à 74°.

Les alcalis, et même simplement l'eau, le saponifient, c'est-à-dire le dédoublent en régénérant l'alcool.

Il est employé comme dissolvant.

La confiserie et la parfumerie en consomment de grandes quantités sous la forme d'essences de fruits.

ACÉTATE D'AMYLE

$$C^2H^3O^2 (C^5H^{11})$$

1206. Préparation. — L'acétate d'amyle se prépare absolument comme le corps précédent, en distillant un mélange d'alcool amylique $C^5H^{11}OH$, d'acide sulfurique et d'acétate de sodium, saturant par la chaux le liquide recueilli, décantant et rectifiant sur du chlorure de calcium.

1207. Propriétés. — L'acétate d'amyle est un liquide incolore, ayant l'odeur de poire et bouillant à 136°.

Son odeur le fait utiliser en confiserie, sous le nom d'*essence artificielle de poire*.

La méthode générale qui résulte des deux préparations précédentes permet de préparer un grand nombre d'éthers acétiques des alcools de la série grasse. Les autres présentent peu d'intérêt au point de vue pratique.

ACIDE PROPIONIQUE

$$C^3H^6O^2$$

1208. Préparation et propriétés. — L'acide propionique ne se produit pas dans la nature et ne présente aucune application, pas plus que les propionates.

C'est le résultat de l'oxydation de l'alcool propylique.

L'acide propionique est un corps liquide, qui bout à 146°.

ACIDE BUTYRIQUE

$$C^4H^8O^2$$

1209. Modes de production et préparation. — L'acide butyrique ordinaire a été découvert par Chevreul dans les produits de l'altération du beurre, exposé à l'air libre.

Le beurre contient entre autres substances un éther butyrique de la glycérine, la *butyrine* ; lorsque le beurre rancit à l'air et prend une odeur désagréable, c'est que plusieurs acides, parmi lesquels l'acide butyrique, sont mis en liberté.

Il se produit aussi dans l'oxydation de l'alcool butylique normal $C^4H^{10}O$:

$$C^4H^{10}O + O^2 = C^4H^8O^2 + H^2O.$$

L'acide lactique $C^3H^6O^3$, qui se produit dans la fermentation lactique, se transforme par une nouvelle fermentation, la fermentation butyrique, en acide butyrique :

$$2C^3H^6O^3 = C^4H^8O^2 + 2CO^2 + H^4.$$

Aussi cet acide se produit-il dans un grand nombre de fermentations et dans la putréfaction de la viande.

On peut l'obtenir en abandonnant pendant un mois environ un mélange d'eau, de sucre et de craie avec du lait caillé, ou du fromage avarié. Il se produit d'abord la fermentation lactique, puis la fermentation butyrique et finalement la liqueur contient du butyrate de calcium.

On le recueille, on le dissout dans l'eau et on le décompose par le carbonate de sodium, qui donne du carbonate de calcium insoluble et du butyrate de sodium soluble. On filtre, on concentre et on décompose par l'acide sulfurique.

correspond l'acide isobutyrique :

$$CH^3$$
$$|$$
$$CH - CH^3$$
$$|$$
$$CO^2H.$$

ACIDE VALÉRIQUE
$C^5H^{10}O^2$

1212. Circonstances de production et préparation. — L'acide valérique, ou *valérianique*, a été extrait par M. Chevreul des produits de l'altération des huiles de poisson ; on l'a aussi retiré de la racine de valériane et c'est de là que lui est venu son nom.

Il s'en produit dans certaines fermentations et en particulier dans la fermentation des matières albuminoïdes ; Balard l'a retiré du fromage avarié.

L'acide valérique est le produit de l'oxydation de l'alcool amylique et peut s'obtenir en soumettant cet alcool à l'action oxydante d'un mélange d'acide sulfurique et de bichromate de potassium.

1213. Propriétés. — L'acide valérique est un liquide incolore, d'une odeur très désagréable, telle que celle qui se dégage dans la putréfaction, et insoluble dans l'eau. Il bout à $175°$.

Sous certaines influences, la chaleur, la pression ou l'action de l'eau, il donne des modifications isomériques.

Il donne avec les alcalis des sels, dont le principal est le valériate d'ammonium, qui a été employé en médecine comme antiseptique.

Avec l'alcool amylique, l'acide valérique donne un éther, le valériate d'amyle, $C^5H^9O^2(C^5H^{11})$, qui a une odeur de pommes et qui est employé en confiserie sous la forme d'*essence de pomme artificielle*.

ACIDE CAPROIQUE
$C^6H^{12}O^2$

1214. Préparation et propriétés. — L'acide caproïque existe, à l'état d'éthers de la glycérine, dans le beurre ordinaire et le beurre de coco ; on peut le retirer de ces substances, par saponification au moyen de la potasse et décomposition du sel alcalin formé.

C'est un liquide d'une odeur désagréable, très volatil, bouillant à $200°$.

ACIDE ŒNANTHYLIQUE
$C^7H^{14}O^2$

1215. Préparation et propriétés. — L'acide œnanthylique se produit par l'action d'un corps oxydant, comme l'acide azotique, sur l'huile de ricin.

C'est un liquide volatil, bouillant à 212°.

Il forme avec l'alcool amylique un œnanthylate d'amyle, ou éther amyl-œnanthylique, qui communique au vin de Bordeaux son bouquet si connu.

ACIDE CAPRYLIQUE

$$C^8H^{16}O^2$$

1216. Préparation et propriétés. — L'acide caprylique existe, comme l'acide caproïque (1214), à l'état d'éther de la glycérine, surtout dans le beurre de coco, d'où l'on peut le retirer par saponification.

C'est un corps solide, qui fond à 30° et bout à 240°.

ACIDE PÉLARGONIQUE

$$C^9H^{18}O^2$$

1217. Préparation et propriétés. — L'acide pélargonique a été extrait de l'essence de géraniums.

C'est un corps liquide, d'une odeur forte, qui bout à 266°.

ACIDE CAPRIQUE

$$C^{10}H^{20}O^2$$

1218. Préparation et propriétés. — L'acide caprique a été retiré, en même temps que les acides caproïque et caprylique, du beurre de coco.

En oxydant l'essence de rue, on obtient un mélange des acides caprique et pélargonique.

C'est un corps solide, qui fond à 57° et bout à 270°.

Le mélange des acides pélargonique et caprique, obtenu par l'oxydation de l'essence de rue donne, quand on le traite par l'acide sulfurique et l'alcool, une huile lourde, insoluble dans l'eau et présentant l'odeur de coings. On l'utilise pour cette raison en confiserie.

Le mélange des acides caproïque, caprylique et caprique, obtenu par la saponification du beurre de coco, donne, quand on l'éthérifie par l'alcool éthylique, un mélange d'éthers, qui offre l'odeur de cognac et qu'on vend sous le nom d'*essence artificielle de cognac*.

ACIDE LAURIQUE

$$C^{11}H^{22}O^2$$

1219. Préparation et propriétés. — L'acide laurique est un solide qui fond à 43° et qui a été extrait des baies de laurier.

ACIDE MYRISTIQUE
$C^{14}H^{28}O^2$

1220. État naturel et propriétés. — L'acide myristique est un corps solide, fondant à 53°, qui, à l'état d'éther de la glycérine, constitue presque exclusivement le beurre de muscade.

ACIDE PALMITIQUE
$C^{16}H^{32}O^2$

1221. État naturel et préparation. — L'acide palmitique a été extrait de l'huile de palme, dans laquelle il existe à l'état d'éther de la glycérine, ou *palmitine*. On en rencontre également dans tous les corps gras.

La principale source de l'acide palmitique est le *blanc de baleine*, appelé aussi *cétine*, ou *spermaceti*, sorte de substance grasse, de couleur blanche, que l'on retire des cavités craniennes de certains cachalots.

Le blanc de baleine est un éther cétylique de l'acide palmitique, de formule $C^{16}H^{31}O^2(C^{16}H^{33})$; en le saponifiant par la potasse, on obtient un palmitate de potassium, d'où l'on peut retirer l'acide en décomposant le sel par un autre acide.

1222. Propriétés. — L'acide palmitique est un corps solide, blanc, fondant à 62°.

La plupart de ses propriétés sont celles de l'acide margarique.

Ses principaux éthers sont les corps gras, que nous étudierons à propos de la glycérine (1242) et le blanc de baleine.

1223. Blanc de baleine. — Le blanc de baleine, ou spermaceti, existe dans les cavités craniennes d'un grand nombre de cachalots.

Pour le préparer à l'état pur, on recueille la substance blanche qui se trouve dans ces cavités, on la filtre sous pression et on la soumet à des fusions et à des refroidissements successifs, accompagnés de compression.

Le corps blanc qui reste est fondu et se prend finalement par le refroidissement en une masse cristalline, que l'on comprime à la presse hydraulique.

Le blanc de baleine ainsi obtenu est un corps solide, cristallisé en lames brillantes et nacrées, fondant à 49°.

Il brûle avec une flamme très claire et cette propriété le fait employer, à la place de la cire, pour la confection de bougies de luxe.

On l'emploie aussi à la confection de certaines pommades, et surtout à celle du *cold cream*, qui est constitué par un mélange intime de blanc de baleine, de cire blanche, d'huile d'amandes douces et d'eau de rose.

ACIDE MARGARIQUE

$$C^{17}H^{34}O^2$$

1224. État naturel et préparation. — L'acide margarique existe dans les corps gras, à l'état d'éther de la glycérine, ou *margarine*, et mélangé à beaucoup d'autres éthers du même corps.

Il se prépare dans la saponification des corps gras, pour la fabrication des savons et des bougies.

L'huile d'olive est constituée par de la margarine à peu près pure, qui se dépose à l'état solide, par l'abaissement de la température.

1225. Propriétés. — L'acide margarique est un corps solide, blanc, insoluble dans l'eau, soluble dans l'alcool et l'éther. Il fond à 60°.

Il entre, à l'état d'éther de la glycérine, dans les graisses et les huiles ; à l'état de sel alcalin, dans les savons ; à l'état de mélange avec les acides palmitique et stéarique, dans les bougies dites *stéariques*.

ACIDE STÉARIQUE

$$C^{18}H^{36}O^2$$

1226. État naturel et préparation. — L'acide stéarique se rencontre, à l'état d'éther de la glycérine, ou *stéarine*, dans les corps gras neutres. Le suif, ou graisse de mouton, est particulièrement riche en acide stéarique.

On l'en retire par saponification.

1227. Propriétés. — L'acide stéarique est un corps solide, blanc, qui fond à 70°.

Comme les acides palmitique et margarique, il est insoluble dans l'eau ; mais soluble dans l'alcool et dans l'éther.

Ses propriétés sont analogues à celles de ces deux acides ; tous trois existent simultanément dans les graisses, il est très difficile de les séparer et l'acide stéarique des bougies contient toujours un peu des deux autres acides.

Pour les séparer, on peut avoir recours à la différence de leur fusibilité.

ACIDE ARACHIQUE

$$C^{20}H^{40}O^2$$

1228. État naturel et propriétés. — L'acide arachique est un corps solide, que l'on rencontre, à l'état d'éther de la glycérine, dans l'*huile d'arachide*, dont il forme la plus grande partie.

ACIDE BÉNIQUE

$$C^{22}H^{44}O^2$$

1229. État naturel et propriétés. — L'acide bénique est un corps solide, qu'on rencontre, à l'état d'éther de la glycérine, dans l'*huile de ben*, dont il forme la plus grande partie.

ACIDE CÉROTIQUE

$$C^{27}H^{54}O^2$$

1230. État naturel et propriétés. — L'acide cérotique se rencontre dans la nature ; c'est lui qui constitue en grande partie la *cire d'abeille*.

L'acide cérotique est un corps solide, blanc, qui fond à 78°.

Avec l'alcool cérylique, $C^{27}H^{56}O$, il forme un éther qui constitue la *cire de Chine*.

CIRES

1231. Généralités. — On appelle *cires* des substances d'origines diverses et de constitution complexe, qui se rapprochent des corps gras, parce qu'elles sont insolubles dans l'eau et onctueuses au toucher, mais qui sont cassantes à la température ordinaire et qui n'ont pas la propriété générale et uniforme des corps gras, d'être des éthers de la glycérine.

Les principales cires sont la cire d'abeilles et la cire de Chine.

1232. Cire d'abeilles. — La cire d'abeilles, qui se récolte dans les ruches, est la matière avec laquelle les abeilles construisent les gâteaux, dans les cavités desquels elles déposent leur miel.

Pour la recueillir, on chasse les abeilles de leur ruche, en les enfumant par exemple, on prend le gâteau de cire et on retire le miel par pression, puis on l'épuise complètement au moyen de l'eau bouillante. La cire, insoluble dans l'eau, surnage et se fige, par le refroidissement, en une masse solide, de couleur jaune ; c'est la *cire brute*.

Par l'exposition à l'action de l'air et de la lumière, on la décolore et l'on obtient la *cire blanche*.

La cire pure est une substance blanche, inodore, dure et cassante à la température ordinaire, qui est molle à 35° et qui fond complètement vers 70°.

Cette substance est formée d'acide cérotique (1230) et de myricine, éther palmitique de l'alcool myricique.

Elle brûle avec une flamme peu colorée et est employée par suite à la confection des bougies et des cierges.

On l'utilise aussi pour la confection de certaines pommades pharmaceutiques et en particulier du cérat.

La cire brute, ou cire jaune, est employée à cirer les parquets et les meubles.

Enfin, la malléabilité de la cire, légèrement chauffée, est utilisée pour la confection de modèles, tels que figures de cire, pièces d'anatomie, etc.

1233. Cire de Chine. — La cire de Chine est un corps solide, blanc, dont l'aspect est assez semblable à celui du blanc de baleine et qui fond à 82°.

Cette substance est sécrétée, en Chine, sur les branches de certains arbres, par des insectes qui vivent sur ces branches ; on obtient la cire en plongeant les branches dans l'eau bouillante. La cire fond et surnage ; elle peut être alors recueillie par refroidissement.

La cire de Chine est constituée presque uniquement par du cérotate de céryle $C^{27}H^{53}O^2$ $(C^{27}H^{55})$.

Elle est employée aux mêmes usages que la cire blanche d'abeilles.

ACIDE MÉLISSIQUE

$C^{30}H^{60}O^2$

1234. État naturel et propriétés. — Il ressemble aux acides précédents et n'a aucune utilité particulière.

Il se produit par la saponification de la myricine, extraite de la cire d'abeilles.

GÉNÉRALITÉS SUR LES DÉRIVÉS AMIDÉS DES ACIDES GRAS

1235. Modes de formation et préparation. — Les dérivés amidés des acides gras résultent du remplacement, dans ces acides, d'un atome d'hydrogène du radical alcoolique par un groupe amidogène AzH^2.

Ainsi, l'acide acétique, dont la formule de constitution est, en le considérant comme un acide méthyl-formique :

$$\begin{array}{c} CH^3 \\ | \\ CO^2H, \end{array}$$

donne un dérivé amidé, dont la formule de constitution est :

$$\begin{array}{c} CH^2 - AzH^2 \\ | \\ CO^2H. \end{array}$$

On peut les préparer par une méthode générale, due à MM. Perkin et Duppas et qui consiste à traiter par l'ammoniaque les acides gras monochlorés, ou monobromés.

Ainsi, avec l'acide acétique monochloré et l'ammoniaque, on obtient la réaction :

$$C^2H^3ClO^2 + AzH^3 = C^2H^3(AzH^2)O^2 + HCl.$$

Le corps ainsi obtenu est appelé acide *amido-acétique,* de même que le dérivé chloré est appelé acide monochloracétique.

On peut aussi chauffer au bain-marie le dérivé ammoniacal d'une aldéhyde avec de l'acide chlorhydrique et de l'acyde cyanhydrique : c'est le procédé général de M. Strœcker.

1236. Propriétés générales. — Les acides gras amidés sont des corps à fonctions mixtes ; ils sont moitié acides et moitié amines.

Sous l'action de la chaleur, ils donnent tous de l'anhydride carbonique et une amine. Ainsi, l'acide amido-acétique donne, par la distillation sèche, la réaction :

$$C^2H^3(AzH^2)O^2 = CO^2 + AzH^2(CH^3).$$

Il se produit de la méthylamine.

Les acides amido-gras se rencontrent dans les corps organisés et vivants, généralement à l'état de combinaisons, et se forment dans la putréfaction des matières albuminoïdes.

ÉTUDE DES PRINCIPAUX DÉRIVÉS AMIDÉS DES ACIDES GRAS

ACIDE AMIDO-ACÉTIQUE (GLYCOCOLLE)

$$C^2H^3(AzH^2)O^2$$

1237. Préparation. — L'acide amido-acétique, appelé aussi *glyco-colle,* ou *sucre de gélatine,* peut s'obtenir en faisant bouillir pendant plusieurs heures la gélatine avec de l'acide sulfurique. Quand l'opération est terminée, on précipite par la chaux l'acide sulfurique, on filtre pour séparer de la liqueur le sulfate de calcium insoluble et l'on concentre la liqueur par évaporation.

Il peut s'obtenir aussi par la méthode générale de MM. Perkin et Duppas, en traitant par l'ammoniaque l'acide acétique monochloré, ou monobromé, ou bien, par la méthode de M. Strœcker, en traitant le dérivé ammoniacal de l'aldéhyde formique $CH(AzH^2)O$ par un mélange d'acides cyanhydrique et chlorhydrique :

$$CH(AzH^2)O + CAzH + HCl + 2H^2O = C^2H^3(AzH^2)O^2 + AzH^4Cl + O.$$

1238. Propriétés. — Le glycocolle est un corps solide, cristallisé en prismes rhomboïdaux ; il a une saveur sucrée, rappelant celle du glucose.

Il fond à 170° ; c'est un corps soluble dans l'eau, peu soluble dans l'alcool, insoluble dans l'éther.

C'est un corps à fonction mixte : il peut agir comme un acide sur les oxydes et les hydrates métalliques et donne des sels cristallisés, d'où son nom d'acide amido-acétique ; mais il peut aussi, comme l'ammoniaque, s'unir aux acides et donner des sels, tels que le chlorhydrate, ou l'azotate, de glycocolle.

Sous l'influence de l'acide azoteux, il donne l'acide glycolique $C^2O^3H^4$:

$$C^2H^3(AzH^2)O^2 + AzO^2H = C^2O^3H^4 + Az^2 + H^2O.$$

Le glycocolle peut donner des dérivés, dans lesquels un radical alcoolique, ou un radical d'acide, remplace l'hydrogène de l'amidogène AzH^2.

C'est ainsi que l'on connaît le méthylglycocolle, $C^2H^3(AzH)(CH^3)O^2$, l'acétyl-glycocolle $C^2H^3(AzH)(C^2H^3O)O^2$, le benzyl-glycocolle $C^2H^3(AzH)(C^7H^5O)O^2$, qui n'est autre chose que l'acide hippurique.

Le méthyl-glycocolle et le benzyl-glycocolle se rencontrent couramment dans l'organisme.

1239. Méthyl-glycocolle (Sarcosine) $C^2H^3(AzH)(CH^3)O^2$. — La sarcosine est un produit de décomposition de la *créatine* des muscles.

On l'obtient artificiellement par l'action de l'acide acétique monochloré, ou monobromé, sur la méthylamine :

$$C^2H^3ClO^2 + AzH^2(CH^3) = C^2H^3(AzH)(CH^3)O^2 + HCl.$$

C'est un corps solide, cristallisé en tablettes incolores, peu soluble dans l'eau, encore moins dans l'alcool.

Elle agit chimiquement comme un alcali et forme avec les acides des sels cristallisables.

1210. Propriétés. — L'acide butyrique est un liquide incolore, oléagineux, d'une odeur forte et désagréable de beurre rance, d'une saveur brûlante.

Il est peu soluble dans l'eau, mais se dissout bien dans l'alcool, et l'éther. Il bout à 164°.

L'action des corps oxydants, comme l'acide azotique, le transforme en acide succinique.

Avec le perchlorure de phosphore, il donne du chlorure de butyle, C^4H^7OCl :

$$C^4H^8O^2 + PCl^5 = POCl^3 + C^4H^7OCl.$$

L'acide butyrique, en agissant sur l'alcool ordinaire, donne le butyrate d'éthyle, ou éther éthyl-butyrique, liquide bouillant à 119° et qui possède l'odeur d'ananas. Il est employé en confiserie à l'état d'*essence artificielle d'ananas*.

1211. Acide isobutyrique. — L'acide isobutyrique est un isomère de l'acide butyrique ordinaire ; c'est le produit de l'oxydation de l'alcool butylique de fermentation.

Il donne avec les alcools des dérivés, qui sont des isomères des éthers butyriques, mais qui n'ont aucune application.

L'isomérie de ces deux acides butyriques peut s'expliquer par celle des deux alcools butyliques qui leur donnent naissance (1118).

A l'alcool butylique normal :

$$CH^3$$
$$|$$
$$CH^2$$
$$|$$
$$CH^2$$
$$|$$
$$CH^2 - OH$$

correspond l'acide :

$$CH^3$$
$$|$$
$$CH^2$$
$$|$$
$$CH^2$$
$$|$$
$$CO^2H$$

tandis qu'à l'alcool isobutyrique :

$$CH^3$$
$$|$$
$$CH - CH^3$$
$$|$$
$$CH^2 - OH$$

ACIDE AMIDO-PROPIONIQUE (Alanine)

$$C^3H^5(AzH^2)O^2.$$

1240. Préparation et propriétés. — L'acide amido-propionique, appelé aussi *alanine*, a été obtenu par Strœcker en traitant le dérivé ammoniacal de l'aldéhyde acétique par le mélange des acides cyanhydrique et chlorhydrique :

$$C^2H^3(AzH^2)O + CAzH + HCl + 2H^2O = C^3H^5(AzH^2)O^2 + AzH^4Cl + O.$$

C'est le premier acide obtenu par cette méthode qui est, comme nous l'avons vu, générale.

Il possède toutes les propriétés des acides amidés : sa distillation sèche donne de l'anhydride carbonique et une amine : l'acide azoteux le transforme en un acide lactique $C^3H^6O^3$.

Il en est de même des autres acides amidés : l'acide amido-butyrique $C^4H^7(AzH^2)O^2$, l'acide amido-valérique, ou *butalanine* C^2H^9 $(AzH^2)O^2$, l'acide amido-caproïque, ou *leucine* $C^6H^{11}(AzH^2)O^2$.

Ce dernier étant particulièrement important, nous l'étudierons spécialement.

ACIDE AMIDO-CAPROIQUE (Leucine)

$$C^6H^{11}(AzH^2)O^2.$$

1241. État naturel et préparation. — L'acide amido-caproïque, qu'on a appelé autrefois *aposépédine* et qu'on appelle aujourd'hui *leucine*, existe dans l'organisme, où il parait être un produit de désassimilation.

Il se forme également de la leucine dans la putréfaction des matières albuminoïdes, telles que l'albumine, le fromage, les muscles, la gélatine, etc.

On peut la préparer en attaquant l'albumine par la baryte : on la produit aussi par les méthodes générales déjà indiquées (1235), par exemple en faisant agir l'ammoniaque sur l'acide caproïque monobromé.

1242. Propriétés. — La leucine est un corps solide, cristallisé en lamelles blanches, onctueuses au toucher. Elle fond à 170° ; elle est peu soluble dans l'eau froide, plus soluble dans l'eau bouillante et dans l'alcool.

Ses propriétés chimiques sont celles de tous les acides gras amidés

(1236). Sa distillation sèche donne de l'anhydride carbonique et de l'amylamine :

$$C^6H^{11}(AzH^2)O^2 = CO^2 + C^5H^{11}(AzH^2).$$

GÉNÉRALITÉS SUR LES AMIDES

1243. Modes de formation et préparation. — Les *amides* sont des composés qui peuvent être considérés comme des sels ammoniacaux, à acide de la série $C^nH^{2n}O^2$, qui ont perdu une molécule d'eau. Ainsi, l'acétate d'ammonium $C^2H^3O^2(AzH^4)$, en perdant une molécule d'eau, donne l'acétamide $C^2H^3OAzH^2$.

On peut envisager les amides comme dérivant de l'ammoniaque AzH^3, par remplacement d'un atome d'hydrogène par un radical d'acide. Par exemple l'acétamide $C^2H^3OAzH^2$ peut s'écrire :

$$Az \begin{cases} C^2H^3O \\ H \\ H \end{cases}$$

ce qui est sa formule de constitution.

Cette manière de voir est confirmée par la préparation des amides au moyen de l'ammoniaque et du chlorure du radical acide : c'est une méthode générale de préparation des amides.

Une autre méthode, également générale, consiste à traiter l'ammoniaque par un éther, qui contient l'acide correspondant à l'amide que l'on veut obtenir.

Tous les acides de la série grasse forment aussi des amides correspondant à leurs sels ammoniacaux et dont les principales sont la formiamide $AzH^2(CHO)$, l'acétamide $AzH^2(C^2H^3O)$, la propiamide $AzH^2(C^3H^4O)$, etc.

1244. Propriétés générales. — Les amides, chauffées en tube scellé avec de l'eau, régénèrent le sel ammoniacal dont elles dérivent.

Elles agissent sur les alcalis en donnant le sel alcalin et laissant dégager l'ammoniaque ; avec les acides, elles donnent le sel ammoniacal correspondant et l'acide acétique libre.

Sous l'influence d'actions déshydratantes, telles que celles de l'anhydride phosphorique, les amides perdent encore une molécule d'eau et donnent les nitriles. L'acétamide $C^2H^3O(AzH^2)$ donne ainsi l'acétonitrile C^2H^3Az.

1245. Amides secondaires et tertiaires. — Il résulte de ce que nous avons dit plus haut sur la formation des amides (1243), qu'elles présentent, au point de vue de la constitution, une grande analogie avec les amines : comme ces dernières, elles dérivent de l'ammoniaque par le remplacement de l'hydrogène par un radical monovalent ; seulement, dans les amines, ce radical est un radical alcoolique, tandis que dans les amides c'est un radical acide.

Or, nous avons vu (1143) qu'il existe des amines secondaires et tertiaires, résultant du remplacement de 2, ou de 3, atomes d'hydrogène par des radicaux alcooliques ; il est donc naturel de penser qu'il en est de même pour les amides.

On a en effet isolé et étudié des amides secondaires et tertiaires, résultant du remplacement de 2, ou de 3 atomes d'hydrogène par des radicaux acides. Mais ces amides n'ont aucune application et offrent peu d'intérêt.

ÉTUDE DES PRINCIPALES AMIDES

ACÉTAMIDE

$$AzH^2(C^2H^3O)$$

1246. Préparation et propriétés. — L'acétamide se produit dans la distillation sèche de l'acétate d'ammonium.

On peut la préparer par l'une des deux méthodes générales : soit en traitant l'ammoniaque par le chlorure d'acétyle, d'après l'équation :

$$C^2H^3OCl + AzH^3 = (C^2H^3O)AzH^2 + HCl,$$

soit en traitant l'ammoniaque par l'acétate d'éthyle, ou éther éthylacétique :

$$C^2H^3O^2(C^2H^5) + AzH^3 = (C^2H^3O)AzH^2 + C^2H^5OH.$$

Il se forme en même temps de l'alcool ordinaire.

L'acétamide est un liquide très volatil, d'une odeur ammoniacale, qui possède toutes les propriétés chimiques générales des amides (1244). Sous l'influence de l'eau, ou des acides, elle donne de l'acide acétique ; sous l'influence des alcalis, elle donne un acétate alcalin ; enfin, l'action de l'anhydride phosphorique lui fait perdre une molécule d'eau et la transforme en acétonitrile.

GÉNÉRALITÉS SUR LES NITRILES

1247. Modes de formation et préparation. — Les *nitriles*, comme nous l'avons dit plus haut, dérivent des amides, par perte d'une molécule d'eau : chaque amide correspondant à un acide de la série grasse peut, en perdant de l'eau, donner un nitrile ; ces composés peuvent donc aussi être considérés comme des sels ammonicaux, qui ont perdu deux molécules d'eau.

A un autre point de vue, on peut les considérer comme des cyanures du radical alcoolique immédiatement inférieur à celui qui correspond à l'acide du sel ammoniacal fournissant le nitrile.

Par exemple, l'acétate d'ammonium $C^2H^3AzH^4O^2$ donne l'acétamide $C^2H^3OAzH^2$ et l'acétonitrile C^2H^3Az. Ce dernier est le cyanure de méthyle $(CH^3)CAz$. Cette manière de voir est confirmée par la méthode générale de préparation des amides, qui consiste à traiter par la potasse le cyanure du radical alcoolique immédiatement inférieur.

Dans ce mode de constitution des nitriles, le formionitrile n'est autre chose que l'acide cyanhydrique $HCAz$.

En effet le formiate d'ammonium CHO^2AzH^4 donne la formiamide $CHO(AzH^2)$ et le formionitrile $CAzH$.

On peut obtenir les nitriles par une méthode générale, que nous avons indiquée à propos des amides et qui consiste à déshydrater les amides primaires au moyen de l'anhydride phosphorique.

Une autre méthode générale de préparation de ces corps est de faire agir le cyanure de potassium sur l'iodure du radical alcoolique immédiatement inférieur à celui qui correspond au nitrile à obtenir. Par exemple, on obtient l'acéto-nitrile en traitant le cyanure de potassium par l'iodure de méthyle :

$$CAzK + CH^3I = KI + C^2H^3Az.$$

1248. Propriétés générales. — Les nitriles sont des composés importants, surtout au point de vue théorique.

Sous l'influence de l'eau, en présence des alcalis, ils régénèrent l'acide dont ils dérivent et donnent un sel alcalin ; ainsi, l'acétonitrile C^2H^3Az, traité par la potasse et l'eau, donne de l'acétate de potassium et de l'ammoniaque :

$$C^2H^3Az + KOH + H^2O = C^2H^3O^2K + AzH^3.$$

Le plus important des nitriles est l'acide cyanhydrique, déjà étudié page 297.

COMPOSÉS DU CYANOGÈNE

1249. Généralités. — A l'étude des nitriles, se rapporte, d'après ce qui précède, l'étude des cyanures, et par conséquent du cyanogène et de ses composés.

Cette étude a été faite dans la première partie.

Nous avons également, dans la seconde partie, décrit les cyanures métalliques les plus importants, ainsi que les ferro et ferrocyanures.

Enfin, dans la troisième partie nous avons parlé de quelques cyanures de radicaux alcooliques et des éthers cyaniques.

Les seuls composés dont nous dirons ici quelques mots sont les *fulminates*.

FULMINATES

1250. Généralités. — Lorsqu'on traite l'alcool par l'azotate de mercure, ou d'argent, on obtient un corps qui détone violemment sous le choc, ou par le contact d'une flamme, et qui constitue une poudre très brisante et dangereuse à manier.

Sous l'action de l'acide chlorhydrique, ces composés dégagent de l'anhydride carbonique et donnent un sel de mercure, ou d'argent, en même temps que du chlorhydrate d'hydroxylamine $(AzH^3O)HCl$. On peut donc les considérer comme des sels de mercure, ou d'argent, dont l'acide se décompose dans cette circonstance, en donnant un dérivé ammoniacal.

Cet acide a été appelé *acide fulminique* et les composés obtenues sont les *fulminates* d'argent et de mercure.

Leurs formules sont $C^2(AzO^2)AzHg$ et $C^2(AzO^2)AzAg^2$. L'acide fulminique serait donc $C^2(AzO^2)AzH^2$.

On lui donne pour formule de constitution la suivante :

$$C = Az - O - H$$
$$\| \quad\quad\quad\quad\quad\;$$
$$C = Az - O - H$$

De sorte que le fulminate d'argent serait :

$$C = Az - O - Ag$$
$$\| \quad\quad\quad\quad\quad\;\;$$
$$C = Az - O - Ag$$

et le fulminate de mercure :

$$C = Az - O$$
$$\| \qquad\qquad \Big\rangle Hg$$
$$C = Az - O$$

1251. Fulminate de mercure. — Le fulminate de mercure se prépare en versant peu à peu de l'alcool dans une solution acide d'azotate mercurique. Il se forme un précipité blanc, cristallin, que l'on peut recueillir, mais qui ne doit être manié qu'avec de grandes précautions.

Ce corps est employé à la confection des amorces, pour provoquer la combustion de la poudre, dans les cartouches d'armes à feu, ou l'explosion des pétards de dynamite.

Pour fabriquer ces amorces, on mélange, en présence de l'eau, le fulminate de mercure avec du salpêtre, on en fait des galettes, que l'on fait sécher et que l'on réduit en poudre par un tamisage, et finalement on ajoute du sulfure d'antimoine pulvérisé. C'est ce mélange que l'on introduit dans les amorces, mais en très petite quantité, ne dépassant pas 10 centigrammes.

1252. Fulminate d'argent. — Le fulminate d'argent se prépare comme le fulminate de mercure, par l'action de l'alcool sur l'azotate d'argent.

C'est un corps solide, blanc, cristallin, très vénéneux, très explosible et qui est encore plus dangereux à manier que le fulminate de mercure.

Il existe encore d'autres fulminates métalliques, tels que le fulminate de zinc, et même des fulminates doubles, qui ont toujours les propriétés explosives des fulminates de mercure et d'argent.

CHAPITRE VII

ALCOOLS D'ATOMICITÉ SUPÉRIEURE

1253. Généralités. — Les alcools que nous avons étudiés précédemment, de formule générale $C^nH^{2n+1}OH$, tels que les alcools méthylique, éthylique, propylique, amylique, butylique, etc., primaires, secondaires, ou tertiaires, sont des alcools monoatomiques : ils contiennent tous un groupe OH, et un seul, remplaçable par un radical monovalent.

On peut les considérer comme dérivant des hydrocarbures saturés C^nH^{2n+2} par le remplacement d'un atome d'hydrogène par le groupe OH.

Il existe plusieurs autres groupes de corps, qui agissent également comme des alcools, c'est-à-dire qui fournissent par oxydation des aldéhydes, ou des acides ; seulement, ils contiennent plusieurs groupes OH remplaçables par des éléments, ou des radicaux, monovalents et on les appelle alcools polyatomiques.

Tels sont le glycol ordinaire $C^2H^4(OH)^2$, qui est un alcool diatomique, la glycérine $C^3H^5(OH)^3$, alcool triatomique, la mannite $C^6H^8(OH)^6$, alcool hexatomique, etc.

On peut les considérer aussi comme dérivant des hydrocarbures saturés, par substitution de deux, trois, ou six, éléments, ou radicaux, monoatomiques à deux, trois, ou six, atomes d'hydrogène.

Ainsi, la mannite $C^6H^8(OH)^6$ dérive de l'hydrocarbure saturé C^6H^{14} par la substitution de six groupes OH à six atomes d'hydrogène.

Nous allons étudier maintenant quelques-uns de ces alcools polyatomiques.

ALCOOLS DIATOMIQUES

1254. Généralités. — Les alcools diatomiques sont des composés qui, d'après ce que nous venons de dire, contiennent deux groupes OH, remplaçables par des éléments, ou des radicaux, monovalents.

Nous avons dit qu'ils peuvent dériver des hydrocarbures saturés ; mais on les fait généralement dériver d'autres hydrocarbures de la formule générale C^nH^{2n} et qu'on appelle des carbures éthyléniques.

Nous allons d'abord étudier ces carbures en général.

HYDROCARBURES ÉTHYLÉNIQUES

1255. Modes de production. — Les hydrocarbures éthyléniques, dont la formule générale est C^nH^{2n}, et dont le nom est dû au premier terme de la série, l'éthylène, dérivent des hydrocarbures saturés C^nH^{2n+2} par enlèvement d'hydrogène. On peut donc les obtenir en préparant d'abord un dérivé chloré, ou bromé, ou iodé, de l'hydrocarbure saturé correspondant et en lui enlevant ensuite le chlore, le brome, ou l'iode.

Mais, en général, les dérivés chlorés, ou autres, des hydrocarbures saturés correspondent, non aux chlorures, ou autres composés, des hydrocarbures éthyléniques, mais à des isomères de ces composés.

Cependant, une méthode générale de préparation consiste à traiter les alcools primaires de la série grasse, homologues des alcools méthylique et éthylique, par un corps qui leur enlève les éléments de l'eau, comme l'acide sulfurique ; en perdant ainsi une molécule d'eau, les alcools primaires de la série grasse donnent des hydrocarbures éthyléniques.

Ainsi, l'alcool éthylique C^2H^6O, traité par l'acide sulfurique au dessus de 160°, donne l'éthylène C^2H^4.

1256. Propriétés générales. — Les hydrocarbures éthyléniques ne sont pas saturés. Ils peuvent encore fixer deux atomes d'un élément, ou deux groupes, monovalents.

C'est ainsi que l'éthylène C^2H^4 donne, avec le chlore, le brome et l'iode, les composés $C^2H^4Cl^2$, $C^2H^4Br^2$, $C^2H^4I^2$. Le premier, $C^2H^4Cl^2$, appelé chlorure d'éthylène, est la liqueur des Hollandais, dont nous avons déjà parlé (369).

Ces hydrocarbures peuvent, sous l'action des corps hydrogénants, fixer deux atomes d'hydrogène, pour former des hydrocarbures saturés, Ainsi, l'éthylène C^2H^4 donne l'éthane.

Enfin, sous l'action des corps hydratants, ils donnent des glycols, en fixant deux groupes OH. Ainsi l'éthylène donne le glycol ordinaire $C^2H^4(OH)^2$.

Ces propriétés prouvent que les carbures éthyléniques constituent des groupes non saturés qui ont encore deux valences libres : on leur a donné le nom d'hydrocarbures bivalents.

D'après les décisions du Congrès de Genève, on dénomme aujourd'hui ces hydrocarbures en changeant en *ène* la terminaison *ane* de l'hydrocarbure saturé correspondant.

ÉTUDE DES PRINCIPAUX HYDROCARBURES BIVALENTS

ÉTHYLÈNE (Ethène)

$$C^2H^4$$

La formule générale des hydrocarbures bivalents étant C^nH^{2n}, le premier terme de la série devrait être CH^2; mais il n'a pas été isolé.

Le premier terme connu est celui qui correspond à $n = 2$; c'est l'éthylène C^2H^4, déjà étudié page 269.

CHLORURE D'ÉTHYLÈNE (Liqueur des Hollandais)

$$C^2H^4Cl^2$$

1257. Préparation. — Le chlorure d'éthylène, appelé aussi *liqueur des Hollandais*, parce que c'est un liquide qui fut découvert par quatre chimistes hollandais, est, comme nous l'avons vu dans la première partie (369), le résultat de l'action du chlore sur l'éthylène, à la température ordinaire et sous l'action de la lumière.

On le prépare en grande quantité, en faisant passer un courant d'éthylène dans un ballon chauffé et contenant un mélange d'acide sulfurique, de peroxyde de manganèse et de chlorure de sodium, qui produit du chlore.

Les vapeurs qui se dégagent passent dans des flacons laveurs, contenant de la potasse, puis de l'eau. Elles sont ensuite condensées dans un appareil réfrigérant. Le liquide recueilli est purifié par la distillation.

1258. Propriétés. — Le chlorure d'éthylène est un liquide incolore, d'une consistance oléagineuse, d'une odeur éthérée, d'une saveur douce. Sa densité est 1,256.

Il est peu soluble dans l'eau, très soluble au contraire dans l'alcool et l'éther. Il bout à 82°.

Au point de vue chimique, le chlorure d'éthylène fonctionne en général comme un éther du glycol $C^2H^4(OH)^2$; ainsi, sa saponification par le carbonate de sodium, en présence d'un grand excès d'eau à l'ébullition, donne du glycol :

$$C^2H^4Cl^2 + H^2O + CO^3Na^2 = 2NaCl + CO^2 + C^2H^4(OH)^2.$$

Avec les sels d'argent, le chlorure d'éthylène donne des éthers du glycol; ainsi, avec l'acétate d'argent, on a :

$$C^2H^4Cl^2 + 2C^2H^3O^2Ag = 2AgCl + C^2H^4(C^2H^3O^2)^2$$

Cependant, une solution de potasse alcoolique ne donne pas, avec le chlorure d'éthylène, de glycol ; mais elle enlève les éléments de l'acide chlorhydrique et donne l'éthylène monochloré C^2H^3Cl.

1259. Éthylènes chlorés. — L'éthylène monochloré C^2H^3Cl s'obtient, comme nous venons de le dire, en saponifiant le chlorure d'éthylène par la solution alcoolique de potasse :

$$C^2H^4Cl^2 + KOH = KCl + C^2H^3Cl + H^2O.$$

C'est un gaz incolore, d'une odeur alliacée, qui se liquéfie à — 15°.

C'est un groupe non saturé, qui peut fixer deux atomes de chlore et donner le composé $C^2H^3Cl^3$, ou chlorure d'éthylène monochloré.

Ce dernier, chauffé de nouveau avec la solution alcoolique de potasse, donne encore un dérivé formé par la perte des éléments de l'acide chlorhydrique : c'est l'éthylène bichloré $C^2H^2Cl^2$, qui n'est pas saturé et qui peut fixer deux atomes de chlore pour former le chlorure d'éthylène bichloré $C^2H^2Cl^4$.

Et ainsi de suite.

La série des éthylènes chlorés C^2H^3Cl, $C^2H^2Cl^2$, conduit au *bichlorure de carbone* C^2Cl^4, ou *éthylène perchloré*, qui a été déjà étudié page 288, et la série des chlorures d'éthylène chlorés $C^2H^3Cl^3$, $C^2H^2Cl^4$... conduit au *sesquichlorure de carbone* C^2Cl^6, ou *chlorure d'éthylène perchloré*, déjà étudié aussi page 289.

BROMURE D'ÉTHYLÈNE

$$C^2H^4Br^2$$

1260. Préparation. — Le bromure d'éthylène résulte de l'action du brome sur l'éthylène, à la température ordinaire et sous l'action de la lumière.

On l'obtient, comme le chlorure, en faisant passer un courant d'éthylène gazeux dans un flacon contenant du brome, dont l'évaporation est empêchée par une couche d'eau. Le bromure d'éthylène est lavé avec une solution de potasse, séché avec du chlorure de calcium, puis purifié par la distillation.

1261. Propriétés. — Le bromure d'éthylène est un liquide incolore, d'une odeur éthérée, d'une saveur sucrée ; sa densité est 2,103.

Il bout à 129° et cristallise par le refroidissement en lamelles incolores. Il fond à 8°.

Au point de vue chimique, il se comporte comme le chlorure d'éthylène.

Le carbonate de sodium, en présence d'un grand excès d'eau

bouillante, donne du glycol ; les sels d'argent donnent des éthers du glycol ordinaire.

Avec la potasse alcoolique, le bromure d'éthylène donne les séries des éthylènes bromés C^2H^3Br, $C^2H^2Br^2$, C^2Br^4 et des bromures d'éthylène bromés $C^2H^3Br^3$, $C^2H^2Br^4$, C^2HBr^3, C^2HBr^5 et C^2Br^6.

IODURE D'ÉTHYLÈNE

$C^2H^4I^2$

1262. Préparation et propriétés. — L'iodure d'éthylène résulte de l'action de l'iode sur l'éthylène, à la température ordinaire et sous l'action de la lumière solaire.

C'est un corps solide, cristallisé en aiguilles incolores, qui fondent à 130°.

Il est très peu stable et s'altère rapidement à la lumière ; la chaleur, à la température de 185°, le décompose immédiatement en iode et éthylène.

HYDROCARBURES HOMOLOGUES DE L'ÉTHYLÈNE

PROPYLÈNE

C^3H^6

1263. Production et propriétés. — Le propylène se produit dans la distillation sèche d'un grand nombre de composés organiques, par exemple des acides gras. On l'obtient en chauffant un mélange de mercure, d'acide chlorhydrique et d'iodure d'amyle.

On obtient un gaz incolore, d'une odeur alliacée, dont la densité est 1,498.

Il est peu soluble dans l'eau, très soluble dans l'alcool.

Il se combine directement avec le chlore et les acides analogues, pour donner, par exemple, le chlorhydrate de propylène C^3H^6HCl.

BUTYLÈNE

C^4H^8

1264. Préparation et propriétés. — Le butylène, comme le propylène, se produit dans la distillation sèche d'un grand nombre de substances organiques.

C'est un gaz incolore, d'une odeur empyreumatique, d'une densité égale à 1,926.

Il est facilement liquéfiable. Il est insoluble dans l'eau et dans l'alcool, mais très soluble dans l'éther.

Ses propriétés chimiques sont celles du précédent. Il se combine directement à l'acide chlorhydrique et aux acides analogues.

AMYLÈNE

$$C^5H^{10}$$

1265. Préparation et propriétés. — L'amylène se produit dans la décomposition de ses composés, tels que l'hydrure, le bromure d'amylène, ou l'alcool amylique.

On le prépare généralement en distillant l'alcool amylique en présence du chlorure de zinc.

C'est un liquide incolore, d'une odeur alliacée, qui a pour densité 0,652. Il bout à 39°.

Il se combine directement au chlorure et aux corps analogues, à l'acide chlorhydrique et aux acides analogues.

HEXYLÈNE

$$C^6H^{12}$$

1266. Préparation et propriétés. — On connaît plusieurs hydrocarbures isomériques répondant à cette formule. On peut les séparer les uns des autres par la différence de leur point d'ébullition.

Ils sont tous liquides et se distinguent les uns des autres par leur odeur et par leur point d'ébullition, qui est toujours inférieur à 100°.

Au point de vue chimique, ils se combinent directement au chlore et aux corps analogues, et les produits de substitution ainsi obtenus sont isomériques les uns des autres.

HEPTYLÈNE

$$C^7H^{14}$$

1267. Préparation et propriétés. — L'heptylène existe dans l'huile légère du boghead et on peut l'en retirer par distillation.

C'est un liquide incolore, d'un odeur alliacée, dont la densité est 0,97. Il bout à 94° et est soluble dans l'alcool.

Ses propriétés chimiques sont identiques avec celles des hydrocarbures précédents ; il donne avec les divers réactifs des produits de substitution.

OCTYLÈNE

$$C^8H^{16}$$

1268. Préparation et propriétés. — L'octylène se produit dans la distillation des huiles fixes, sous l'action de la chaleur.

On le prépare généralement en distillant l'alcool amylique, en présence du chlorure de zinc.

C'est un liquide incolore, d'une forte odeur empyreumatique, qui a pour densité 1,57 et qui bout à 120°.

Avec le chlore, le brome et les corps analogues, il donne des produits de substitution, comme tous les hydrocarbures précédents.

GLYCOLS

1269. Généralités. — Les alcools diatomiques, désignés sous le nom général de *glycols*, parce qu'ils sont intermédiaires entre l'alcool ordinaire, alcool monoatomique, et la glycérine, alcool triatomique, ont, comme tous les alcools monoatomiques déjà étudiés, la propriété de donner des éthers avec les acides, par remplacement du groupe OH par le groupe formé par le radical acide et l'oxygène.

Mais tandis que les acides monobasiques, tels que l'acide acétique $C^2H^3O—O—H$, ne donnent avec les alcools monoatomiques qu'un seul éther, les mêmes acides peuvent, avec les glycols, donner deux éthers.

Ainsi, avec l'acide acétique, le glycol ordinaire $C^2H^6O^2$, donne, en agissant sur une molécule d'acide :

$$C^2H^6O^2 + C^2H^4O^2 = C^2H^5O\,(C^2H^3O^2) + H^2O$$

et, en agissant, sur deux molécules :

$$C^2H^6O^2 + 2C^2H^4O^2 = C^2H^4(C^2H^3O^2)^2 + 2H^2O.$$

Le premier composé ainsi obtenu est l'éther monoacétique et le second l'éther diacétique.

On peut, d'après cela, de même que nous avons considéré les alcools monoatomiques comme des hydrates, considérer aussi les glycols comme des hydrates, mais des hydrates contenant deux groupes OH remplaçables ; de plus, tandis que les alcools monoatomiques sont des hydrates de radicaux monoatomiques, les glycols sont des hydrates des hydrocarbures bivalents.

D'après cette constitution, le glycol ordinaire $C^2H^6O^2$ s'écrira $C^2H^4(OH)^2$.

Les glycols, ou alcools diatomiques, sont désignés par le nom de l'hydrocabure dont ils dérivent, auquel on donne la terminaison *ol*, précédée du préfixe *di*.

GLYCOL ÉTHYLÉNIQUE (Éthane-diol)

$$C^2H^6O^2$$

1270. Préparation. — Le glycol éthylénique, ou glycol ordinaire, a été découvert par Wurtz, qui a défini sa fonction chimique et lui a donné son nom.

On peut l'obtenir très facilement en traitant le bromure d'éthylène $C^2H^4Br^2$ par le carbonate de sodium, en présence d'un grand excès d'eau et à la température d'ébullition :

$$C^2H^4Br^2 + H^2O + CO^3Na^2 = 2NaBr + CO^2 + C^2H^4(OH)^2.$$

1271. Propriétés physiques. — Le glycol est un liquide incolore, inodore, d'une consistance sirupeuse et d'une saveur sucrée. Sa densité est 1,125.

Il est très soluble dans l'alcool et dans l'eau et peu soluble dans l'éther. Il bout à 197°. Il n'a pas été solidifié, mais un refroidissement intense lui donne la consistance visqueuse.

Le glycol est lui-même un dissolvant : il dissout particulièrement bien la potasse et les chlorures de potassium et de sodium.

1272. Propriétés chimiques. — Comme tous les alcools, le glycol donne par oxydation des acides et, par l'action des acides, des éthers.

Le glycol est un alcool primaire, c'est-à-dire qu'il donne par oxydation un acide contenant le même nombre d'atomes de carbone ; mais c'est aussi un alcool diatomique, c'est-à-dire que son oxydation se fait en deux fois. Il se produit d'abord un corps de fonction mixte, l'acide glycolique $C^2H^4O^3$, à la fois acide monobasique et alcool monoatomique, et en second lieu l'acide oxalique $C^2H^2O^4$, acide bibasique.

De même, sous l'action des acides, le glycol fournit deux séries d'éthers. Une première série, par l'action du glycol sur une seule molécule d'acide monobasique, donne un corps de fonction intermédiaire, moitié éther et moitié alcool, et une seconde série, par l'action du glycol sur deux molécules d'acide, ou bien par l'action du premier éther sur une seule molécule d'acide, donne l'éther proprement dit.

Enfin aux oxydes des radicaux alcooliques monovalents, se rapportent les oxydes des hydrocarbures bivalents.

Nous allons étudier successivement pour le glycol chacun de ses composés : oxydes d'hydrocarbures bivalents et éthers.

OXYDE D'ÉTHYLÈNE

$$C^2H^4O$$

1273. Préparation. — L'oxyde d'éthylène, que l'on peut considérer comme du glycol déshydraté, ne se produit cependant pas par cette réaction : en déshydratant le glycol, on obtient en effet de l'aldéhyde acétique C^2H^4O, isomère de l'oxyde d'éthylène.

On l'obtient en chauffant légèrement le glycol monochlorhydrique avec de la potasse aqueuse :

$$C^2H^5ClO + KOH = KCl + C^2H^4O + H^2O.$$

Les vapeurs qui se dégagent sont condensées dans un récipient refroidi. Le liquide est purifié par une distillation au bain-marie, à la température de 15°.

1274. Propriétés. — L'oxyde d'éthylène est un liquide incolore, qui bout à 13°.

Il se combine avec l'eau, lentement à la température ordinaire, plus rapidement à 100°, pour donner du glycol :

$$C^2H^4O + H^2O = C^2H^6O.$$

Il se combine directement aux acides pour donner des éthers du glycol.

Ainsi, avec l'acide chlorhydrique il donne le composé C^2H^4O,HCl ou C^2H^5ClO, qui est le glycol monochlorhydrique ; avec l'acide acétique, il donne de même le glycol monoacétique $C^2H^5(C^2H^3O^2)O$.

Il précipite même les métaux de leurs solutions salines, à l'état d'oxydes ou d'hydrates, pour donner les éthers du glycol. Cette propriété le rapproche des alcalis.

En agissant sur l'ammoniaque, il produit une action particulièrement remarquable ; il donne des ammo[...]ques composées contenant de l'oxygène :

$$C^2H^4O + AzH^3 = AzH^2 - C^2H^4 - OH.$$

Ce composé est l'oxéthylène amine.

GLYCOL MONOCHLORHYDRIQUE
C^2H^5ClO

1275. Préparation. — Le glycol monochlorhydrique, qu'on appelle aussi *monochlorhydrine* du glycol, s'obtient en saturant le glycol de gaz acide chlorhydrique et chauffant au bain-marie, en vase clos, à la température de 100° :

$$C^2H^6O + HCl = C^2H^5ClO + H^2.$$

Après la réaction, le liquide obtenu est purifié par distillation.

1276. Propriétés. — Le glycol monochlorhydrique est un liquide incolore, insipide. Sa densité est 1,15.

Il est soluble dans l'eau et bout à 129°.

Sa saponification par les alcalis ne donne pas du glycol. Dans ces conditions, le glycol monochlorhydrique se comporte comme le chlorure d'éthylène et prend les éléments de l'acide chlorhydrique ; en même temps, il se produit de l'oxyde d'éthylène.

Le glycol monochlorhydrique agit sur les sels d'argent, comme les chlorures des radicaux alcooliques monoatomiques, et donne des éthers du glycol. Ainsi, avec l'acétate d'argent, le glycol monochlorhydrique donne le glycol monoacétique $C^2H^5(C^2H^3O^2)O$, par la réaction :

$$C^2H^5ClO + C^2H^3AgO^2 = C^2H^5O\,(C^2H^3O^2) + HCl.$$

Le groupe C^2H^5O, ou $C^2H^4 - OH$, groupe monovalent, qui remplace ici l'argent de l'acétate, joue un rôle important dans un grand nombre de composés. On lui a donné le nom d'*oxéthylène*.

En traitant le glycol monochlorhydrique par l'ammoniaque, il se produit de même des composés analogues aux amines, mais dans lesquels l'hydrogène, au lieu d'être remplacé par un radical alcoolique, est remplacé par de l'oxéthylène :

$$C^2H^5ClO + AzH^3 = AzH^2(C^2H^5O) + HCl.$$

On obtient ainsi l'oxéthylène-amine, découverte par Wurtz.

Le glycol monochlorhydrique, traité par un corps hydrogénant, tel que l'amalgame de sodium, en présence de l'eau, donne de l'alcool ordinaire :

$$C^2H^5ClO + H^2 = C^2H^5.OH + HCl.$$

C'est là une réaction qui a permis de faire la synthèse de l'alcool en passant par l'éthylène et le glycol monochlorhydrique.

GLYCOL DICHLORHYDRIQUE

$$C^2H^4Cl^2$$

Le glycol dichlorhydrique n'est autre chose que le chlorure d'éthylène, déjà étudié plus haut (1257).

ACIDE ISÉTHIONIQUE

$$SO^3H(C^2H^5O).$$

1277. Préparation. — L'acide iséthionique a été obtenu pour la première fois par Magnus, en faisant passer des vapeurs d'anhydride sulfurique dans l'alcool absolu ; c'est un éther du glycol, le glycol monosulfureux.

Pour l'obtenir, on traite le glycol monochlorhydrique par le sulfate de sodium :

$$C^2H^5ClO + SO^3HNa = NaCl + C^2H^5O(SO^3H).$$

1278. Constitution. — Sous cette formule, l'acide iséthionique représente un alcool monoatomique. Pour mettre cette propriété en évidence, on lui donne pour formule de constitution :

$$C^2H^4 \diagup^{SO^3H} _{\diagdown OH}$$

Il représente alors du glycol dont un des groupes OH est remplacé par le groupe SO³H.

On peut lui donner aussi pour formule de constitution la suivante :

$$C^2H^4 - OH$$
$$|$$
$$SO^2$$
$$|$$
$$OH,$$

ou $\qquad SO^3H(C^2H^5O)$

Il représente alors de l'acide sulfureux SO^3H^2, dont un atome d'hydrogène est remplacé par l'oxéthylène $C^2H^4 - OH$

1279. Propriétés. — L'acide iséthionique est un liquide sirupeux dont la densité est 1,05.

Il ne peut pas cristalliser.

La chaleur le décompose lorsqu'on essaie de le faire distiller.

D'après sa constitution, ce corps est un composé à fonction mixte, à la fois acide monobasique et alcool monoatomique.

Sa chloruration, au moyen du perchlorure de phosphore, par exemple, donne un chlorure, à la fois chlorure de radical acide et chlorure de radical alcool. Si l'on prend la formule détaillée :

$$C^2H^4 - OH$$
$$|$$
$$SO^2$$
$$|$$
$$OH,$$

le chlorure de radical acide résultera du remplacement du dernier OH par Cl et le chlorure du radical alcool résultera du remplacement par Cl du groupe OH de $C^2H^4 - OH$.

La chloruration complète de l'acide iséthionique donne donc le composé :

$$C^2H^4 - Cl$$
$$|$$
$$SO^2$$
$$|$$
$$Cl$$

Si l'on traite par l'eau, qui décompose à froid les chlorures de radicaux d'acide, mais non les chlorures de radicaux d'alcool, on aura la réaction :

$$\begin{array}{c} C^2H^4 - Cl \\ | \\ SO^2 \\ | \\ Cl \end{array} + H^2O = \begin{array}{c} C^2H^4 - Cl \\ | \\ SO^2 \\ | \\ OH \end{array} + HCl$$

Le composé ainsi obtenu est l'*acide chloréthylsulfureux*, $C^2H^4ClSO^3H$.

En le traitant par l'ammoniaque, on pourra remplacer le chlore par le groupe amidogène AzH^2 et obtenir la réaction :

$$\begin{array}{c} C^2H - Cl^4 \\ | \\ SO^2 \\ | \\ OH \end{array} + AzH = \begin{array}{c} C^2H^4 - AzH^2 \\ | \\ SO^2 \\ | \\ OH \end{array} + HCl.$$

On obtient ainsi l'acide amido-éthyl-sulfureux $C^2H^4AzH^2,SO^3H$, qui est identique avec la taurine, corps que l'on rencontre dans l'organisme.

TAURINE

$SO^3C^2H^7Az$

1280. État naturel et préparation. — La taurine existe dans un grand nombre de tissus animaux : on en trouve dans les muscles des mollusques, le sang des requins, le foie de la raie, les poumons du bœuf, etc.

Elle a été découverte par Gmelin dans la bile du bœuf, où elle existe à l'état d'*acide taurocholique*, où elle est combinée à l'acide cholalique.

On peut la retirer de la bile en la faisant bouillir pendant plusieurs heures avec de l'acide chlorhydrique, puis filtrant la solution. Par refroidissement il se dépose du sel marin ; on additionne ensuite d'alcool bouillant, on décante la solution et, par un nouveau refroidissement, il se dépose de la taurine cristallisée.

On peut aussi la préparer, comme nous venons de le voir, en partant de l'acide iséthionique.

1281. Propriétés. — La taurine est un corps solide, cristallisée en prismes incolores solubles dans l'eau et insolubles dans l'alcool. Sa densité est 1,2.

Elle fond à 60 degrés et se volatilise à 120 degrés.

C'est une substance très stable, qui n'est pas attaquée, même par l'eau régale.

Comme tous les acides amidés, elle donne avec l'acide azoteux l'acide iséthionique, dont elle dérive :

$$\begin{array}{ccc}
C^2H^4 - AzH^2 & & C^2H^4 - OH \\
| & & | \\
SO^2 & + \; AzO^2H \; = & SO^2 \qquad + \; 2Az + H^2O. \\
| & & | \\
OH & & OH
\end{array}$$

GÉNÉRALITÉS SUR LES AMINES ÉTHYLÉNIQUES

1282. Constitution et mode de production. — Nous avons vu précédemment que les chlorures, bromures et iodures de radicaux alcooliques monoatomiques donnent avec l'ammoniaque des amines, ou ammoniaques composées.

Il en est de même des chlorure, bromure et iodure d'éthylène. Seulement, comme l'éthylène est bivalent, les composés réagissent sur deux molécules d'ammoniaque et donnent la réaction :

$$C^3H^4Br^2 + 2AzH^3 = C^2H^4 2(AzH^2) + 2HBr.$$

Les amines éthyléniques, résultant de deux molécules d'ammoniaque, sont appelées *diamines*. Le composé C^2H^2 $2AzH^4$ est l'éthylène diamine.

On peut écrire sa formule de constitution :

$$\begin{array}{c}
AzH^2 \\
| \\
C^2H^4 \\
| \\
AzH^2
\end{array}$$

ce qui montre qu'elle représente du glycol, dont les deux groupes OH sont remplacés par deux groupes amidogènes AzH^2.

On peut aussi l'écrire :

$$\begin{array}{c}
C^2H^4 \\
| \\
Az^2 - H^2 \\
| \\
H^2
\end{array}$$

On voit alors qu'elle représente deux molécules d'ammoniaque, dont deux atomes d'hydrogène sont remplacés par l'éthylène.

L'éthylène diamine contient encore des atomes d'hydrogène remplaçables. Aussi, en le faisant agir sur l'ammoniaque, on obtient des diéthylène et triéthylène amines, ou amines secondaires et tertiaires.

La *diéthylène amine* a pour formule de constitution :

$$C^2H^4$$
$$|$$
$$Az^2 - C^2H^4$$
$$|$$
$$H^2$$

ou bien encore :

$$C^2H^4 = \left\langle \begin{matrix} AzH \\ AzH \end{matrix} \right\rangle = C^2H^4.$$

La *triéthylène amine* a de même pour formule de constitution :

$$C^2H^4$$
$$|$$
$$Az^2 - C^2H^4$$
$$|$$
$$C^2H^4$$

ou bien :

$$C^2H^4 = \left\langle \begin{matrix} Az \\ | \\ C^2H^4 \\ | \\ Az \end{matrix} \right\rangle = C^2H^4$$

1283. Propriétés générales. — Les diamines éthyléniques ont toutes les propriétées des amines des radicaux monoatomiques.

Elles se combinent avec les acides, comme l'acide chlorhydrique, pour donner des sels.

Les diamines tertiaires, comme la triéthylène amine, s'unissent aux chlorure, ou bromure d'éthylène, pour donner des sels de d'ammonium. Ainsi, en traitant la triéthylène amine par le bromure d'éthyle, on a :

$$C^2H^4$$
$$|$$
$$Az^2 - C^2H^4 + C^2H^4Br^2 = Az^2(C^2H^4)^4Br^2.$$
$$|$$
$$C^2H^4$$

Le composé ainsi obtenu est le bromure de *tétréthylène ammonium*.

On peut obtenir des amines mixtes, dans lesquelles les atomes d'hydrogène soient remplacés par des carbures éthyléniques différents, comme l'éthylène-propylène-amylène-diamine :

$$C^2H^4$$
$$|$$
$$Az^2 - C^3H^5$$
$$|$$
$$C^5H^{10}$$

On peut même remplacer deux des atomes d'hydrogène par deux radicaux d'alcool monoatomique, et obtenir ainsi par exemple l'éthylène diéthyl-diamine :

$$C^2H^4$$
$$|$$
$$Az^2 - (C^2H^5)^2$$
$$|$$
$$H^2$$

Enfin, il existe aussi des diphosphines, des diarsines, des distibines, qui résultent des diamines par substitution du phosphore, de l'arsenic, ou de l'antimoine, à l'azote.

GÉNÉRALITÉS SUR LES AMINES OXYÉTHYLÉNIQUES

1284. Mode de production et constitution. — Le glycol monochlorhydrique, traité par l'ammoniaque (1276), donne le chlorhydrate d'oxéthylène-amine $AzH^2(C^2H^4 - OH),HCl$, par la réation :

$$C^2H^5ClO + AzH^3 = AzH^2(C^2H^4 - OH)HCl.$$

L'oxéthylène amine $AzH^2(C^2H^4 - OH)$ joue donc le rôle d'une amine ; elle résulte de l'ammoniaque par le remplacement d'un atome d'hydrogène par le groupe $C^2H^4 - OH$, monovalent, qu'on appelle l'oxéthylène.

La formule de constitution de l'oxéthylène amine s'écrira donc ainsi :

$$C^2H^4 - OH$$
$$|$$
$$Az - H$$
$$|$$
$$H$$

1285 Propriétés générales. — Les amines oxéthyléniques existent en grande quantité dans la nature. On en trouve plusieurs dans les tissus organiques des animaux et c'est de là qu'elles ont été d'abord retirées.

Comme pour toutes les amines, en faisant agir deux nouvelles molécules de glycol-monochlorhydrique sur l'ammoniaque, on obtient la dioxéthylène amine :

$$2C^2H^5ClO + AzH^3 = AzH(C^2H^4 - OH)^2HCl + HCl.$$

On peut de même obtenir la trioxéthylène amine.

Les amines ordinaires se comportent comme l'ammoniaque et

donnent, avec le glycol monochlorhydrique, des acides oxyéthyléniques mixtes, dérivant de l'ammoniaque par remplacement de certains atomes d'hydrogène par un radical alcoolique monovalent et de certains autres par de l'acétylène monovalent aussi. C'est ainsi qu'on peut avoir le chlorhydrate d'éthyloxéthylène amine dont la formule est :

$$AzH(C^2H^4OH)(C^2H^5)HCl;$$

ou bien en la développant :

$$C^2H^4 - OH$$
$$|$$
$$Az - C^2H^5HCl$$
$$|$$
$$H$$

Ce composé s'unit aussi aux amines tertiaires, pour donner des sels d'oxéthylène ammonium quaternaires.

Nous allons étudier les principales amides méthyléniques que l'on rencontre dans l'organisme.

CHOLINE (NÉVRINE)

$$C^5H^{15}AzO^2$$

1286. État naturel et préparation. — Ce corps a été découvert d'abord dans la bile par Strecker, qui lui donne alors le nom de *choline* ; plus tard Libreich découvrit dans la substance du cerveau un composé qu'il appela *névrine* et qui fut reconnu pour être identique avec la choline.

On trouve de la choline dans la bile, le tissu nerveux, le cerveau, le jaune d'œuf, etc. Plusieurs chimistes l'ont retirée de ces substances, où elle existe en général à l'état de sels et principalement de stéarate, de margarate, ou de phospho-glycérate.

Wurtz a fait la synthèse de la choline en partant du glycol monochlorhydrique C^2H^5ClO et de la triméthylamine $Az(CH^3)^3$. En chauffant à 100° pendant quelques heures un mélange de ces deux corps, il obtenait la réaction :

$$C^2H^5ClO + Az(CH^3)^3 = Az(CH^2)^3(C^2H^4 - OH)Cl.$$

Le composé ainsi obtenu est le chlorure de *triméthyl oxéthylène ammonium*.

En le traitant par l'hydrate d'argent, il se fait du chlorure d'argent et de l'hydrate de triméthyloxéthylène ammonium, qui n'est autre que la choline :

$$Az(CH^3)^3(C^2H^4 - OH)Cl + AgOH = AgCl + Az(CH^3)^3(C^2H^4 - OH)OH$$

1287. Propriétés. — La choline est un liquide de consistance sirupeuse, soluble dans l'eau en toutes proportions et incristallisable. Sa densité est 1,03.

C'est un corps facilement décomposable ; par l'ébullition, elle se décompose en donnant de la triméthylamine.

C'est un alcali énergique. Elle donne avec les acides, et en particulier avec l'acide chlorhydrique, des sels facilement cristallisables.

Elle donne même des sels doubles, comme le chloroplatinate, qui est en beaux cristaux rouges.

Sous l'action des corps oxydants elle donne de la *bétaïne* $C^5H^{11}AzO^2$, ou de la *muscarine*, $C^5H^{15}AzO^3$.

BÉTAINE

$$C^5H^{11}AzO^2.$$

1288. État naturel et préparation. — La bétaïne existe dans le jus de betterave, dont elle a été retirée en 1868 par Scheibler.

On la prépare artificiellement par l'oxydation de la choline, au moyen du permanganate de potassium, d'après l'équation :

$$C^5H^{15}AzO^2 + O^2 = C^5H^{11}AzO^2 + 2H^2O.$$

1289. Propriétés. — La bétaïne est un corps solide, soluble dans l'eau et donnant par évaporation des cristaux très brillants, qui contiennent une molécule d'eau de cristallisation.

Par distillation sèche, elle se décompose et donne de la triméthylamine $Az(CH^3)^3$:

$$C^5H^{11}AzO^2 = Az(CH^3)^3 + 2CO + H^2.$$

On explique de cette façon la formation de triméthylamine dans la calcination des vinasses de betteraves (1148).

La bétaïne est sans action fâcheuse sur l'organisme.

MUSCARINE

$$C^5H^{15}AzO^3$$

1290. État naturel et préparation. — Ce corps existe dans un champignon appelé *agaricus muscarius;* c'est la *fausse oronge*, auquel il communique des propriétés très vénéneuses.

On peut l'obtenir artificiellement, en oxydant la choline par l'acide azotique :

$$C^5H^{15}AzO^2 + O = C^5H^{15}AzO^3.$$

1291. Propriétés. — La muscarine est un corps solide, soluble dans l'eau, qui cristallise en masse déliquescente.

C'est un alcali énergique, qui forme avec les acides, comme l'acide chlorhydrique, des sels bien cristallisés.

La muscarine agit très énergiquement sur l'organisme et arrête les mouvements du cœur. On peut combattre ses effets par l'atropine, alcaloïde de la belladone (1638).

GLYCOLS HOMOLOGUES DU GLYCOL ORDINAIRE

1292. Généralités. — Il y a toute une classe de glycols, homologues du glycol ordinaire, qui dérivent des carbures éthyléniques par addition de deux groupes OII. Leur formule générale est donc $C^nII^{2n}(OII)^2$, ou bien, en formule brute, $C^nII^{2n+2}O^2$. Cette dernière ne diffère de la formule brute des alcools monoatomiques que par un atome d'oxygène en plus.

Au point de vue de la fonction, tous les glycols ont la propriété de former avec les acides des éthers, et toujours deux éthers ; ce sont donc des alcools et des alcools diatomiques.

Si l'on considère ce qui se passe dans l'oxydation, on constate que certains glycols, comme le glycol ordinaire, donnent par oxydation deux acides ; le premier, qui conserve en même temps la fonction alcool monoatomique et la fonction acide monobasique, comme l'acide glycolique, dont la formule de constitution est :

$$CII^2 - OII$$
$$|$$
$$CII^2 - OII$$

Le second, qui est entièrement acide, et acide bibasique, comme l'acide oxalique :

$$CO - OII$$
$$|$$
$$CO - OII$$

D'autres glycols se comportent par oxydation d'une façon différente. Ils agissent une fois, comme alcool monoatomique primaire, une fois comme alcool monoatomique secondaire. Tel est le propylglycol $C^3II^8O^2$, qui donne par oxydation un seul acide monobasique, l'acide lactique $C^3II^6O^3$.

Il y en a d'autres qui sont deux fois alcools secondaires, puis d'autres encore qui sont à la fois alcool primaire et alcool tertiaire, ou alcool secondaire et alcool tertiaire, ou bien encore deux fois alcool tertiaire.

Enfin, les glycols présentent, comme les alcools monoatomiques, de nombreux cas d'isomérie.

Les formules de constitution des glycols permettent de se rendre compte de leurs fonctions.

Ainsi, le glycol ordinaire $C^2H^6O^2$, dont la formule de constitution est :

$$CH^2 - OH$$
$$|$$
$$CH^2 - OH$$

renferme deux fois le groupe $CH^2 - OH$, caractéristiques des alcools primaires (1112).

Le propylglycol $C^3H^8O^2$ a pour formule de constitution :

$$CH^3$$
$$|$$
$$CH - OH$$
$$|$$
$$CH^2 - OH$$

Il renferme une fois le groupe $CH^2 - OH$ des alcools primaires et une fois le groupe CH-OH des alcools secondaires (1113).

ÉTUDE PARTICULIÈRE DES PRINCIPAUX GLYCOLS

GLYCOL MÉTHYLÉNIQUE (Méthane-diol)

$$CH^4O^2$$

1293. Propriétés. — Le glycol méthylénique est inconnu, on n'a pas pu l'isoler.

Mais on en connaît plusieurs éthers, tels que le chlorure de méthylène CH^2Cl^2, le bromure de méthylène CH^2Br^2, le méthylglycol diacétique $CH^2(C^2H^3O^2)^2$, etc.

Si l'on essaie de saponifier l'un de ces éthers par un alcali, pour obtenir le méthylglycol, ce dernier se décompose en eau et aldéhyde formique :

$$CH^4O^2 = CH^2O + H^2O.$$

GLYCOL PROPYLÉNIQUE (Propane-diol)

$$C^3H^8O^2$$

1294. Préparation et propriétés. — Le glycol propylénique, ou *propylglycol*, s'obtient en saponifiant par la potasse l'acétate de propylène, obtenu par l'action de l'acétate d'argent sur le bromure de propylène.

C'est un liquide incolore, d'une consistance sirupeuse et d'une saveur douce.

L'acide azotique le décompose en acide glycolique, eau, et même, dans des conditions convenables, en acide oxalique.

GLYCOL BUTYLÉNIQUE (Butane-diol)

$$C^4H^{10}O^2$$

1295. Préparation et propriétés. — Le *butylglycol* se produit par la saponification, au moyen de la potasse, du diacétate de butylène, obtenu, comme dans le cas précédent, avec le butylène, au lieu du popylène.

C'est un liquide incolore, de consistance sirupeuse, d'une odeur légèrement aromatique et d'une saveur douce.

Sa densité est 1,048. Il bout vers 184°.

L'acide iodhydrique le réduit en iodure de butyle.

Avec l'acide azotique, il donne de l'acide butylactique, puis de l'acide oxalique.

GLYCOL AMYLÉNIQUE (Pentane-diol)

$$C^5H^{12}O^2$$

1296. Préparation et propriétés. — Le glycol amylénique, on *amylglycol*, est obtenu de la même façon que les précédents, en saponifiant par la potasse le diacétate d'amylène.

C'est un liquide incolore, très épais, d'une saveur amère, d'une odeur légèrement aromatique.

Sa densité est 0,987.

Il se solidifie à — 100° et bout à 177°.

Il s'oxyde à l'air, ou par l'action de l'acide azotique, et donne des acides, tels que l'acide butylactique.

ACIDES DÉRIVÉS DES GLYCOLS

1297. Généralités. — Les glycols donnent par oxydation des acides. Ceux qui contiennent, au moins une fois, le groupe $CH^2 - OH$ donnent par remplacement des deux atomes d'hydrogène de ce groupe des acides monobasiques, qui sont en même temps alcools monoatomiques, et qu'on appelle des *acides alcools*. Leur formule générale, déduite de la formule brute $C^nH^{2n+2}O^2$ des glycols, est $C^nH^{2n}O^3$.

Ceux qui contiennent deux fois le groupe $CH^2 - OH$ donnent, par

remplacement de H^2 par O dans les deux groupes, des acides bibasiques. Leur formule générale brute est $C^nH^nO^4$.

Les acides bibasiques se dénomment, en ajoutant au nom de l'hydrocarbure dont ils dérivent la terminaison *oïque*, précédée du préfixe *di*.

Nous allons étudier les principaux acides de ces deux groupes.

ÉTUDE DES PRINCIPAUX ACIDES-ALCOOLS

ACIDE GLYCOLIQUE

$$C^2H^4O^3$$

1298. Préparation. — L'acide glycolique est le premier terme
d'oxydation du glycol éthylénique.

On peut l'obtenir en oxydant le glycol avec ménagement, au
moyen de l'acide azotique par exemple :

$$C^2H^6O^2 + O^2 = C^2H^4O^3 + H^2O.$$

On peut le considérer comme dérivant de l'acide acétique $C^2H^4O^2$
par le remplacement d'un atome d'hydrogène par le groupe oxhydryle
OH ; sa formule de constitution :

$$\begin{array}{l} CH^2 - OH \\ | \\ CO - OH \end{array}$$

peut en effet dériver de celle de l'acide acétique :

$$\begin{array}{l} CH^3 \\ | \\ CO - OH, \end{array}$$

par le remplacement qui vient d'être indiqué.

Cette manière de voir est confirmée par une méthode de préparation, qui consiste à traiter l'acide monochloracétique $C^2H^3ClO^2$ par
l'hydrate d'argent AgOH :

$$C^2H^3ClO^2 + AgOH = C^2H^3(OH)O^2 + AgCl.$$

1299. Propriétés. — L'acide glycolique est un liquide incolore,
d'une consistance oléagineuse.

Ses propriétés chimiques résultent de sa double fonction d'acide
monobasique et d'alcool monoatomique.

Avec les métaux, il donne des sels, dont la formule générale est,
M' représentant un métal monovalent, comme le sodium :

$$\begin{array}{l} CH^2 - OH \\ | \\ CO^2M' \end{array}$$

Avec les alcools, il donne des éthers, dont la formule générale est analogue ; par exemple avec l'alcool éthylique, ou hydrate d'éthyle, $(C^2H^5)OH$, il donne l'éther glycolique :

$$CH^2 - OH$$
$$|$$
$$CO^2(C^2H^5)$$

Agissant au contraire, comme un alcool par son groupe $CH^2 - OH$, il donne avec les acides des éthers, par remplacement de l'hydroxyle OH de ce groupe par le chlore, le brome, l'iode, ou un radical d'acide.

Ainsi, avec l'acide chlorhydrique, on obtient le composé :

$$CH^2 - Cl$$
$$|$$
$$CO^2H$$

qui est l'acide monochloracétique.

On peut aussi remplacer, comme dans tous les alcools primaires, l'hydrogène de l'oxhydryle du groupe $CH^2 - OH$ par un radical alcoolique monovalent et obtenir le composé :

$$CH^2 - O(C^2H^5)$$
$$|$$
$$CO^2H$$

qui est l'acide éthyl-glycolique et qui fonctionne à la fois comme un acide monobasique et comme l'éther ordinaire.

La substitution peut même porter à la fois sur les deux groupes oxhydryles de $CH - OH$ et de $CO - OH$, ce qui donnera par exemple une sorte de sel dont la formule est :

$$CH^2 - O(C^2H^5)$$
$$|$$
$$CO - O(C^2H^5)$$

et qu'on appelle l'éthyl-glycolate d'éthyle.

ACIDE LACTIQUE

$$C^3H^6O^3$$

1300. État naturel et préparation. — L'acide lactique a été retiré par Scheele du lait fermenté. Les liquides sucrés, comme le jus de betteraves, produisent aussi de l'acide lactique, sous l'influence d'un ferment spécial, appelé *ferment lactique*, et différent de la levure de bière, ou *ferment alcoolique*.

Pour obtenir l'acide lactique, on peut employer une solution de glucose, à laquelle on ajoute du lait, un peu de vieux fromage et de la craie. Au bout d'environ dix jours, le glucose s'est transformé en acide lactique et, avec la craie, a donné du lactate de calcium.

Si l'on abandonne encore la liqueur à elle-même, il se produit une nouvelle fermentation donnant lieu à de l'acide butyrique ; mais, si l'on veut obtenir l'acide lactique, on additionne immédiatement d'eau, on fait bouillir, on filtre et l'on concentre par évaporation le liquide filtré. On recueille par refroidissement le lactate de calcium pur, que l'on dissout dans l'eau et que l'on décompose par de l'acide sulfurique étendu et versé doucement. On filtre et l'on concentre par évaporation.

L'acide lactique est le produit de l'oxydation du propylglycol $C^3H^8O^2$.

On peut l'obtenir par un procédé général de synthèse déjà employé pour l'acide glycolique (1298) et qui consiste à traiter l'acide monochloropropionique par l'hydrate d'argent :

$$\begin{array}{ccc}
CH^3 & & CH^3 \\
| & & | \\
CH-Cl + AgOH = AgCl + & CH-OH \\
| & & | \\
CO-OH & & CO-OH
\end{array}$$

L'équation de la réaction telle qu'elle est écrite indique bien la constitution de l'acide lactique, à la fois acide monobasique par le groupe CO — OH et alcool secondaire par le groupe CH — OH.

1301. Propriétés. — L'acide lactique est un liquide incolore, de consistance sirupeuse, d'une saveur très acide. Sa densité est 1,105.

Il ne se solidifie pas par le refroidissement.

Lorsqu'on essaye de le distiller, il se décompose.

Il agit comme un acide monobasique et donne avec les métaux des sels bien cristallisés, tels que les lactates de fer, etc., employés en médecine comme ferrugineux.

Il agit aussi comme un alcool et sous l'action des acides donne des éthers, résultant du remplacement de l'oxhydryle dans le groupe CH — OH par du chlore, du brome, etc. Ainsi, avec l'acide chlorhydrique, on a la réaction :

$$\begin{array}{ccc}
CH^3 & & CH^3 \\
| & & | \\
CH-OH + HCl = & CH-Cl + & H^2O \\
| & & | \\
CO-OH & & CO-OH
\end{array}$$

Le composé ainsi obtenu est l'acide monochlorpropionique, de même qu'avec l'acide glycolique et l'acide chlorhydrique on obtient l'acide monochloracétique.

1302 Acide paralactique. — L'acide paralactique est un isomère de l'acide lactique ordinaire, dont il diffère par son action sur la lumière polarisée; il dévie à droite le plan de polarisation.

Il a été découvert dans le liquide qui baigne les muscles.

1303. Acide éthyléno-lactique. — L'acide éthyléno-lactique est un isomère de l'acide lactique ordinaire, qui a été découvert par Berzélius également dans le liquide qui baigne les muscles.

On lui donne souvent le nom d'*acide sarcolactique*.

ÉTUDE DES PRINCIPAUX ACIDES BIBASIQUES.

ACIDE CARBONIQUE

$$CO^3H^2$$

1304. Propriétés. — L'acide carbonique CO^3H^2 est le résultat de l'oxydation complète du glycol méthylénique, ou plutôt de ses éthers puisque ce glycol lui-même est inconnu.

A la formule de constitution du glycol méthylénique :

$$\begin{array}{c} OH \\ | \\ CH^2 \\ | \\ OH \end{array}$$

correspond la formule de constitution de l'acide carbonique

$$\begin{array}{c} OH \\ | \\ C = O \\ | \\ OH \end{array}$$

et celle des sels de cet acide, qui, formés par un métal monovalent M sont :

$$\begin{array}{c} OM' \\ | \\ C = O \\ | \\ OM' \end{array}$$

L'acide carbonique est très instable. M. Wroblewski l'a obtenu isolé à 0° et sous la pression de 12 atmosphères.

Dans les conditions ordinaires, il se décompose spontanément en eau et anhydride carbonique gazeux CO^2, qui a déjà été étudié (381).

$$CO^3H^2 = CO^2 + H^2O.$$

AMIDES DÉRIVÉES DES ACIDES BIBASIQUES

1305. Généralités. — Nous avons déjà dit (1243) que l'on appelle amides des composés, qui peuvent être considérés comme des sels ammoniacaux, moins de l'eau.

Les acides monobasiques de la série grasse ne donnent qu'un sel ammoniacal et par conséquent une seule amide, par perte d'une molécule d'eau.

Les acides bibasiques, dérivés des glycols, donnent deux sels ammoniacaux, un sel acide et un sel neutre, et chacun de ces sels, en perdant deux molécules d'eau, donne une amide.

Pour les distinguer, on appelle *imides* celles qui dérivent du sel acide et *amides* celles qui dérivent du sel neutre.

Nous allons étudier les imide et amide carboniques.

CARBIMIDE

$COAzH$

1306. Propriétés. — L'imide carbonique, ou *carbimide*, est le composé que nous avons déjà étudié page 299, sous le nom d'acide cyanique, et auquel nous avons donné pour formule $CAzOH$.

Il présente deux cas de polymérie : on connaît en effet l'*acide cyanurique* $C^3O^3Az^3H^3$ et la *cyamélide*, de même formule et par conséquent isomère de l'acide cyanique.

Nous avons décrit également des sels, tels que le cyanate de potassium (413) et des composés (1103) dérivant de la carbimide par le remplacement de l'hydrogène par des radicaux alcooliques, et qu'on appelle des éthers cyaniques, ou, mieux, des *métyl*, *éthyl...*, *carbimides*.

Enfin, nous avons également étudié (418) un dérivé sulfuré de la carbimide, $CSAzH$, sous le nom d'acide sulfocyanique, et aussi quelques-uns de ses sels (549).

CARBAMIDE (Urée)

$COAz^2H^4$

1307. Etat naturel et préparation. — La carbamide, ou *urée*, a été retirée de l'urine dès la fin du XVIIIe siècle.

Cette substance existe dans l'urine de l'homme et des animaux carnivores ; on en trouve aussi dans le sang, la sueur et plusieurs autres liquides de l'organisme.

Pour extraire l'urée de l'urine, on évapore ce liquide à consistance sirupeuse, on laisse refroidir et on ajoute un excès d'acide azotique. Il se forme de l'azotate d'urée, qui cristallise et que l'on peut recueillir.

On lave les cristaux d'azotate d'urée, pour les débarrasser de leurs impuretés, et surtout de l'excès d'acide, on les dissout dans l'eau chaude et l'on décompose par le carbonate de potassium la solution concentrée d'azotate d'urée. Il se dégage de l'anhydride carbonique et il se forme de l'azotate de potassium soluble et de l'urée peu soluble.

En évaporant et reprenant la masse par l'alcool, qui dissout l'urée seule, on a une solution alcoolique d'urée, que l'on fait évaporer.

Aujourd'hui, on a abandonné cette méthode longue et désagréable et l'on prépare l'urée par une méthode synthétique, due à Wœhler.

On part du cyanate de potassium, obtenu en grillant un mélange de peroxyde de manganèse et de ferrocyanure de potassium. On reprend la masse par l'eau froide, on ajoute du sulfate d'ammonium et il se forme du cyanate d'ammonium $COAz(AzH^4)$, qui se transforme peu à peu en urée $COAz^2H^4$, isomère du cyanate d'ammonium.

En évaporant la solution et retirant le sulfate de potassium à mesure qu'il se dépose, on obtient une masse, qu'il suffit de reprendre par l'alcool bouillant pour dissoudre l'urée.

L'urée a été encore préparée par synthèse dans plusieurs circonstances, par exemple dans l'action du chlorure de carbonyle $COCl^2$ sur l'ammoniaque (Natansen) ou par l'électrolyse d'une solution d'ammoniaque avec des électrodes en charbon (Millot).

1308. Propriétés physiques. — L'urée est un corps solide, incolore, de saveur fraiche, de densité 1,2.

Elle est soluble dans l'eau froide et dans l'alcool bouillant et cristallise par évaporation en tablettes prismatiques.

Sa solution dans l'eau abaisse considérablement la température.

Elle fond à 132° et se décompose avant de distiller.

1309. Propriétés chimiques. — La chaleur décompose l'urée : il se dégage de l'ammoniaque et du carbonate d'ammonium et il reste un résidu d'acide cyanurique.

Chauffée en vase clos en présence de l'eau, l'urée donne du carbonate neutre d'ammonium :

$$COAz^2H^4 + 2H^2O = CO^3(AzH^4)^2.$$

Quand on fait bouillir l'urée avec un alcali, tel que la potasse, la chaux, il se forme du carbonate neutre de potassium, de calcium, et il se dégage de l'ammoniaque :

$$COAz^2H^4 + 2KOH = CO^3K^2 + 2AzH^3.$$

Traitée par l'acide sulfurique concentré, elle se dédouble et donne de l'anhydride carbonique et du sulfate d'ammonium.

$$COAz^2H^4 + SO^4H^2 + H^2O = SO^4(AzH^4)^2 + CO^3H^2.$$

L'urine, quand elle est exposée à l'air, subit une fermentation, due à une sorte de diastase et que l'on appelle la fermentation ammoniacale. Elle dégage une forte odeur d'ammoniaque et, en même temps, il se forme du carbonate-acide d'ammonium.

Cette action est due à une transformation de l'urée, qui, sous l'influence du ferment, fixe les éléments de l'eau :

$$COAz^2H^4 + 2H^2O = CO^3H(AzH^4) + AzH^3.$$

L'urée se comporte souvent comme une base; elle s'unit à certains acides, comme l'acide azotique, l'acide oxalique, pour donner des sels, l'azotate, ou l'oxalate, d'urée, qui cristallisent bien.

Elle s'unit aussi à certains oxydes métalliques et même à certains sels.

Le chlore et les hypochlorites décomposent l'urée en donnant de l'azote et de l'anhydride carbonique :

$$COAz^2H^4 + 6Cl + H^2O = CO^2 + Az^2 + 6HCl.$$

De là l'usage du chlore et des chlorures décolorants comme désinfectants dans les fosses d'aisance ; ils décomposent l'urée et empêchent la fermentation ammoniacale.

Le brome et les hypobromites agissent de la même façon. On a même fondé sur cette réaction une méthode de dosage de l'urine, d'après la quantité d'azote dégagée.

1310. Urées composées. — L'hydrogène de l'urée peut être remplacé par des radicaux alcooliques ; on obtient alors les *urées composées*, dont la découverte est due à Wurtz.

C'est ainsi que l'on connaît l'éthyl-urée $COAz^2H^3(C^2H^5)$, la diéthyl- $COAz^2H^2(C^2H^5)^2$, etc.

Une méthode générale de préparation des urées composées consiste à décomposer l'acide cyanique par les amines. Par exemple, en faisant agir l'acide cyanique $COAzH$ sur l'éthylamine $AzH^2(C^2H^5)$, on obtiendra l'éthylurée :

$$COAzH + AzH^2(C^2H^5) = COAz^2H^3(C^2H^5).$$

Les urées composées qui contiennent plusieurs radicaux alcooliques s'obtiendront de même, en faisant agir un éther cyanique sur une amine. Ainsi, la diéthylurée s'obtiendra par l'action du cyanate d'éthyle $COAz(C^2H^5)$ sur l'éthylamine $AzH^2(C^2H^5)$:

$$COAz(C^2H^5) + AzH^2 (C^2H^5) = COAz^2H^2(C^2H^5)^2.$$

BIURET

$$C^2H^5Az^3O^2$$

1311. Préparation. — Le biuret se prépare par la distillation sèche de l'urée, ou de l'azotate d'urée, à la température de 160°.

Le résidu, dissous dans l'eau bouillante, précipité par l'acétate de plomb, puis débarrassé de l'excès de plomb par un courant d'hydrogène sulfuré, est filtré et soumis à l'évaporation.

Le biuret cristallise par le refroidissement.

1312. Propriétés. — Le biuret est un corps solide, incolore, très soluble dans l'eau et l'alcool et cristallisable.

Le biuret est soluble, sans décomposition, dans l'acide sulfurique.

Chauffé, le biuret se décompose en ammoniaque et acide cyanurique :

$$3C^2H^5Az^3O^2 = 2C^3H^3Az^3O^3 + 3AzH^3.$$

Les acides chlorhydrique et azotique, concentrés et bouillants, décomposent le biuret et donnent, entre autres produits, de l'acide cyanurique.

Le biuret est, par sa constitution, un isomère du cyanurate d'urée.

ACIDE OXALIQUE (ACIDE ÉTHANE DIOÏQUE)

$$C^2H^2O^4$$

1313. État naturel et préparation. — L'acide oxalique existe, à l'état d'oxalate de potassium, dans le suc de l'oseille ; Scheele l'en a retiré en pilant de l'oseille dans un mortier, décantant le jus, qu'il décolorait par de l'argile, et qu'il traitait par de l'acétate de plomb ; en recueillant l'oxalate de plomb, qui précipite, le mettant en suspension dans l'eau et le décomposant par un courant d'hydrogène sulfuré, on obtient une solution d'acide oxalique.

Dans l'industrie, on le prépare à l'aide des mélasses de sucre, ou de la sciure de bois.

Les sirops, d'où s'est déposé le sucre cristallisé, laissent un résidu, appelé *mélasse*. En faisant bouillir la mélasse avec de l'acide azotique, jusqu'à ce qu'il ne se dégage plus de vapeurs nitreuses, il se produit de l'acide oxalique, par la réaction :

$$C^6H^{12}O^6 + O^9 = 3C^2H^2O^4 + 3H^2O.$$

Pour transformer la sciure de bois en acide oxalique, on la traite par une lessive alcaline concentrée. On fait une pâte, en versant de la sciure de bois dans des solutions mélangées et très concentrées de potasse et de soude, et l'on chauffe à la température d'ébullition. On obtient ainsi un mélange d'oxalates alcalins, que l'on décompose par un lait de chaux, qui donne de l'oxalate de calcium insoluble. Ce sel recueilli est décomposé par l'acide sulfurique.

1314. Propriétés. — L'acide oxalique est un corps solide, soluble dans l'eau, surtout dans l'eau bouillante, et dans l'alcool; ses solutions ont une forte saveur acide.

Il cristallise en prismes, avec deux molécules d'eau de cristallisation.

Ses cristaux s'effleurissent à l'air. Sous l'action de la chaleur, ils se déshydratent progressivement, puis, une fois anhydres, se décomposent à une température plus élevée en donnant de l'acide formique CH^2O^2, de l'anhydride carbonique, de l'oxyde de carbone et de l'eau :

$$2C^2H^2O^4 = CH^2O^2 + 2CO^2 + 12CO + H^2O.$$

Sous l'action de l'acide sulfurique, à la température d'ébullition, il se décompose en anhydride carbonique et oxyde de carbone, réaction utilisée pour la préparation de ce dernier gaz (377) :

$$C^2H^2O^4 = CO^2 + CO + H^2O.$$

L'acide azotique bouillant le transforme peu à peu en anhydride carbonique et eau :

$$C^2H^2O^4 + O = 2CO^2 + H^2O.$$

C'est un acide énergique, qui forme avec les métaux des sels importants, appelés *oxalates*.

L'acide oxalique est bibasique ; il donne des oxalates *acides* et des oxalates *neutres*.

L'acide oxalique est très vénéneux ; il produit la mort à la dose de 10 centigrammes. Il en est de même des oxalates.

1315. Usages. — L'acide oxalique est employé en teinture comme rongeant, pour enlever la couleur par places. On l'utilise en particulier dans la fabrication des étoffes dites *indiennes*.

Le ménagères emploient, sous le nom d'*eau de cuivre*, une solution étendue d'acide oxalique.

ÉTUDE DES PRINCIPAUX OXALATES

OXALATE ACIDE DE POTASSIUM

$$C^2HO^4K$$

1316. État naturel et préparation. — L'oxalate acide de potassium, ou *sel d'oseille* du commerce, existe dans le suc de l'oseille, d'où l'on peut le retirer, après décoloration, par évaporation et cristallisation.

On peut l'obtenir aussi en traitant l'acide oxalique par le carbonate de potassium, ou la potasse, en quantité convenable.

1317. Propriétés. — L'oxalate acide de potassium est un corps solide, blanc, soluble dans l'eau, d'une saveur très acide.

Il cristallise en prismes, qui contiennent une molécule d'eau de cristallisation.

Il détruit les couleurs, et en particulier les couleurs fournies par les composés du fer et du manganèse.

1318. Usages. — L'oxalate acide de potassium est employé pour enlever les taches d'encre sur les tissus; mais son emploi exige quelques précautions, parce qu'il est acide et qu'un excès d'oxalate produirait une tache rouge.

On l'emploie comme rongeant dans les fabriques d'indiennes, au lieu de l'acide oxalique.

OXALATE NEUTRE DE POTASSIUM

$$C^2O^4K^2$$

1319. Préparation et propriétés. — L'oxalate neutre de potassium se prépare en saturant l'oxalate acide par le carbonate de potassium.

C'est un sel solide, soluble dans l'eau et cristallisable avec une molécule d'eau de cristallisation.

Il est utilisé en photographie, pour la confection du *développateur au fer*.

OXALATE NEUTRE D'AMMONIUM

$$C^2O^4(AzH^4)^2$$

1320. Préparation. — L'oxalate neutre d'ammonium s'obtient en saturant d'ammoniaque une solution d'acide oxalique :

$$C^2O^4H^2 + 2AzH^3 = C^2O^4(AzH^4)^2.$$

En faisant évaporer, on obtient des cristaux d'oxalate d'ammonium.

1321. Propriétés et usages. — L'oxalate neutre d'ammonium est un sel soluble dans l'eau, qui cristallise en prismes incolores avec une molécule d'eau de cristallisation.

Sa solution précipite les sels de calcium et est employée dans l'analyse minérale, pour reconnaître la présence de ces sels.

OXAMIDE

$$C^2O^2 (AzH^2)^2$$

1322. Préparation. — L'oxamide, comme son nom l'indique, dérive de l'oxalate d'ammonium par enlèvement de deux molécules d'eau.

On peut l'obtenir en chauffant l'oxalate neutre d'ammonium :

$$C^2O^4(AzH^4)^2 = C^2O^2(AzH^2)^2 + 2H^2O.$$

On l'obtient également en traitant par l'ammoniaque un éther de l'acide oxalique, tel que l'oxalate d'éthyle $C^2O^4(C^2H^5)^2$:

$$C^2O^4(C^2H^5)^2 + 2AzH^3 = C^2O^2(AzH^2)^2 + 2(C^2H^5)OH.$$

1323. Propriétés. — L'oxamide est un corps solide, blanc, pulvérulent et amorphe, insoluble dans l'eau.

Chauffée avec de l'anhydride phosphorique, elle perd de nouveau deux molécules d'eau et donne l'*oxalo-nitrile* C^2Az^2, qui n'est autre que le cyanogène, déjà étudié (404).

OXALATE DE MÉTHYLE

$$C^2O^4(CH^3)^2$$

Voir page 619.

OXALATE DE CALCIUM

$$C^2O^4Ca$$

1324. État naturel, préparation et propriétés. — L'oxalate de calcium existe dans un grand nombre de tissus végétaux et forme les calculs urinaires.

On le prépare artificiellement, en traitant un sel soluble de calcium par un oxalate alcalin.

C'est un corps solide, blanc, pulvérulent, qui est peu soluble dans l'eau, mais que l'on peut cependant obtenir cristallisé avec cinq molécules d'eau de cristallisation.

OXALATE FERREUX

C^2O^4Fe

1325. Préparation et propriétés. — L'oxalate ferreux se prépare en mélangeant l'oxalate neutre de potassium avec le sulfate ferreux. Il se forme une liqueur rouge orangée, qui, par évaporation, laisse déposer une poudre jaune.

La solution d'oxalate ferreux est employée comme développateur, en photographie.

L'oxalate ferreux solide est facilement réduit par l'hydrogène et sert à faire le *fer réduit*.

CARACTÈRES GÉNÉRIQUES DES OXALATES

1326. Action des réactifs. — Les oxalates sont décomposés par la chaleur, sans laisser de résidu de charbon.

Leurs solutions sont précipitées en blanc par le chlorure de baryum et par l'azotate d'argent. L'acide sulfurique, sous l'action de la chaleur, décompose les oxalates, en dégageant un mélange d'anhydride carbonique et d'oxyde de carbone.

ACIDE MALONIQUE

$C^3H^4O^4$

1327. Préparation et propriétés. — Lorsqu'on traite le monochloracétate de sodium par le cyanure de potassium, on obtient du chlorure de potassium et un sel de sodium, dont l'acide est de l'acide acétique ayant un atome d'hydrogène remplacé par du cyanogène :

$$C^2H^2ClO^2Na + KCAz = KCl + C^2H^2(CAz)O^2Na$$

Ce sel est appelé le *cyanacétate* de sodium.

Quand on le fait bouillir avec une solution de soude, il se forme du malonate de sodium et de l'ammoniaque, qui se dégage, d'après l'équation :

$$C^2H^2(CAz)O^2Na + NaOH + H^2O = C^3H^2O^4Na^2 + AzH^3$$

En décomposant par l'acide sulfurique le malonate ainsi obtenu, transformé en malonate de calcium, on obtient l'acide malonique.

C'est un corps solide, cristallisable, fusible à 140°.

Il a été utilisé pour la réalisation de certaines synthèses en chimie organique. Mais il est peu important.

ACIDE SUCCINIQUE

$$C^4H^6O^4$$

1328. Préparation. — L'acide succinique a été obtenu pour la première fois, par Agricola, en faisant la distillation sèche de l'ambre jaune, ou *succin ;* de là le nom qui lui a été donné.

Il se produit dans l'oxydation d'un grand nombre d'acides de la série grasse, tels que les acides butyrique, stéarique, etc.

Mais, le plus généralement on le prépare au moyen de l'acide malique $C^4H^6O^5$, que l'on rencontre en grande quantité dans les fruits acides, tels que les pommes vertes, les cerises, etc., ou de l'acide tartrique $C^4H^6O^6$, abondant dans les fruits mûrs.

La transformation de l'acide malique en acide succinique est une véritable fermentation, qui s'effectue sous l'influence d'un ferment spécial.

Si l'on met dans l'eau du malate de calcium et un peu de fromage blanc et qu'on abandonne le mélange à l'air, pendant environ cinq jours, le malate de calcium est transformé en succinate. On recueille ce sel, on le dissout dans l'eau, on le décompose par l'acide sulfurique et l'on dissout l'acide succinique dans l'alcool. La solution alcoolique est ensuite évaporée.

Sous l'influence de l'acide iodhydrique, les acides malique et tartrique donnent de l'acide succinique :

$$C^4H^6O^5 + 2HI = C^4H^6O^4 + H^2O + 2I ;$$
$$C^4H^6O^6 + 4HI = C^4H^6O^4 + 2H^2O + 4I.$$

M. Pasteur a montré qu'il se produit toujours de l'acide succinique dans la fermentation des liquides sucrés, sous l'influence de la levure de bière.

La synthèse de l'acide succinique a été réalisée par M. Sympton, en traitant le dicyanure d'éthylène $C^2H^4(CAz)^2$ par la potasse. Il se forme du succinate de potassium, d'après l'équation :

$$C^2H^4(CAz)^2 + 2KOH + 2H^2O = C^4H^4O^4K^2 + 2AzH^3$$

Cette synthèse a conduit à donner à l'acide succinique la formule de constitution suivante :

$$\begin{array}{c} CO^2H \\ | \\ CH^2 \\ | \\ CH^2 \\ | \\ CO^2H \end{array}$$

1329. Propriétés. — L'acide succinique est un corps solide, soluble dans l'eau, fusible à 180°.

On peut l'obtenir en cristaux volumineux et incolores. La chaleur le déshydrate et le transforme en anhydride succinique $C^4H^4O^3$.

Sous l'action du brome, il donne deux produits de substitution, les acides monobromosuccinique $C^4H^5BrO^4$ et dibromosuccinique $C^4H^4Br^2O^4$.

L'acide succinique a peu d'importance. Ses deux dérivés bromés ont servi à faire la synthèse des acides malique et tartrique.

1330. Acide isosuccinique. — L'acide isosuccinique est un isomère de l'acide succinique, qui s'obtient dans l'action de l'acide sulfurique sur le succin.

C'est un liquide incolore, d'une odeur vive et pénétrante, d'une saveur acide; sa densité est 1,57. Il bout à 184°.

ACIDE PYROTARTRIQUE

$$C^5H^8O^4$$

1331. Préparation et propriétés. — L'acide pyrotartrique se produit dans la distillation sèche de l'acide tartrique.

L'acide tartrique, mélangé de pierre ponce, est doucement chauffé. Le résidu est repris par l'eau bouillante, la liqueur est filtrée, évaporée et abandonnée au refroidissement.

L'acide pyrotartrique se dépose alors en prismes rhomboïdaux, solubles dans l'eau et fusibles à 112°.

La chaleur ne le volatilise pas sans décomposition.

ACIDE ADIPIQUE

$$C^6H^{10}O^4$$

1332. Préparation et propriétés. — L'acide adipique se prépare en soumettant à la distillation un mélange d'acide azotique avec les acides gras.

On obtient, par condensation des vapeurs, des cristaux tabulaires, brillants, très solubles dans l'eau et l'éther et fusibles à 148°.

ACIDE PIMÉLIQUE

$$C^7H^{12}O^4$$

1333. Préparation et propriétés. — L'acide pimélique peut s'obtenir comme le précédent, par l'action de l'acide azotique sur les acides gras, ou bien par l'action de la potassse sur l'acide camphorique. C'est un corps solide, très soluble dans l'eau et cristallisable.

ACIDE SUBÉRIQUE

$$C^8 H^{14} O^4$$

1334. Préparation et propriétés. — L'acide subérique se produit dans l'action de l'acide azotique sur le liège.

C'est un corps solide, cristallisé, peu soluble dans l'eau.

Il donne avec les hydrates métalliques des sels bien cristallisés.

CHAPITRE VIII

ALCOOLS TRIATOMIQUES. — GLYCÉRINE. — CORPS GRAS. — SAVONS ET BOUGIES
SÉRIE ALLYLIQUE. — SÉRIE ACRYLIQUE

ALCOOLS TRIATOMIQUES

1335. Généralités. — Les alcools triatomiques contiennent trois molécules d'oxygène, ou plutôt trois fois le groupe oxhydryle OH, uni à un radical.

Nous avons déjà montré (1112) que les alcools dérivent des hydrocarbures saturés par la substitution d'un groupe OH à un atome d'hydrogène, les glycols par la substitution de deux groupes OH ; les alcools triatomiques, ou *glycérines*, en dérivent aussi, par la substitution de trois groupes OH à trois atomes d'hydrogène.

Ainsi la propylglycérine, ou glycérine ordinaire, dérive de l'hydrure de propyle, ou propane, C^3H^8, par la substitution de trois groupes OH à trois atomes d'hydrogène et sa formule est $C^3H^5(OH)^3$.

C^3H^5 est un radical trivalent, appelé le *glycéryle*.

Les alcools triatomiques connus sont peu nombreux. Ce sont : la propylglycérine, ou simplement la glycérine, $C^3H^5(OH)^3$, la butylglycérine $C^4H^7(OH)^3$, l'amylglycérine $C^5H^9(OH)^3$ et l'hexylglycérine $C^6H^{11}(OH)^3$. Le seul important est la glycérine ordinaire.

Les alcools triatomiques sont désignés par le nom de l'hydrocarbure dont ils dérivent, auquel on donne la terminaison *ol*, précédée du préfixe *tri*.

GLYCÉRINE (Propane-triol)

$C^3H^8O^3$

1336. Circonstances de production et préparation. — La glycérine a été découverte par Scheele dans les résidus de la fabrication de *l'emplâtre simple.*

Pour préparer cet emplâtre, on fait bouillir dans une marmite en fonte de l'eau, de l'axonge, ou graisse de porc, et de la litharge, ou oxyde de plomb. Il se produit des sels de plomb à acides gras, un mélange de stéarate et de margarate de plomb, insolubles, qui constitue l'emplâtre simple, et le liquide contient de la glycérine.

Pour la recueillir, on décante le liquide, on y fait passer un courant d'hydrogène sulfuré, pour en précipiter le plomb qu'il peut contenir, on filtre et on évapore à consistance sirupeuse.

Par concentration dans le vide, on a la glycérine pure. Chevreul, dans ses études sur les corps gras, a montré que les corps gras neutres, les graisses et les huiles, sont des éthers de la glycérine, et leur dédoublement par les oxydes, ou les hydrates, en glycérine et sels à acides gras est un cas particulier de la *saponification* des éthers : c'est la réaction qui se produit dans la fabrication des savons, ainsi que nous le verrons plus loin (1352), d'où le nom qui lui a été donné.

Aujourd'hui, la plus grande partie de la glycérine du commerce est obtenue dans la fabrication des savons et, surtout, des bougies stéariques.

M. Berthelot a pu reproduire les corps gras, en traitant la glycérine par les acides gras.

La synthèse de la glycérine a été réalisée par Wurtz, en partant du propylène C^3H^6. Ce corps fixe deux atomes de brome pour donner le bromure de propylène $C^3H^6Br^2$, qui, sous l'action du bromure d'iode, donne le bromure de propylène monobromé $C^3H^5Br^3$; en traitant ce composé par l'hydrate d'argent, il se forme de la glycérine, d'après l'équation :

$$C^3H^5Br^3 + 3AgOH = 3AgBr + C^3H^5(OH)^3.$$

M. Pasteur a montré que, dans la fermentation alcoolique, il se produit toujours un peu de glycérine.

1337. Propriétés physiques. — La glycérine est un liquide incolore, inodore, de consistance sirupeuse, d'une saveur sucrée. Sa densité est 1,26.

Elle est soluble en toute proportion dans l'eau et dans l'alcool, mais très peu soluble dans l'éther. Elle retient la vapeur d'eau atmosphérique.

La glycérine est elle-même un dissolvant pour les alcalis, potasse et soude, et un certain nombre de sels déliquescents, les sulfates de potassium, de sodium, de cuivre.

Elle se prend en cristaux, quand elle est pure et sèche, à une température de — 18°.

Elle se volatilise sans altération vers 280° ; mais, chauffée plus fortement, elle se décompose.

1338. Propriétés chimiques. — A une température supérieure à 280°, la glycérine se décompose et perd de l'eau, en donnant l'*acroléine*, C^3H^4O, qui, comme son nom l'indique, est une substance huileuse,

d'une odeur âcre et qui irrite les yeux. La réaction est représentée
par l'équation :

$$C^3H^8O^3 = C^3H^4O + H^2O.$$

Sous l'action des corps oxydants, la glycérine donne l'acide glycé-
rique $C^3H^6O^4$, corps peu stable, qui donne des sels plus stables et bien
cristallisés.

Sous l'action des acides, la glycérine donne des éthers. Comme
c'est un alcool triatomique, elle peut fournir, avec les acides monobasiques, trois séries d'éther.

C'est ainsi qu'avec l'acide chlorhydrique HCl, on obtient la monochlorhydrine $C^3H^5(OH)^2Cl$, la dichlorhydrine $C^3H^5(OH)Cl^2$ et la trichlor-
hydrine $C^3H^5Cl^3$.

De même, avec l'acide acétique $C^2H^4O^2$, on obtient la monoacétine
$C^3H^5(OH)^2(C^2H^3O^2)$, la diacétine $C^3H^5(OH)(C^2H^3O^2)^2$ et la triacétine
$C^3H^5(C^2H^3O^2)^3$.

Parmi les éthers de la glycérine, les plus importants, au point de
vue des applications, sont la *nitroglycérine* et les *corps gras neutres*,
que nous étudierons à la suite de la glycérine.

1339. Usages. — La glycérine est employée en médecine Son
emploi a été indiqué par Scheele pour masquer l'amertume des vins
et l'opération de les mélanger de glycérine s'appelle la *scheelisation*.

La propriété de la glycérine de retenir l'humidité l'a fait employer
pour maintenir humides certains corps, comme la terre à modeler.

Enfin, on consomme de grandes quantités de glycérine pour la fabrication de la nitroglycérine et de la dynamite.

NITROGLYCÉRINE

$$C^3H^5(AzO^3)^3$$

1340. Préparation. — La nitroglycérine est la *trinitrine*, ou éther
trinitrique de la glycérine.

Elle a été découverte en 1847 par M. Sobrero, chimiste italien, dans
le laboratoire de Pelouze.

On la prépare encore aujourd'hui par le procédé de M. Sobrero,
qui consiste à verser peu à peu la glycérine dans un mélange, bien
refroidi, d'une partie d'acide azotique et de deux parties d'acide sulfurique, en volume ; l'acide sulfurique est destiné à maintenir l'acide
azotique concentré. Pendant la réaction, la température du mélange
ne doit pas dépasser 25 degrés.

Il se dépose une substance huileuse, qui est la nitroglycérine, impure
et mélangée d'acides.

Pour la purifier, on la décante et on la lave d'abord à l'eau, puis
avec une lessive de carbonate alcalin.

1341. Propriétés physiques. — La nitroglycérine est un liquide inodore, d'une saveur douce, légèrement jaunâtre, de consistance oléagineuse et incristallisable. Sa densité est 1,60.

Elle est insoluble dans l'eau, soluble dans l'alcool et l'éther.

Elle se solidifie à — 8°.

La chaleur ne la volatilise pas et la décompose à 180° avec une détonation formidable.

Elle détone également sous l'action de chocs, même peu intenses, et sous l'action de l'explosion du fulminate de mercure.

Aussi est-ce un corps très dangereux à manier.

De plus, elle est très toxique.

1342. Propriétés chimiques. — La détonation de la glycérine, sous l'action de la chaleur, ou des chocs, donne de l'azote, de l'oxygène, de l'eau et de l'oxyde de carbone, comme le montre l'équation :

$$2C^3H^5(AzO^2)^3 = 6Az + O + 5H^2O + 6CO.$$

Il n'y a pas de résidu solide. Le calcul du volume gazeux et de la quantité de chaleur dégagée par la réaction montre que la nitroglycérine produit, à poids égal, un effet qui peut être dix fois plus grand que celui de la poudre.

On a utilisé la nitroglycérine pure dans l'exploitation des mines et on a même essayé de la transporter ; mais les accidents auxquels son emploi a donné lieu y ont fait renoncer et on ne l'emploie plus que sous la forme de dynamite.

1343. Dynamite. — La dynamite, imaginée par M. Nobel, ingénieur suédois, n'est autre chose que de la nitroglycérine, mélangée à une substance poreuse, pulvérulente et inerte, qui l'absorbe entièrement, tout en conservant son aspect de poudre, sans prendre les propriétés d'un corps humide et sans laisser suinter aucune partie de nitroglycérine.

Après plusieurs essais, M. Nobel a choisi, comme substance absorbante, une silice naturelle, que l'on extrait dans le Hanovre et qui porte le nom de *Kieselguhr*. A Paris, pendant le siège de Paris, on a aussi fabriqué de la dynamite avec les cendres de houille, ou de boghead.

La dynamite a l'aspect d'une poudre, dont la couleur varie suivant la nature de la substance absorbante.

Elle présente, au point de vue de la force explosive, tous les avantages de la nitroglycérine, mais elle est parfaitement transportable et ne détone plus sous des chocs peu intenses ; seul un choc intense, comme celui du fer contre le fer, peut la faire détoner.

La chaleur elle-même peut l'enflammer et en provoquer la combustion, sans détonation, lorsque la réaction a lieu à l'air libre. Chauffée au contraire dans un vase à parois résistantes, elle détone avec d'autant plus de violence que la résistance est plus grande.

Pour faire détoner la dynamite, on emploie le plus généralement des amorces au fulminate de mercure.

La dynamite est principalement employée dans les mines, pour briser les roches dures, ou pour détacher des blocs volumineux de minerai ; dans les opérations militaires, on l'emploie pour faire sauter les ponts, détruire les obstacles et disloquer les rails de chemin de fer.

Elle agit toujours dans le sens de la plus grande résistance : ainsi, un paquet de cartouches de dynamite, que l'on fait sauter sur le sol, produit un trou au-dessous du lieu où il est placé. En mettant en cercle des cartouches de dynamite autour d'un arbre et les faisant exploser, on coupe l'arbre à cette hauteur.

CORPS GRAS NEUTRES

1344. Généralités. — Les corps gras neutres, graisses, huiles et beurres, sont des corps solides, ou liquides, mais très mous et pâteux, lorsqu'ils sont solides. Ils donnent au toucher une sensation particulière, on dit qu'ils sont *gras au toucher*, et donnent une tache sur le papier. Ils n'ont pas de saveur.

Les corps gras sont facilement fusibles et insolubles dans l'eau. Ils sont moins denses que l'eau et surnagent dans un mélange d'eau et d'huile.

Quand ils sont liquides, ils ne se mélangent pas à l'eau.

Chevreul a montré que les corps gras sont des éthers de la glycérine. Sous l'action des alcalis, ils se saponifient, comme tous les éthers, c'est-à-dire se dédoublent, en donnant un alcool, qui est ici la glycérine, et un mélange de sels alcalins à acides gras.

Ces éthers sont principalement la **tristéarine**, la **trimargarine**, la **tripalmitine** et la **trioléine**.

M. Berthelot a pu préparer artificiellement ces quatre éthers de la glycérine et même les mono, ou di, stéarines, margarines, etc., que l'organisation ne fournit pas.

Les corps gras naturels se divisent en *graisses*, qui ne sont pas liquides à la température ordinaire, mais qui fondent facilement, vers 40°, et en *huiles*, qui sont au contraire liquides à la température ordinaire.

1345. Graisses. — Les graisses sont d'origine animale, ou végétale ; dans ce dernier cas, elles portent souvent le nom de *beurres*, comme le *beurre de cacao*, le *beurre de muscade*.

Les graisses animales se trouvent dans les cellules du tissu adipeux des animaux. On les obtient en faisant bouillir avec de l'eau ce tissu coupé en morceaux, la graisse fond et, à cause de son insolubilité et de sa faible densité, se rassemble à la surface de l'eau, où on peut la recueillir.

On peut aussi, à l'aide d'un dissolvant approprié, retirer la graisse des substances qui en contiennent en moins grande quantité, comme la laine, les os, etc. Le dissolvant le plus convenable est le sulfure de carbone.

On trouve aussi, dans le lait des mammifères, de petits globules jaunes de corps gras, constituant le *beurre*, qui est très employé pour l'alimentation. Pour le recueillir, on bat le lait dans un appareil spécial, appelé *baratte*, les globules de beurre se rassemblent et bientôt on peut le retirer ; on le met en pains et on le comprime, pour en exprimer le petit lait.

Les *beurres* végétaux, comme les beurres de cacao, de muscade, se retirent des graines végétales, comme les graisses des tissus animaux, ou bien comme les huiles des végétaux.

Les corps gras les plus solides, comme la graisse de mouton ou *suif*, sont riches en tristéarine. La plupart contiennent de la trimargarine. Les graisses un peu liquides, comme la graisse de porc, contiennent un peu de trioléine.

Le beurre de lait de vache contient d'autres éthers de la glycérine, en particulier de la tributyrine, de la tricaproïne et de la tricapryline ; le beurre de muscade est presque entièrement formé de trimyristine. L'huile de palme, qui est solide et qui constitue plutôt un beurre, contient beaucoup de tripalmitine.

Au contact prolongé de l'air humide, les graisses et les beurres deviennent rances ; ils dégagent une odeur et prennent un goût particulier. Ils absorbent de l'oxygène et se dédoublent, sous l'influence de l'eau, en glycérine et acides gras. Avec le beurre, il se forme en particulier de l'acide butyrique, qui a une odeur désagréable.

1346. Huiles. — Les huiles sont le plus souvent d'origine végétale ; quelques-unes cependant, comme les huiles *de pied de mouton* et *de pied de bœuf*, sont d'origine animale.

Ces dernières s'obtiennent, comme les graisses, en faisant bouillir avec de l'eau les substances qui les contiennent.

Les huiles d'origine végétale, de beaucoup les plus importantes, s'obtiennent en soumettant à la pression les graines, ou les fruits, de certaines plantes, telles que les graines de lin, de chènevis, de colza, les fruits du noyer, de l'olivier, de l'amandier.

Le liquide gras, qui s'écoule, est recueilli et abandonné au repos, puis on le décante. Il contient encore souvent des débris de cellules végétales et, pour l'en débarrasser, on purifie les huiles en les agitant avec un peu d'acide sulfurique, qui détruit ces cellules, sans attaquer l'huile.

Comme les huiles ainsi purifiées peuvent encore contenir un peu d'acide, on les lave à l'eau légèrement alcaline, puis à l'eau pure.

Le résidu de la pression des graines constitue le *tourteau*; il retient encore une assez grande quantité d'huile, que l'on peut en retirer au moyen du sulfure de carbone.

Complètement épuisé, le tourteau d'huile est utilisé pour la confection des engrais.

Les huiles, comme les graisses, contiennent une assez grande quantité de margarine; mais elles sont surtout riches en trioléine, qui leur donne leur fluidité.

Elles rancissent à l'air, comme les graisses, et certaines d'entre elles ont aussi la propriété de se solidifier rapidement à l'air en absorbant l'oxygène; on les appelle huiles *siccatives*.

Les huiles siccatives, dont les principales sont les huiles de lin, d'œillette, de chènevis, de noix, sont surtout employées dans la peinture à l'huile et la fabrication des vernis.

Les huiles *non siccatives*, dont les principales sont les huiles d'olive, de colza, d'amandes, de pied de bœuf, sont employées dans l'alimentation, l'éclairage, ou pour les machines.

On a quelquefois encore considéré comme des corps gras, le blanc de baleine (1223) et la cire (1232), que nous avons étudiés auparavant et dont nous avons indiqué la constitution.

STÉARINE

$$C^3H^5(C^{18}H^{55}O^2)^3$$

1347. Préparation. — La stéarine naturelle, que l'on trouve en grande quantité dans la graisse de mouton, ou *suif*, est la tristéarine, ou éther tristéarique de la glycérine.

On peut la retirer du suif en traitant le suif à chaud par l'éther, ou la benzine, dans lesquels la stéarine est alors soluble. Après épuisement du suif, on laisse refroidir et l'on obtient des cristaux de stéarine, que l'on recueille et que l'on débarrasse par compression de l'excès de dissolvant.

Pour l'avoir tout à fait pure, il faut la faire redissoudre une ou deux fois dans l'éther.

On l'a aussi retirée des pétroles, ou des goudrons de houille; mais il est alors difficile de la purifier.

M. Berthelot en a fait la synthèse, en chauffant en tube scellé de la glycérine avec un excès d'acide stéarique.

1348. Propriétés. — La stéarine est un corps solide, cristallisable, insoluble dans l'eau, soluble dans l'éther.

Elle cristallise en larges paillettes d'aspect nacré, qui fondent vers 62°.

Toutes ses réactions sont celles d'un éther de la glycérine. La synthèse qu'en a faite M. Berthelot indique sa constitution; en la traitant par un alcali, il se forme de la glycérine et un stéarate alcalin.

MARGARINE

$$C^3H^5(C^{17}H^{33}O^2)^3$$

1349. Préparation et propriétés. — La margarine se trouve en grande quantité dans la plupart des graisses et on peut l'obtenir, comme la stéarine, en traitant la graisse par un dissolvant approprié.

Il y en a aussi de grandes quantités dans l'huile d'olive. Lorsque cette huile se solidifie par le refroidissement, c'est la margarine, peu fusible, qui se sépare et on peut la recueillir ainsi.

M. Berthelot l'a reproduite par synthèse, comme la stéarine.

La margarine est un corps solide, blanc, cristallisable et fondant à 47°.

Elle se saponifie, comme la stéarine, en donnant de la glycérine et un margarate alcalin.

PALMITINE

$$C^3H^5(C^{16}H^{31}O^2)^3$$

1350. Préparation et propriétés. — La palmitine se rencontre en grande quantité dans l'huile de palme et dans la plupart des graisses.

C'est, comme les corps qui précèdent, un éther de la glycérine, que l'on a longtemps considéré comme identique avec la margarine.

OLÉINE

$$C^3H^5(C^{18}H^{36}O^2)^3$$

1351. État naturel et propriétés. — L'oléine, très abondante dans les huiles, auxquelles elle donne leur fluidité, se trouve surtout dans l'huile d'olive, d'où on la retire par l'action de la potasse.

C'est encore un éther de la glycérine, mais un éther correspondant à un acide d'une autre série que les précédents, l'acide oléique (1376).

SAVONS

1352. Fabrication. — Les *savons* sont des mélanges de sels à acides gras, tels que les acides stéarique et margarique. Ils proviennent du dédoublement des corps gras, par les hydrates et les oxydes métalliques, en glycérine et sels du métal; ce dédoublement, qui se produit comme nous l'avons vu avec tous les éthers, a reçu le nom général de *saponification*.

Les savons ordinaires s'obtiennent en dédoublant les corps gras au moyen des alcalis; ils sont alors solubles. Mais, lorsqu'on opère ce dédoublement au moyen de l'oxyde de plomb, *l'emplâtre simple* que l'on obtient alors (1336) est un véritable savon insoluble.

Les savons de fer, de chaux, d'alumine, sont également insolubles.

Lorsque la saponification est faite avec de l'alcali concentré, elle est rapide et donne un savon très dur. Aussi, dans la fabrication des savons du commerce a-t-on soin d'opérer lentement, avec des lessives alcalines, d'abord faibles, et en plusieurs fois, pour avoir une saponification plus complète et des savons moins durs.

Fig. 276. — Fabrication des savons.

La première opération, qui porte le nom d'*empâtage*, consiste à chauffer dans une chaudière (fig. 276) une lessive alcaline étendue. Quand le liquide est en ébullition, on y projette par petites quantités la matière grasse que l'on veut saponifier.

Après quelques instants d'ébullition on procède à l'opération du *relargage*, dans laquelle on ajoute dans la chaudière de la lessive alcaline plus forte, et on remue constamment la masse. Enfin, on ajoute une solution de chlorure de sodium, qui rend la liqueur impropre à dissoudre le savon, de sorte que celui-ci se rassemble à la partie supérieure.

On soutire le liquide par un robinet placé à la partie inférieure de la chaudière, on le remplace par d'autres lessives alcalines plus concentrées et par des solutions de chlorure de sodium et l'on fait toujours bouillir. C'est l'opération de la *cuite*. Le savon se rassemble en grumeaux, qui se réunissent et s'agglomèrent de plus en plus.

Finalement, on laisse écouler toute la liqueur alcaline et salée, et l'on peut recueillir le savon solide.

Ainsi préparé, avec de la soude et de la graisse, le savon a généralement une couleur vert foncé, due au savon de fer insoluble, qui existe dans la masse du savon ordinaire. Dans les bons savons de Marseille, on recherche même cette coloration, que l'on s'arrange, par une agitation particulière pendant le refroidissement, pour répartir en veines dans la masse du savon : elles sont un indice de sa bonne qualité. Ces marbrures, qui se produisent bien avec un savon contenant peu d'eau, ne peuvent plus se produire dans un savon, où la proportion d'eau dépasse 35 p. 100.

Cependant, très souvent, on recherche un savon blanc et débarrassé complètement du fer qu'il contenait. Pour l'obtenir ainsi, il faut le faire redissoudre dans une lessive alcaline faible, à une température peu élevée et en agitant constamment. Les savons insolubles, parmi lesquels le savon de fer, se précipitent d'abord et l'on peut ensuite enlever l'eau chargée de savon blanc, que l'on coule dans des *mises*, ou *moules*.

Le savon blanc de bonne qualité retient souvent 45 p. 100 d'eau. Certains en contiennent même jusqu'à 60 à 70 p. 100.

1353. Propriétés. — Les savons fabriqués avec de la soude sont solides et durs, comme les savons de Marseille et ceux que l'on emploie pour la toilette. Ces derniers sont généralement aromatisés avec une essence quelconque.

Les savons fabriqués avec de la potasse sont au contraire mous. Ainsi, le savon noir, employé pour le nettoyage et le dégraissage des laines et des draps, est fabriqué avec de la potasse et de l'huile de colza non épurée.

Les savons blancs se dissolvent bien dans l'alcool et donnent une solution claire et limpide; le liquide, saturé à chaud, laisse déposer, par le refroidissement, un savon jaunâtre et translucide, employé comme savon de toilette.

Les savons se dissolvent dans l'eau pure : mais la solution est légèrement louche, par suite du dédoublement du savon en sel basique soluble et sel acide insoluble ; avec l'eau de source et de rivière, ils donnent une liqueur de couleur laiteuse, due aux sels de calcium que l'eau contient.

Le savon forme en effet avec les sels de calcium un savon calcaire insoluble. C'est pour cette raison que les eaux dures et séléniteuses ne peuvent servir aux usages domestiques, et en particulier au savonnage.

Nous avons indiqué (24) l'emploi que l'on fait de la teinture de savon pour les *essais hydrotimétriques*.

La solution aqueuse de savon a la propriété de former avec les corps gras une émulsion soluble. De là leur emploi pour le nettoyage du corps, du linge, de la laine, etc.

1354. Composition. — Un bon savon ne doit contenir que des acides gras, des alcalis et de l'eau.

Un savon normal de bonne qualité doit contenir environ :

Eau . . . . 30 p. 100
Acides gras. . . . . 60 p. 100
Alcali . . . . 8 p. 100
Matières diverses . . . . 2 p. 100

Mais il est rare que les savons aient cette composition.

Les savons blancs contiennent souvent un grand excès d'eau.

Les savons de toilette à bon marché sont souvent additionnés de silice, sous la forme de silicate de potassium, ou de sodium.

On ajoute souvent aussi, aux savons blancs ordinaires, des résidus, qu'on projette dans la chaudière pendant l'empâtage. Le savon ainsi obtenu est encore un assez bon savon économique.

Souvent encore on ajoute aux différents savons, soit des substances minérales solubles, comme des chlorures, des sulfates, ou des silicates alcalins, soit des substances minérales insolubles, comme du kaolin, de la craie, du sulfate de baryum, soit enfin des substances organiques, telles que de la résine, de la fécule, de la gélatine, etc.

Pour doser la quantité d'eau contenue dans un savon, on le dessèche à l'étuve vers 140° et la différence des poids, avant et après dessiccation, donne la quantité d'eau.

Pour doser les acides gras, on dissout le savon dans l'eau distillée, on chauffe la solution dans une capsule et on décompose, par un excès d'acide sulfurique étendu, que l'on ajoute peu à peu. Les acides gras, mis en liberté, viennent surnager et se prennent par le refroidissement en une masse solide, que l'on recueille et que l'on pèse.

Pour doser les alcalis, on incinère un poids connu de savon, on dissout les acides dans l'eau et on fait un essai alcalimétrique.

Enfin, l'ensemble des matières diverses, autres que les précédentes s'obtient en dissolvant le savon dans l'alcool à 90°, faisant bouillir pendant quelques minutes et laissant reposer. Si le savon est pur, la solution est limpide et le résidu insoluble ne dépasse pas 2 p. 100. Si, au contraire, la solution se trouble et que le résidu soit en trop grande quantité, le savon est impur et l'on peut doser les impuretés par des méthodes appropriées à chacune d'elles.

En 1873, la France a produit environ 2 millions de quintaux

métriques de savon, sur lesquels 800 000 quintaux ont été produits par le seul département des Bouches-du-Rhône et 500 000 quintaux par le département de la Seine.

BOUGIES STÉARIQUES

1355. Extraction des acides gras. — Les *bougies stéariques*, qui ont remplacé avantageusement les anciennes *chandelles*, fabriquées avec le *suif*, ou graisse de mouton, sont fabriquées avec les acides gras solides, que l'on retire principalement du suif Il y a donc en réalité un mélange des acides palmitique, margarique et stéarique. Mais comme, dans le suif, c'est la stéarine qui domine, le mélange des acides gras est, le plus souvent, riche surtout en acide stéarique.

C'est Chevreul qui, le premier, retira des graisses les acides gras solides et songea à les utiliser pour l'éclairage ; mais, tant qu'on se servit des anciennes mèches de coton des chandelles, les résultats obtenus ne furent pas très convaincants et la fabrication des bougies ne prit pas toute l'extension qu'elle devait avoir.

Pour extraire les acides gras des graisses, on peut saponifier ces dernières par la chaux. Pour cela, on fait bouillir dans une cuve de l'eau, des graisses et de la chaux ; il se forme de la glycérine, qui reste mélangée à l'eau, et il précipite des sels de calcium à acides gras, qui sont insolubles. On les recueille, on les fait bouillir avec de l'eau, additionnée d'acide sulfurique ; il se forme du sulfate de calcium insoluble, qui précipite, et les acides gras, mis en liberté, viennent nager à la surface.

Les acides gras ainsi obtenus sont recueillis dans des sacs de toile, que l'on comprime au moyen de presses hydrauliques, d'abord à froid, puis entre des plaques de métal chauffées par la vapeur.

Le procédé de saponification par la chaux, qui est aujourd'hui abandonné, avait l'inconvénient d'employer une grande quantité d'acide sulfurique ; de plus, le sulfate de calcium, formé abondamment, entraînait une notable proportion d'acides gras.

Aujourd'hui, on n'emploie, pour cette saponification, qu'une petite quantité de chaux, mélangée à beaucoup d'eau, mais on a soin d'opérer sous pression. On n'emploie plus qu'environ 1 p. 100 de chaux, mais on chauffe le mélange de graisse, de chaux et d'eau dans des chaudières, où l'on fait arriver de la vapeur d'eau et où la pression peut monter jusqu'à 8 atmosphères. Dans ce cas, la chaux et l'eau agissent toutes deux pour saponifier la graisse.

Il y a même des corps gras, comme l'huile de palme, que l'on peut saponifier par l'eau seule, sous pression.

L'eau de la partie supérieure contient de la glycérine, qu'on peut facilement en retirer et qui est de bonne qualité ; les acides gras, mélangés de sels de calcium, forment une masse pâteuse, que l'on fait bouillir, comme dans la méthode précédente, avec de l'eau aiguisée d'acide sulfurique. Les acides gras, qui surnagent, se recueillent de même.

Enfin, on peut encore employer le procédé de la saponification sulfurique, dont le principe a encore été indiqué par Chevreul. Sous l'action de l'acide sulfurique concentré et à la température d'environ 120° tous les corps gras se saponifient, c'est-à-dire se dédoublent en acides gras, qui surnagent et que l'on peut recueillir, et en acide sulfoglycérique. Les acides gras recueillis sont purifiés par lavage à l'eau chaude et distillation.

Ce procédé, assez rapide et commode, présente toutefois un inconvénient : la glycérine est généralement perdue. L'acide sulfoglycérique se dédouble bien sous l'action de l'eau en glycérine et acide sulfurique ; mais sa glycérine, qui retient toujours de l'acide, est de très mauvaise qualité.

Les deux seuls procédés aujourd'hui employés sont, suivant les circonstances, la saponification sous pression par l'eau et la chaux, ou la saponification sulfurique.

1356. Purification des acides gras. — Les acides gras, préparés par l'une quelconque des méthodes précédentes, sont toujours mélangés à un acide liquide, l'*acide oléique* $C^{18}H^{34}O^2$, qui appartient à une autre série que la série grasse, la *série acrylique*.

La présence de cet acide, qui communique aux huiles leur fluidité, rend aussi les acides gras trop fusibles et il est nécessaire de les en débarrasser.

Pour cela, on fait fondre les acides gras recueillis, on les verse dans des moules, on les laisse prendre par le refroidissement en une masse cristalline et on les comprime très fortement d'abord à froid, puis à une température d'environ 40°.

L'acide oléique liquide s'écoule, entraînant même une partie des acides gras ; par le refroidissement et le repos, une grande partie de ces acides gras se déposent et sont de nouveau soumis à une pression à froid, puis à chaud.

L'acide oléique, bien débarrassé des acides gras, est employé à différents usages. En le faisant bouillir avec de la potasse, ou de la soude, on obtient des savons mous, ou durs ; on l'introduit dans le travail des laines, parce qu'il est facile à enlever par un simple lavage.

Le mélange des acides gras, bien purifié, est employé à la fabrication des bougies stéariques.

1357. Fabrication des bougies. — Pour fabriquer les bougies, on emploie des moules en plomb, ou en étain, tels que celui qui est représenté par la figure 277.

Ces moules, disposés en grand nombre sur un même support et

chauffés à une température un peu inférieure à celle de la fusion des acides gras, c'est-à-dire vers 50° (le mélange des acides fondant entre 54 et 58°), présentent en creux la forme que l'on veut donner à la bougie. Le moule se termine donc en pointe à la partie inférieure ; à la partie supérieure, il y a une sorte de petit entonnoir, dans lequel on verse le corps en fusion. Enfin, une mèche de coton tressé, imprégnée d'acide borique, est fortement tendue suivant l'axe du moule.

On fait fondre le mélange des acides gras solides, en le chauffant vers 60°, on le verse dans le moule et on laisse refroidir.

On fabrique de la même façon les chandelles, qui sont faites avec du suif fondu, et les bougies fabriquées avec diverses substances solides, blanches et facilement fusibles, telles que la cire, la paraffine, le blanc de baleine, etc. Quelquefois même, on introduit dans le corps solide en fusion des substances colorantes, telles que le chromate de plomb (jaune), le cinabre, le minium ou la rosaniline (rouge), le vert-de-gris (vert), etc. Mais ces bougies brûlent mal et produisent quelquefois des vapeurs dangereuses à respirer.

Une fois refroidies, les bougies sont retirées des moules et blanchies par une exposition à la lumière. Puis on les polit, en les roulant entre des cylindres garnis de drap.

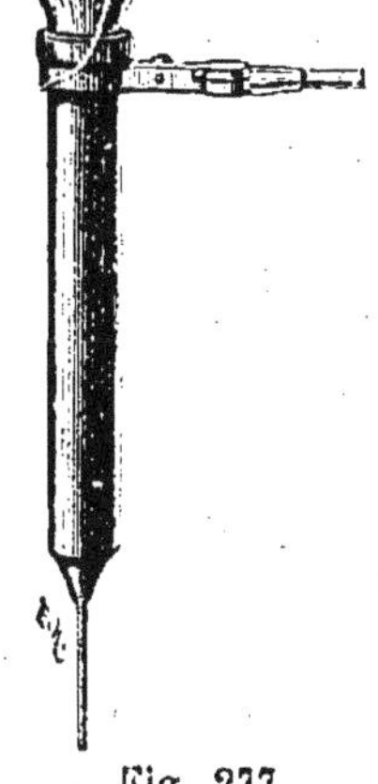

Fig. 277
Moule à bougies.

Il se fabrique annuellement en France environ 300 000 quintaux métriques de bougie ; le seul département de la Seine en fournit à peu près le quart.

1358. Combustion des bougies. — Dans les bougies stéariques, la substance combustible est fournie par les acides gras, qui fondent, montent par capillarité dans la mèche et viennent se consumer dans la flamme.

Le suif des anciennes chandelles brûlait en répandant une odeur désagréable et en dégageant beaucoup de fumée. De plus, la mèche de coton non tressée brûlait mal, se carbonisait, et il était nécessaire de *moucher* la chandelle, c'est-à-dire de couper la mèche avec des ciseaux spéciaux, appelés *mouchettes*.

Les acides gras, extraits du suif, sont moins fusibles que la graisse, et les bougies sont plus résistantes et *coulent* moins facilement que les chandelles. Ils sont plus riches en carbone et en hydrogène et la flamme des bougies stéariques est plus chaude et plus éclairante que celle des chandelles.

Mais le plus grand progrès réalisé dans les bougies réside dans la confection de la mèche de coton, tressée et boriquée. Par suite de la torsion de ses fils tressés, la mèche se courbe pendant la combustion et son extrémité vient se placer dans le bord, c'est-à-dire dans la partie la plus chaude, de la flamme. De plus, l'acide borique fond et forme une goutte de verre, qui entraîne les résidus de la combustion de la mèche dans les produits fondus, où ces résidus se consument entièrement.

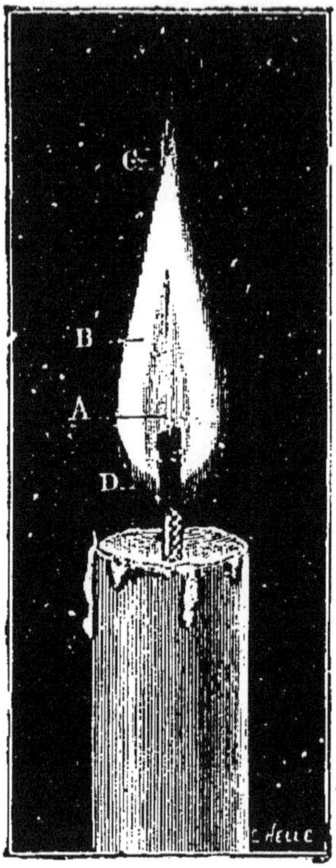

Aussi, les bougies n'ont-elles pas besoin d'être mouchées.

1359. Flamme d'une bougie. — La flamme est produite, d'une façon générale, par une vapeur incandescente.

Dans le cas d'une bougie, ce sont les acides gras, qui, sous l'influence de la chaleur, se volatilisent, en donnant des produits combustibles, qui brûlent en produisant une flamme.

Les corps solides, comme le charbon, lorsqu'ils sont chauffés à une température suffisamment élevée, brûlent et deviennent incandescents; mais ils ne produisent pas de flammes.

Si l'on examine avec soin la flamme d'une bougie, on constate qu'elle est formée de trois couches (fig. 278). En A, autour de la pointe de la mèche, il y a une région sombre, où la combustion est incomplète, par suite de l'insuffisance d'oxygène, où les produits carburés donnent un résidu de carbone et où la température est peu élevée; en B,

Fig. 278.
Flamme d'une bougie.

Fig. 279. — Flamme modifiée par le chalumeau.

une région qui enveloppe la précédente et qui est la plus large et la plus brillante, son éclat étant dû à ce que la combustion, encore incomplète, est cependant assez vive pour porter à l'incandescence le carbone non brûlé ; enfin, en C et D, sur les bords, une région plus claire, où la combustion est assez complète, parce que les produits combustibles sont en présence d'un excès d'air, et où la température est la plus élevée.

En résumé, dans la flamme de la bougie, la combustion est loin d'être complète et, lorsqu'on refroidit cette flamme en le recevant sur une assiette, une soucoupe, ou un objet quelconque, elle laisse un résidu noir de suie, qui est le carbone non brûlé des produits carbonés.

Lorsqu'on souffle avec un chalumeau (fig. 279) dans la flamme d'une bougie, on la modifie ; on y introduit un excès d'air, la combustion se fait plus complètement, la région A se réduit et la température s'élève.

SÉRIE ALLYLIQUE

1360. Généralités. — La série allylique est formée par une série de composés, dont quelques-uns se trouvent dans l'essence d'ail ; de là le nom donné à ces composés et à toute la série.

Ils sont tous formés avec le radical *allyle* C^3H^5, qui se combine à lui-même pour former le *diallyle* C^6H^{10}, lorsqu'on essaie de le mettre en liberté.

Plusieurs de ces composés proviennent de la décomposition de la glycérine.

Les principaux sont les suivants :

HYDRATE D'ALLYLE
$(C^3H^5)OH$

1361. Préparation. — L'hydrate d'allyle, ou *alcool allylique*, a été découvert et étudié principalement par Cahours et Hoffmann.

On peut l'obtenir au moyen de l'iodure d'allyle C^3H^5I.

Ce dernier composé a les caractères d'un éther. Saponifié par les alcalis, il met en liberté un alcool, de formule C^3H^6O, qui a reçu de Cahours et Hoffmann le nom d'alcool allylique, parce que certains de ses éthers se trouvent dans l'essence d'ail.

On peut encore l'obtenir en traitant l'acroléine par le zinc et l'acide chlorhydrique (Linnemann), ou bien en chauffant à 220° un mélange de glycérine et d'acide oxalique (Tollens et Henninger).

1362. Propriétés. — L'alcool allylique est un liquide incolore, d'une odeur à la fois spiritueuse et piquante, rappelant celle de l'essence de moutarde. Sa densité est 0,858.

Il se dissout en toutes proportions dans l'eau, l'alcool et l'éther. Il bout à 103°.

L'alcool allylique brûle avec une flamme éclairante.

Il est attaqué à chaud par les métaux alcalins, potassium et sodium, avec lesquels il forme, comme les alcools de la série grasse, les composés C^3H^5KO et C^3H^5NaO.

Ses caractères sont d'ailleurs ceux d'un alcool primaire et il donne avec les acides des éthers, dont quelques-uns existent dans la nature; il donne aussi une aldéhyde, un acide.

Mais, au lieu de dériver, comme les alcools primaires que nous avons étudiés précédemment, des hydrocarbures saturés, il dérive d'un hydrocarbure non saturé, le propylène C^3H^6, homologue de l'éthylène C^2H^4.

C'est le premier terme d'une nouvelle série d'alcools primaires, dont la formule générale est $C^nH^{2n}O$.

Sous l'action des corps oxydants, il donne une aldéhyde, qui est l'*acroléine* C^3H^4O, puis l'*acide acrylique* $C^3H^4O^2$.

Il fixe directement deux atomes d'hydrogène, en donnant de l'alcool propylique normal C^3H^8O.

Il absorbe également le chlore et le brome avec dégagement de chaleur.

IODURE D'ALLYLE

C^3H^5I

1363. Préparation et propriétés. — L'iodure d'allyle se produit par l'action de la glycérine sur l'iodure de phosphore (Berthelot et de Luca).

C'est un liquide incolore, d'une odeur légèrement alliacée, insoluble dans l'eau et bouillant à 101°.

Ce corps a tous les caractères d'un éther. Saponifié par les alcalis, il donne l'alcool allylique.

L'hydrogène naissant, tel que celui qui est fourni par l'action du zinc sur l'acide sulfurique, décompose l'iodure d'allyle en donnant du propylène C^3H^6.

Le mélange de mercure et d'acide chlorhydrique concentré agit à chaud, en donnant la même réaction.

OXYDE D'ALLYLE

$(C^3H^5)^2O$

1364. Etat naturel, préparation et propriétés. — L'oxyde d'allyle, ou *éther allylique ordinaire*, se trouve en petite quantité dans l'essence d'ail naturelle.

On le prépare artificiellement en traitant l'iodure d'allyle par l'oxyde d'argent, ou par l'oxyde de mercure :

$$2(C^3H^5)I + Ag^2O = 2AgI + (C^3H^5)^2O.$$

L'oxyde d'allyle est un liquide incolore, d'une odeur alliacée, insoluble dans l'eau. Il bout à 82°.

L'iodure de phosphore le décompose, en donnant de l'iodure d'allyle.

SULFURE D'ALLYLE

$$(C^3H^5)^2S$$

1365. État naturel, préparation et propriétés. — Le sulfure d'allyle constitue la plus grande partie de l'*essence d'ail* naturelle, que l'on obtient en distillant avec de l'eau les bulbes de l'*allium sativum*, qui constituent les *gousses d'ail*. On en obtient également, mais en moins grande quantité, en distillant de la même façon certaines parties d'autres plantes, telles que les bulbes de l'*Allium cepa*, qui constituent les oignons comestibles, les graines d'*Iberis amara* et les feuilles de l'*Alliaria officinalis*.

Cette essence n'existe pas toute formée dans ces parties végétales ; aussi est-il nécessaire de les faire macérer quelque temps avec l'eau, avant de les distiller.

On l'obtient artificiellement par différentes méthodes, en particulier par l'action de l'iodure d'allyle sur le protosulfure de potassium :

$$2(C^3H^5)I + K^2S = (C^3H^5)^2S + 2KI.$$

Le sulfure d'allyle est un liquide incolore, d'une odeur forte et désagréable, moins dense que l'eau ; il bout à 140°.

Il précipite en jaune les chlorures d'or et de platine.

SULFOCYANATE D'ALLYLE

$$CAzS(C^3H^5).$$

1366. État naturel, préparation et propriétés. — Le sulfocyanate d'allyle, ou *essence de moutarde*, se produit dans l'action de l'eau sur la graine de moutarde noire concassée. C'est à ce composé que la farine de moutarde doit ses propriétés vésicantes.

L'essence de moutarde ne préexiste pas dans les graines de moutarde ; la farine faite avec cette graine n'a aucune odeur, tant qu'elle reste bien sèche. Mais en présence de l'eau, et à une température douce d'environ 35°, l'essence se développe et manifeste son odeur.

La graine de moutarde contient un sel de potassium, le *myronate de potassium* $C^{10}H^{18}AzS^2O^{10}K$; sous l'influence d'un ferment végétal, sorte de *diastase*, contenu dans la graine et appelé *myrosine*, ce sel se décompose en donnant du glucose, du sulfate acide de potassium et de l'essence de moutarde.

On peut préparer aussi artificiellement cette essence, en traitant le sulfocyanate de potassium $CAzSK$ par un des éthers de l'alcool allylique, par exemple par l'iodure d'allyle.

Le sulfocyanate d'allyle est un liquide incolore, huileux, de densité 1,015, d'une odeur irritante et d'une saveur piquante.

Il bout à 143°.

Il agit sur la peau, en produisant une forte vésication, qui fait employer en médecine la farine de moutarde pour la confection de sinapismes.

ACIDE ACRYLIQUE

$C^3H^4O^2$

1367. Préparation et propriétés. — L'acide acrylique est le produit de l'oxydation de l'alcool allylique, ou de l'acroléine C^3H^4O.

La méthode de préparation la plus usitée consiste à oxyder l'acroléine par l'oxyde d'argent.

L'acide acrylique est un liquide incolore, d'une odeur piquante et d'une saveur très acide, bouillant vers 100°.

C'est un acide monobasique, qui forme des sels avec les principaux métaux.

Il dérive de l'acide propionique $C^3H^6O^2$, par deux atomes d'hydrogène en moins, et il régénère cet acide sous l'action de l'hydrogène naissant.

Les alcalis, comme la potasse et la soude, le dédoublent en formiate et acétate alcalins, avec dégagement d'hydrogène :

$$C^3H^4O^2 + 2KOH = CHO^2K + C^2H^3O^2K + H^2.$$

L'acide acrylique est par lui-même peu important ; mais c'est le premier terme d'une série d'acides, qui ont pour formule générale $C^nH^{2n-2}O^2$ et qui dérivent des acides de la série grasse, par enlèvement de deux atomes d'hydrogène ; ces acides, dont nous dirons quelques mots plus loin, forment la *série acrylique.*

ALDÉHYDE ACRYLIQUE

C^3H^4O

1368. Préparation. — L'aldéhyde acrylique, généralement désignée sous le nom d'*acroléine*, se produit dans la distillation sèche de la glycérine et des corps gras.

On peut l'obtenir, ainsi que l'indique sa fonction chimique d'aldéhyde, par l'oxydation de l'alcool allylique au moyen du noir de platine à l'air, ou bien par l'action d'un mélange d'acide sulfurique et de bichromate de potassium.

Le plus généralement, on la prépare en déshydratant la glycérine par l'action à chaud du sulfate acide de potassium :

$$C^3H^8O^3 = C^3H^4O + 2H^2O.$$

1369. Propriétés. — L'aldéhyde acrylique est un liquide incolore, huileux, plus léger que l'eau et très volatil, d'une saveur brûlante, d'une odeur irritante. Elle bout à 52°.

Elle est assez soluble dans l'eau, très soluble dans l'alcool.

L'acroléine, pure ou en dissolution dans l'eau, s'altère assez rapidement, même en dissolution dans l'eau.

La chaleur décompose l'acroléine en donnant des hydrocarbures et un dépôt de charbon.

Les corps oxydants, comme l'oxyde d'argent, la transforment en acide acrylique $C^3H^4O^2$. Une action oxydante plus énergique la décompose en acide formique et acide acétique.

SÉRIE ACRYLIQUE

1370. Généralités. — La série acrylique est formée par les acides homologues de l'acide acrylique et des composés qui en dérivent, tels que les aldéhydes.

Les principaux acides de cette série sont les suivants.

ACIDE CROTONIQUE

$$C^4H^6O^2$$

1371. Préparation et propriétés. — L'acide crotonique est le produit de l'oxydation de l'aldéhyde crotonique C^4H^6O, au moyen de l'hydrate d'argent :

$$C^4H^6O + AgOH = C^4H^6O^2 + Ag + H$$

L'acide crotonique est un corps solide, cristallisé en lames brillantes. Il fond à 72° et bout à 182°.

L'hydrogène naissant le transforme en acide butyrique normal $C^4H^8O^2$, par la fixation de deux atomes d'hydrogène.

Les alcalis, comme la potasse et la soude, la dédoublent et donnent avec lui de l'acétate de potassium et un dégagement d'hydrogène :

$$C^4H^6O^2 + 2KOH = 2C^2H^3O^2K + H^2.$$

1372. Acide isocrotonique. — MM. Friedel et Duppen ont obtenu un acide crotonique, isomère du précédent.

C'est un liquide incolore, qui bout à 172°. La chaleur, agissant en vase clos, le transforme en acide crotonique normal.

ALDÉHYDE CROTONIQUE

C^4H^6O

1373. Préparation et propriétés. — L'aldéhyde crotonique est le produit de transformation de l'aldéhyde acétique par l'action de l'acide chlorhydrique, avec élimination d'eau :

$$2C^2H^4O = C^4H^6O^2 + H^2O.$$

C'est un liquide incolore, d'une odeur irritante, d'une saveur âcre. Il bout à 103°.

Son oxydation donne l'acide crotonique.

ACIDE ANGÉLIQUE

$C^5H^8O^2.$

1374. État naturel, préparation et propriétés. — L'acide angélique peut s'extraire de la racine d'angélique ou de l'essence de camomille romaine.

C'est un corps solide, très soluble dans l'eau chaude, l'alcool et l'éther et qui cristallise en prismes striés et anhydres.

Il fond à 45° et bout à 190°.

Il forme avec les alcalis, comme la potasse, des sels que la chaleur décompose en un mélange d'acétate et de prepionate.

ACIDE PYROTÉRÉBIQUE

$C^6H^{10}O^2.$

1375. Préparation et propriétés. — Cet acide se produit dans la distillation de l'huile térébique $C^7H^{10}O^4$. Cette dernière, sous l'action de la chaleur, se dédouble en acide carbonique et acide pyrotérébique.

L'acide pyrotérébique est un liquide huileux, d'une odeur forte et désagréable, d'une densité de 1,01.

Il bout à 200° et ne se solidifie pas à — 20°.

Chauffé avec de la potasse, il se dédouble en donnant un acétate et un butyrate alcalins.

ACIDE OLÉIQUE
$C^{18}H^{34}O^2$.

1376. État naturel et préparation. — L'acide oléique, qui est l'acide
le plus important de la série acrylique, existe dans les corps gras,
où on le trouve à l'état d'éther de la glycérine, constituant la trioléine, ou, comme on l'appelle le plus généralement, l'*oléine*.

Comme il est liquide, tandis que les acides gras sont solides, à la
température ordinaire, il est facile de le préparer.

Dans la fabrication des bougies, la saponification des corps gras
donne un mélange d'acides palmitique, margarique, stéarique et
oléique. En soumettant le mélange à la compression, l'acide oléique
liquide s'écoule ; on le recueille et on l'emploie à la fabrication des
savons.

1377. Propriétés. — L'acide oléique est un liquide incolore, inodore,
de consistance huileuse, qui se solidifie à 4° et fond à 14°.

Il est insoluble dans l'eau, soluble dans l'alcool, l'éther et les
essences. Il se décompose quand on essaie de le distiller.

L'acide oléique ne rougit pas la teinture de tournesol. Exposé à
l'air, il en absorbe l'oxygène, rancit et prend une saveur acide.

Traité par l'acide azotique, il se prend en une masse cristalline, qui
est un isomère de l'acide oléique et qu'on appelle l'*acide élaïdique*.
Ce dernier est soluble dans l'alcool, d'où il se dépose en lamelles
cristallines, brillantes, qui ne fondent plus qu'à 44°.

Fondu avec la potasse, il se dédouble en donnant de l'acétate et du
palmitate de potassium, avec dégagement d'hydrogène :

$$C^{18}H^{34}O^2 + 2KOH = C^2H^3O^2K + C^{16}H^{31}O^2K + H^2.$$

L'acide oléique forme avec la glycérine des éthers, dont le principal est la *trioléine* (1351), que l'on rencontre dans les corps gras, et
principalement dans les huiles, auxquelles elle communique leur fluidité.

CHAPITRE IX

ALCOOLS POLYATOMIQUES. — GLUCOSES. — MATIÈRES AMYLACÉES. — GOMMES

ALCOOLS TÉTRATOMIQUES

1378. Généralités. — Les alcools tétratomiques doivent contenir quatre groupes OH, remplaçables par une, deux, trois, ou quatre molécules d'acide monobasique, pour former des éthers, avec élimination d'eau. Ils doivent donc fournir quatre sortes d'éthers.

Ils doivent aussi donner par oxydation quatre sortes d'acides, dont les trois premiers doivent avoir une fonction mixte.

Les règles de nomenclature adoptées pour les alcools tétratomiques consistent, comme pour les alcools primaires, à faire suivre le nom de l'hydrocarbure saturé correspondant du suffixe *ol*, devant lequel on a soin de placer le mot *tétra*.

On ne connaît guère actuellement qu'une seule substance, qui présente nettement les caractères d'un alcool tétratomique.

C'est l'*érythrite*.

ÉRYTHRITE (Butane-tétrol)

$$C^4H^{10}O^4$$

1379. État naturel et préparation. — On trouve dans certains lichens, par exemple dans le *protococcus vulgaris*, une substance cristalline blanche, qu'on a appelée *érythrine*, et qui est un éther de l'érythrite.

Pour préparer l'érythrite, on extrait d'abord l'érythrine des lichens, puis on la saponifie par la chaux éteinte, en vase clos, à la température de 150° (de Luynes). Il se forme du carbonate de calcium, de l'orcine $C^7H^8O^2$ et de l'érythrite.

On dissout dans l'eau l'orcine et l'érythrite, on fait évaporer la solution et, par refroidissement, l'orcine se dépose la première. On recueille l'érythrite, qui se dépose ensuite, et on la purifie par des lavages à l'éther.

1380. Propriétés. — L'érythrite est un corps solide, de saveur faiblement sucrée, très soluble dans l'eau, soluble dans l'alcool bouillant, insoluble dans l'éther.

Il cristallise en prismes droits à base carrée ; ces cristaux fondent à 130°.

C'est un des plus beaux corps de la chimie.

Il peut s'unir aux acides pour donner des éthers, parmi lesquels l'érythrine, qui est l'éther *orsellique* de l'érythrite.

ALCOOLS HEXATOMIQUES

1381. Généralités. — Les alcools hexatomiques contiennent six fois le groupe OH ; ils peuvent agir sur six molécules d'un acide monobasique, pour donner des éthers.

On peut les considérer comme dérivant des hydrocarbures saturés par la substitution de six groupes oxhydryles OH à six atomes d'hydrogène.

Le nom des alcools hexatomiques est formé en ajoutant au nom de l'hydrocarbure saturé, dont ils dérivent, le suffixe *hexol*.

Les plus importants sont les suivants.

Comme le montre leur formule, ils sont tous des isomères du premier.

MANNITE (Hexane-hexol)

$$C^6H^{14}O^6$$

1382. État naturel et préparation. — La mannite existe dans la *manne*, qui est le suc sécrété par plusieurs espèces de frênes, croissant dans le sud de l'Italie, et qu'on trouve dans le commerce sous la forme de larmes ayant l'apparence de la gomme.

Elle a été découverte en 1806 par Prout.

Pour la préparer, on fait dissoudre la manne dans l'eau distillée, préalablement additionnée d'un blanc d'œuf battu et on fait bouillir le mélange pendant quelques minutes seulement.

On filtre à travers un tissu de laine et, par le refroidissement, la liqueur filtrée laisse déposer des cristaux, que l'on purifie par des dissolutions et des cristallisations successives.

1383. Propriétés. — La mannite est un corps solide, d'une saveur sucrée, soluble dans l'eau et l'alcool, mais insoluble dans l'éther ; elle cristallise en prismes rhomboïdaux droits.

Elle fond à 166° et se déshydrate à une température plus élevée.

Les corps oxydants, comme le noir de platine, la transforment d'abord en une aldéhyde, la *mannitose* $C^6H^{12}O^6$, qui possède les propriétés générales des glucoses (1387), puis en un acide monobasique, l'acide mannitique $C^6H^{12}O^7$.

L'acide azotique bouillant transforme même la mannite en un acide bibasique, l'acide saccharique $C^6H^{10}O^8$, qui fournit avec les métaux ou les hydrates, des sels cristallisés, tels que le saccharate de calcium.

M. Berthelot a décrit un éther de la mannite, la *mannite hexastéarique* $C^6H^8(C^{18}H^{33}O^2)^6O^6$.

En projetant de la mannite en poudre dans un mélange de deux parties d'acide azotique fumant et de trois parties d'acide sulfurique on obtient la nitro-mannite $C^6H^8(AzO^2)^6O^6$, substance solide, cristallisée en aiguilles blanches et soyeuses, qui est analogue à la nitro-glycérine et qui, comme elle, détone sous le choc.

Sous l'influence de l'acide iodhydrique bouillant et en excès, la mannite se réduit en donnant un iodure d'hexyle secondaire $C^6H^{13}I$:

$$C^6H^{14}O^6 + 11HI = C^6H^{13}I + 6H^2O + 5I^2.$$

<h1 style="text-align:center">DULCITE</h1>

$C^6H^{14}O^6$

1384. État naturel et préparation. — La dulcite, isomère de la mannite, a été découverte par Laurent dans la *manne de Madagascar*. On la trouve dans un certain nombre de végétaux, tels que le *melapyrum nemorosum*, le *scrophularia nodosa* et le *fusain*.

On peut l'obtenir par l'action de l'hydrogène naissant sur la *galactose* $C^6H^{12}O^6$, l'un des glucoses que l'on obtient par le dédoublement du sucre de lait.

1385. Propriétés. — La dulcite est un corps solide, blanc, d'une saveur sucrée, assez soluble dans l'eau, peu soluble dans l'alcool.

Elle cristallise en gros prismes clinorhombiques, qui fondent à 182°. Elle se dissout dans les hydracides avec dégagement de chaleur.

Sous l'action des corps oxydants, la dulcite donne un acide bibalique, l'acide *mucique*, isomère de l'acide saccharique et qui se produit aussi dans l'oxydation des gommes.

Comme la mannite elle forme des éthers.

Comme la mannite également, elle donne, sous l'action de l'acide iodhydrique, un iodure d'hexyle secondaire.

<h1 style="text-align:center">PERSÉITE</h1>

$C^6H^{14}O^6$

1386. État naturel et propriétés. — La perséite, autre isomère de la mannite, a été découverte par M. Muntz dans la graine du *Laurus persea*.

C'est une substance solide, cristallisable, de saveur sucrée, qui fond à 184°.

GLUCOSES

1387. Généralités. — On donne le nom général de *glucoses* à des composés isomères les uns des autres, de saveur sucrée, que l'on trouve dans le jus sucré des fruits, dans le lait, etc.

Au point de vue chimique, ces composés se rattachent aux alcools hexatomiques, dont ils sont des aldéhydes; ils fixent deux atomes d'hydrogène pour donner de la mannite, ou de la dulcite. Ils sont donc une fois aldéhyde des alcools hexatomiques, et ils sont en même temps cinq fois alcools.

Tous, ils possèdent la propriété de subir, au contact de la levure de bière, le dédoublement qui constitue la fermentation alcoolique (1450).

GLUCOSE ORDINAIRE

$$C^6H^{12}O^6$$

1388. État naturel et préparation. — Le glucose ordinaire, ou *sucre de raisin*, existe dans le jus sucré du raisin et de différents fruits; c'est lui qui forme des efflorescences blanches à la surface des fruits secs, comme les pruneaux et les figues.

On en trouve en grande quantité dans le miel et il y en a dans plusieurs liquides de l'organisme : l'urine des *diabétiques* en contient en notable proportion.

L'amidon, la fécule, la cellulose peuvent être transformés en glucose par l'ébullition prolongée avec de l'acide sulfurique étendu.

Pour préparer le glucose, on peut dissoudre le miel dans l'alcool froid, qui en dissout toutes les autres substances, mais non le glucose; on reprend le résidu insoluble, on le lave plusieurs fois à l'alcool, on le comprime et on le dissout dans l'eau bouillante, d'où il se dépose par évaporation.

Dans l'industrie, on a toujours recours à la transformation que subissent l'amidon, la fécule, ou la cellulose, par l'acide sulfurique étendu.

De ces trois substances, celle qu'on emploie le plus généralement est la fécule.

Dans de grandes cuves en bois, contenant de l'eau acidulée, chauffée à la température de 104° par un jet de vapeur, on verse peu à peu une bouillie claire, faite avec de la fécule délayée dans l'eau. On chauffe pendant environ une heure. On sature ensuite l'acide par de la craie, on laisse reposer, on filtre et on évapore.

La solution, concentrée à 30° Béaumé, donne le *sirop de glucose*.

Concentrée à 35° et abandonnée pendant quelques jours, la solution laisse déposer des masses mamelonnées, en forme de chou-fleur, qui constituent le *glucose granulé*.

Enfin, évaporée jusqu'à ce qu'elle marque 40°, la solution de glucose se prend, par refroidissement, en une masse blanche, amorphe, qui est le *glucose en masse*.

Le glucose granulé est plus pur que le glucose en masse.

1389. Propriétés physiques. — Le glucose est un corps solide, blanc, d'une saveur légèrement sucrée, souvent en masse amorphe, mais qui cristallise en masses mamelonnées, contenant une molécule d'eau de cristallisation.

A 100°, cette molécule d'eau de cristallisation disparaît et l'on a le glucose amorphe.

Le glucose est soluble dans l'eau froide et dans l'alcool bouillant.

Sa solution a la propriété de dévier à droite le plan de polarisation; aussi l'appelle-t-on souvent *dextrose*, pour la distinguer de la *lévulose* (1392).

1390. Propriétés chimiques. — La chaleur fait perdre d'abord au glucose une molécule d'eau pour donner le *glucosane* $C^6H^{10}O^5$, puis une matière noire, le *caramel*.

L'acide azotique l'oxyde en donnant de l'acide saccharique $C^6H^{10}O^8$.

Par ébullition avec l'acide azotique, le glucose donne de l'acide oxalique $C^2H^2O^4$ (1313).

Les alcalis bouillants le détruisent en donnant une matière brune et de l'acide lactique $C^3H^6O^3$.

La constitution chimique du glucose, qui est à la fois un alcool et un aldéhyde, est mise en évidence par la formation de ses divers composés.

Ainsi, le glucose s'unit aux acides minéraux, ou organiques, avec élimination d'eau, pour donner des éthers.

Sa fonction d'aldéhyde est mise en évidence par la propriété qu'il possède de fixer deux atomes d'hydrogène, pour donner la mannite,

C'est aussi, comme toutes les aldéhydes, un corps réducteur. Ainsi, il réduit l'azotate d'argent ammoniacal et peut servir dans l'argenture des glaces (990). Il réduit aussi les sels cuivriques en présence des alcalis et donne, par l'ébullition, un précipité d'oxyde cuivreux rouge; mais, auparavant, la liqueur se décolore entièrement.

On a fondé sur cette propriété un procédé de dosage du glucose, par la liqueur, dite *liqueur cupro-potassique, liqueur de Fehling, ou liqueur de Bareswill*.

Pour préparer la liqueur cupro-potassique, on dissout, d'une part, 34ᵍʳ,65 de sulfate cuivrique pur dans 200 centimètres cubes d'eau distillée; on dissout d'autre part 173 grammes de tartrate double de sodium et de potassium dans 480 centimètres cubes de lessive de soude, d'une densité de 1,14. On verse peu à peu la première solution dans la seconde et on étend, pour parfaire le volume d'un litre ; 10 centimètres cubes de cette liqueur contiennent alors $0^{gr},3465$ de sulfate cuivrique, précipitable par $0^{gr},05$ de glucose.

Pour doser la solution de glucose, on verse donc dans un petit ballon 10 centimètres cubes de la liqueur cupro-potassique, on l'étend de 40 centimètres cubes d'eau distillée et l'on fait bouillir.

Pendant l'ébullition, on verse peu à peu dans le ballon, avec une burette graduée, la solution de glucose à essayer, jusqu'à décoloration complète de la liqueur ; quand ce résultat est obtenu, c'est que l'on a versé une quantité de la solution qui contenait 0gr,05 de glucose.

Le glucose a aussi la propriété très importante de subir plusieurs fermentations. Sous l'influence de la levure de bière, il se dédouble en donnant de l'anhydride carbonique et de l'alcool ; c'est la *fermentation alcoolique* (1450) :

$$C^6H^{12}O^6 = 2CO^2 + 2C^2H^6O$$

Au contact des matières azotées, comme la caséine du fromage et en présence du carbonate de calcium, il subit la *fermentation lactique* (1449) et donne de l'acide lactique $C^3H^6O^3$.

$$C^6H^{12}O^6 = 2C^3H^6O^3.$$

1391. Usages. — Le glucose est utilisé pour sucrer les vins et pour fournir du gaz carbonique au vin mousseux.

Les brasseurs en ajoutent à la liqueur fermentescible, obtenue avec l'orge germée.

Les confiseurs l'utilisent pour la fabrication des sirops et des liqueurs. Le glucose ayant le pouvoir de sucrer moins que le sucre ordinaire et pouvant être nuisible, lorsqu'il n'est pas entièrement débarrassé de l'acide sulfurique employé pour sa fabrication, la loi oblige les industriels qui le consomment à mentionner que les sirops sont faits avec du glucose.

LÉVULOSE

$$C^6H^{12}O^6$$

1392. État naturel et préparation. — Le lévulose, ou *sucre de fruits*, est un isomère du glucose, que l'on rencontre dans la plupart des substances qui contiennent du glucose.

On trouve le lévulose dans le miel, les fruits, les jus sucrés. Le saccharose, ou *sucre de canne*, $C^{12}H^{22}O^{11}$, sous l'action des acides étendus et à chaud, se transforme en un mélange de glucose et de lévulose, qui porte le nom de *sucre interverti*, d'après l'équation :

$$C^{12}H^{22}O^{11} + H^2O = C^6H^{12}O^6 + C^6H^{12}O^6.$$

La solution sucrée, qui, avant la transformation, déviait à droite le plan de polarisation, le dévie ensuite à gauche.

On peut retirer le lévulose du sucre interverti. Il suffit pour cela, comme l'a montré M. Dubrunfaut, d'utiliser la propriété que possède le glucose et le lévulose de former avec la chaux des combinaisons, dont la première est soluble et la seconde insoluble.

On produit d'abord du sucre interverti ; on le triture avec de la chaux éteinte et de l'eau, on le comprime dans une toile, on recueille ce qui reste sur la toile et on le décompose par l'acide oxalique.

1393. Propriétés physiques. — Le lévulose se présente le plus généralement en masse amorphe blanche, d'une saveur à la fois farineuse et sucrée, comme celle du glucose.

Purifié par des lavages à l'alcool absolu, le lévulose cristallise en longues aiguilles brillantes et déliquescentes.

Le lévulose est très soluble dans l'eau, insoluble dans l'alcool absolu.

Il est lévogyre, c'est-à-dire qu'il dévie à gauche le plan de polarisation de la lumière.

1394. Propriétés chimiques. — Les propriétés chimiques du lévulose sont celles du glucose.

Il fonctionne à la fois comme aldéhyde et comme alcool pentatomique et il réduit la liqueur cupropotassique.

Il fermente, comme le glucose. Mais, dans la fermentation alcoolique du sucre interverti, au contact de la levure de bière, c'est le glucose qui fermente le premier.

GALACTOSE

$$C^6H^{12}O^6.$$

1395. Préparation et propriétés. — Le galactose, autre isomère du glucose, se produit dans l'interversion du sucre de lait, du lactose, par les acides étendus. Il se produit un mélange de glucose et de galactose.

Pour isoler le galactose, on reprend le produit de l'interversion par l'alcool, qui dissout le glucose, mais non le galactose.

Le galactose est une substance d'un blanc jaunâtre, de saveur sucrée, qui cristallise en petites masses mamelonnées.

Il est soluble dans l'eau mais un peu moins que le glucose. Il dévie à droite le plan de polarisation de la lumière.

Les propriétés chimiques du galactose sont les mêmes que celles du glucose et du lévulose.

L'hydrogène naissant le transforme en dulcite, isomère de la mannite.

L'acide azotique le transforme en acide mucique $C^6H^{10}O^8$.

MANNITOSE

$$C^6H^{12}O^6.$$

1396. **Préparation et propriétés.** — Le mannitose, toujours isomère du glucose, se produit dans l'oxydation de la mannite.

C'est un liquide sirupeux, qui a des propriétés analogues à celles des corps précédents, mais qui s'en distingue parce qu'il est sans action sur la lumière polarisée.

EUCALYNE

$$C^6H^{12}O^6.$$

1397. **Préparation et propriétés.** — L'eucalyne s'obtient dans la fermentation de la mélitose extraite de la *manne d'Australie*, que fournissent plusieurs variétés d'*Eucalyptus*.

C'est un liquide incolore, très épais, d'une saveur faiblement sucrée.

Sa solution est dextrogyre et réduit la liqueur cupro-potassique.

SORBINE

$$C^6H^{12}O^6.$$

1398. **État naturel et propriétés.** — La sorbine a été retirée par Pelouze des baies de sorbier.

C'est un glucose solide, soluble dans l'eau, qui cristallise en gros rhomboèdres transparents.

Elle ne fermente pas et ne réduit pas la liqueur cupro-potassique.

INOSITE

$$C^6H^{12}O^6.$$

1399 **État naturel et propriétés.** — L'inosite est un glucose, que M. Scherer a retiré des muscles et qu'on a trouvé ensuite dans les poumons, les reins, le foie et d'autres organes animaux.

L'inosite est un solide soluble dans l'eau et cristallisable en prismes rhomboïdaux transparents.

Comme les substances précédentes, elle ne fermente pas et ne réduit pas la liqueur cupro-potassique.

Sa solution aqueuse n'a aucune action sur la lumière polarisée.

SACCHAROSES

1400. Généralités. -- On désigne sous le nom de saccharoses, ou *sucres proprement dits*, des composés isomères dont la formule est $C^{12}H^{22}O^{11}$ et qui paraissent formés par la combinaison de deux molécules de glucoses, avec élimination d'une molécule d'eau.

Ils ont une saveur beaucoup plus sucrée que celle des glucoses et ils s'en distinguent surtout par la propriété de ne pas cristalliser au contact de la levure de bière.

Mais, par l'action lente de l'eau et plus rapidement sous l'influence des acides étendus et à chaud, ils fixent une molécule d'eau et se dédoublent en un mélange de deux glucoses, qui est alors fermentescible.

Cette transformation est ce qu'on appelle l'*interversion*.

SACCHAROSE ORDINAIRE
$$C^{12}H^{22}O^{11}.$$

1401. État naturel. — Le saccharose ordinaire, *ou sucre de canne*, existe dans un grand nombre de végétaux.

On le trouve dans la canne à sucre, le sorgho, la sève des palmiers, des érables, des bouleaux, la racine de la betterave, de la carotte, du navet, etc. On en trouve aussi, avec le glucose, dans certains fruits, tels que les abricots, les pêches, les oranges, les ananas, etc.

Dans les pays chauds, on l'extrait exclusivement de la canne à sucre, depuis un temps fort reculé. En Europe, depuis la fin du XVIIIe siècle, et en France, principalement depuis l'époque du *blocus continental*, qui empêchait toute communication avec les colonies, on l'extrait de la *betterave blanche de Silésie*.

1402. Extraction du sucre de la canne. — Aux colonies, et plus spécialement dans les Antilles, on cultive dans d'immenses plantations la canne à sucre, qui est une sorte de roseau.

Lorsque l'époque de la récolte est venue, on coupe ces roseaux, et on les soumet à la pression entre des cylindres : le jus, qui s'écoule et qui contient environ 20 p. 100 de sucre, est reçu dans des baquets. C'est le *vesou*. Il contient un peu d'acides et de substances azotées, qu'il faut enlever immédiatement, pour éviter la fermentation.

Pour cela, on le soumet à la *défécation*. On introduit le vesou dans une chaudière (fig. 280), chauffée par la vapeur d'eau qui circule dans un double fond, et on y ajoute quelques millièmes de chaux. La vapeur d'eau porte le liquide à l'ébullition, la chaux sature les acides et les matières azotées se coagulent; ces matières coagulées entraînent à la surface les sels de calcium formés et il se produit une écume, qu'on enlève.

Quand il ne se produit plus d'écume, le jus purifié est soutiré au moyen d'un conduit inférieur.

On concentre alors le sirop dans le vide. On obtient ainsi un liquide

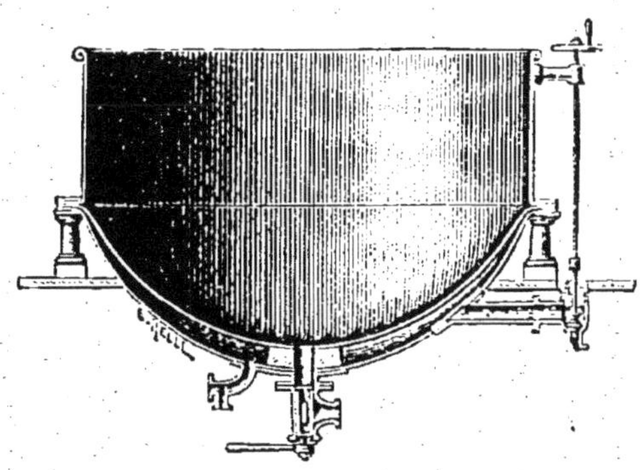

Fig. 280. — Chaudière à défécation.

très épais, que l'on verse dans des cristallisoirs, où il se dépose par le repos de petits cristaux, constituant la *cassonade*, ou *sucre brut*. Les eaux mères, évaporées de nouveau, donnent des cassonades de *deuxième* et de *troisième jet*.

Les dernières eaux mères, qui ne peuvent plus cristalliser, forment la *mélasse*, qui se présente sous l'apparence d'un liquide sirupeux brun, utilisé quelquefois directement, par exemple dans la fabrication du *pain d'épice*. Abandonnée en présence de la levure de bière, cette mélasse fermente et donne par la distillation une liqueur fermentée, qui est le *rhum*.

La cassonade doit être raffinée (1404) avant d'être livrée à la consommation.

1403. Extraction du sucre de la betterave. — L'extraction du sucre de la betterave constitue aujourd'hui l'une des principales industries de l'Europe. Elle est principalement en honneur en Allemagne, en France, en Belgique et en Angleterre.

Pour extraire le sucre des racines de betterave, on les lave à l'eau courante, on les râpe et l'on obtient une pulpe, que l'on comprime fortement. Il s'écoule un jus sucré et le résidu de la compression est employé à la nourriture du bétail.

En Allemagne, les betteraves sont généralement traitées par *diffusion*. Le traitement repose sur ce principe que, lorsque la betterave, coupée en morceaux, est en contact prolongé avec l'eau, le sucre cristallisable traverse par diffusion les membranes des cellules et vient se dissoudre dans l'eau, tandis que les substances colloïdes restent dans la cellule. L'avantage de ce traitement est que le liquide obtenu contient beaucoup moins de substances étrangères.

Le jus de la betterave est immédiatement soumis à la défécation dans des chaudières analogues à celle de la figure 280.

Mais ici on ajoute un grand excès de chaux, qui sature les acides,

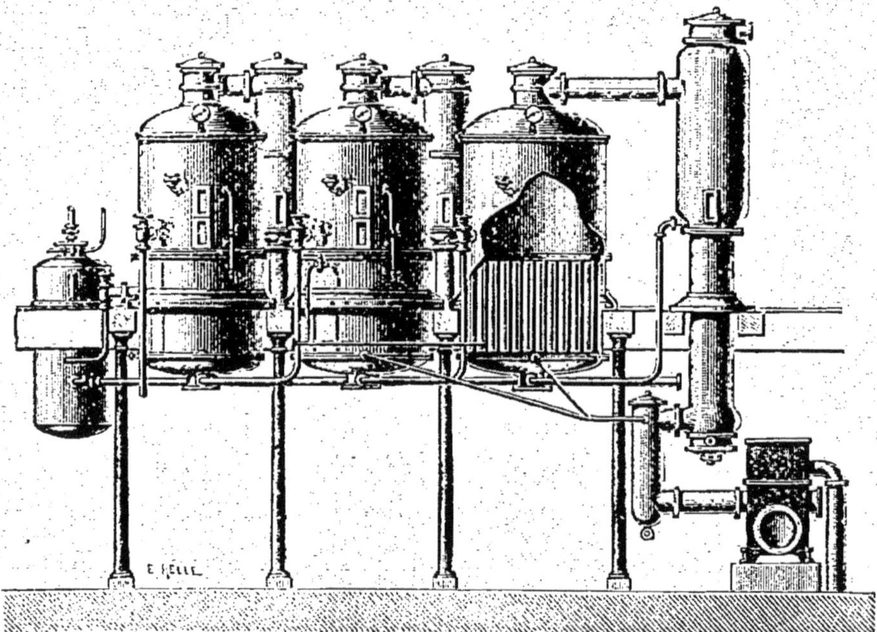

Fig. 281. — Appareil Cail à triple effet pour l'évaporation des jus sucrés.

plus nombreux que dans le jus de canne à sucre, forme avec les matières azotées des composés insolubles et enfin s'unit au sucre pour former un saccharate de calcium, soluble dans l'eau froide, insoluble dans l'eau chaude, et moins altérable que le sucre.

Les substances insolubles forment, à la surface, des écumes, que l'on enlève, et l'on obtient un liquide encore coloré par quelques matières étrangères.

Il ne reste plus alors qu'une solution de saccharate de calcium, que l'on décompose en portant le liquide à l'ébullition et faisant passer un courant d'anhydride carbonique; c'est l'opération de la *carbonatation*. Il se forme du carbonate de calcium insoluble et il reste un sirop de sucre. On recommence une seconde fois l'opération de la défécation et de la carbonatation ; puis on filtre la liqueur sur du noir animal pour la décolorer.

Le sirop ainsi purifié est évaporé dans un appareil de Cail à triple effet (fig. 281). Il se compose de trois récipients cylindriques en tôle, portant à leur partie supérieure et jusqu'à mi-hauteur, des tubes verticaux ; au moyen de pompes on raréfie l'air dans ces récipients. Chacun d'eux contient jusqu'à moitié le jus sucré, purifié par les opérations précédentes.

On fait circuler de la vapeur d'eau dans les tubes verticaux du premier cylindre ; le jus sucré qui y est contenu s'évapore et la vapeur d'eau produite s'échappe par un conduit latéral et va circuler dans les tubes verticaux du second cylindre, où l'évaporation se produit de même, et ainsi de suite. Les vapeurs produites dans le dernier cylindre vont se condenser dans un réfrigérant placé à la suite de l'appareil.

Grâce à cette disposition et au vide partiel que l'on maintient dans l'appareil, on peut évaporer les jus sucrés sans une trop grande dépense de combustible.

Le jus se concentre ainsi jusqu'à 25° Baumé ; il a alors une densité égale à 1,2. On le décolore par le noir animal et on procède à la cuite en grains, qui est une nouvelle concentration dans une chaudière, où on fait le vide et qui est chauffée par la vapeur d'eau.

Lorsque le sirop est suffisamment concentré, on le verse dans des cristallisoirs plats, où le sucre se dépose en cristaux blancs, que l'on débarrasse du liquide qu'ils retiennent, au moyen de turbine à force centrifuge.

On obtient ainsi le sucre de *premier jet;* l'évaporation des eaux mères donne des sucres de *second* et de *troisième jet.*

Le résidu incristallisable, ou *mélasse,* abandonné au contact de la levure de bière, fermente et donne par distillation de l'alcool.

Le résidu de cette distillation constitue les *vinasses* de betterave, d'où l'on retire du carbonate de potassium (559) et de la triméthylamine (1148).

1404. Raffinage du sucre brut. — Pour raffiner le sucre brut, ou cassonade, on le fait dissoudre dans l'eau d'une chaudière chauffée par un courant de vapeur et l'on ajoute au sirop ainsi obtenu du sang de bœuf et du noir animal. L'albumine du sang se coagule par l'effet de la chaleur et forme un voile qui entraîne les impuretés en les enveloppant ; le noir animal détruit les matières colorantes.

Le jus ainsi clarifié est soutiré et filtré dans des *filtres Taylor,* en laine, formés d'une double enveloppe, puis sur du noir animal, et de nouveau dans des filtres Taylor.

Le sirop est alors bien pur. On le concentre dans le vide et on le verse dans des formes, où il cristallise en *pain.*

Pour faire écouler l'eau mère, on procède au *clairçage,* qui con-

siste à arroser le pain avec du sirop bien blanc et concentré, dont l'eau
entraîne les impuretés.

1405. Propriétés physiques. — Le sucre ainsi obtenu est un corps
solide, blanc, qui, préparé en pain, est en une masse de petits cristaux opaques.

Il est très soluble dans l'eau. Les solutions concentrées, aban-
données au repos, laissent déposer des cristaux volumineux constituant le *sucre candi*.

Sa densité est 1,606.

Il est très soluble dans l'eau, moins soluble dans l'alcool, insoluble
dans l'éther.

Il fond à 160°. Par le refroidissement, il donne une masse
vitreuse, qui est le *sucre d'orge*, ou *sucre de pomme*. Peu à peu, le
sucre vitreux subit une transformation : il cristallise et cette transformation va de la surface au centre, de sorte que les vieux sucres
d'orge ont une surface opaque et cristalline, avec un axe vitreux.

La solution de sucre dans l'eau est dextrogyre. Elle dévie à droite
le plan de polarisation de la lumière.

1406. Propriétés chimiques. — Le sucre, maintenu pendant quelque
temps à sa température de fusion, se transforme en un mélange de
glucose et de *lévulosane* $C^6H^{10}O^5$:

$$C^{12}H^{22}O^{11} = C^6H^{12}O^6 + C^6H^{10}O^5.$$

L'action prolongée de la chaleur le transforme en *caramel*.

Chauffé pendant longtemps avec de l'eau, à une température de 80°,
ou bien en présence des acides étendus, à la température d'ébullition,
le sucre absorbe une molécule d'eau et donne le *sucre interverti*,
mélange des deux isomères le glucose et le lévulose, qui fermente
facilement, tandis que le sucre ne fermente pas :

$$C^{12}H^{22}O^{11} + H^2O = C^6H^{12}O^6 + C^6H^{12}O^6.$$

C'est pour cela que les jus de canne et de betterave, qui contiennent
des acides, sont immédiatement soumis à la défécation, et c'est
pour ne pas être conduit à chauffer trop fortement les sirops de sucre,
que l'on en fait l'évaporation dans le vide.

Le sucre perd facilement tous les éléments de l'eau qu'il contient et
laisse un résidu de carbone. Ainsi, l'action prolongée de la chaleur, à
une température élevée, donne du carbone ; l'acide sulfurique concentré, qui est très avide d'eau, carbonise aussi très facilement le
sucre.

L'acide azotique bouillant, en agissant sur le sucre, le transforme
en acide oxalique.

Les acides peuvent agir sur le sucre, en donnant des composés analogues aux éthers, ce qui s'explique, puisque la molécule de sucre résulte de la combinaison, avec élimination d'eau, de deux molécules de glucose, qui fonctionnent comme alcools pentatomiques.

Le sucre agit aussi sur les alcalis et donne, avec la chaux par exemple, des sels appelés *saccharates*; le saccharate de calcium, soluble dans l'eau froide, insoluble dans l'eau chaude, joue un rôle dans l'extraction du sucre de betterave (1403).

Le sucre ne réduit pas la liqueur cupro-potassique et l'on peut alors facilement doser le glucose contenu dans une solution sucrée.

1407. Usages. — Le sucre est employé dans l'alimentation.

LACTOSE

$$C^{12}H^{22}O^{11}$$

1408. État naturel et préparation. — Le lactose, ou *sucre de lait*, existe dans le lait, auquel il communique la saveur sucrée.

Pour le préparer, on évapore, à consistance sirupeuse, le petit lait, qui reste comme résidu après la fabrication du fromage. Par le refroidissement, la solution sirupeuse se prend en une masse de petits cristaux, groupés autour d'un axe central.

1409. Propriétés. — Le lactose est une substance solide, incolore, dure, de saveur sucrée, cristallisée en prismes orthorhombiques, qui contiennent une molécule d'eau de cristallisation. A 120°, cette molécule d'eau est enlevée.

Le sucre de lait est assez soluble dans l'eau, plus soluble dans l'eau bouillante.

Soumis à l'action des acides étendus, le lactose s'intervertit et donne un mélange de glucose et de galactose.

Le lactose subit difficilement la fermentation alcoolique, au contact de la levure de bière ; mais, additionné de carbonate de calcium, il subit facilement la fermentation lactique, quand il reste exposé à l'air. C'est cette fermentation qui se produit dans le lait aigri.

Une fois l'acide lactique produit, la fermentation lactique s'arrête ; mais alors l'acide intervertit le lactose restant et fournit du glucose, qui subit facilement la fermentation alcoolique.

Le lactose réduit facilement la liqueur cupro-potassique.

Traité par l'acide azotique, il donne un mélange d'acides saccharique et mucique.

Ses solutions sont dextrogyres.

MALTOSE

$$C^{12}H^{22}O^{11}$$

1410. Circonstances de production et propriétés. — La maltose se produit, comme l'a montré M. Dubrunfaut, dans la transformation de l'amidon en dextrine, sous l'influence de la diastase.

On peut l'obtenir en faisant digérer de l'empois d'amidon avec de la diastase, à la température de 60°. On ajoute de l'alcool, qui précipite la dextrine, on filtre et on évapore la solution à consistance sirupeuse. Par refroidissement, il se dépose de la maltose.

C'est une substance solide, blanche, cristallisée en aiguilles avec une molécule d'eau de cristallisation, qu'elles perdent à 100°.

Cette substance sucrée réduit facilement la liqueur cupro-potassique.

Sous l'influence des acides étendus, elle s'intervertit et donne deux molécules de glucose ordinaire.

La maltose dévie à droite le plan de polarisation de la lumière.

MÉLITOSE

$$C^{12}H^{22}O^{11}$$

1411. État naturel et propriétés. — La mélitose a été extraite de la manne d'Australie, fournie par certains arbres du genre *Eucalyptus*.

C'est une substance solide, cristallisée en fines aiguilles contenant trois molécules d'eau de cristallisation; à 100°, elle en perd deux molécules.

Sa solution est dextrogyre.

Elle ne réduit pas la liqueur cupro-potassique. Par l'action des acides étendus, elle se dédouble en une molécule de glucose et une molécule d'eucalyne (1397), non fermentescible.

MÉLÉZITOSE

$$C^{12}H^{22}O^{11}$$

1412. État naturel et propriétés. — La mélézitose a été extraite de la manne de Briançon, fournie par le *mélèze*.

C'est une substance solide, cristallisée en prismes clinorhombiques, contenant une molécule d'eau de cristallisation, qu'ils perdent à 108°.

La mélézitose est dextrogyre et se dédouble, sous l'action des acides étendus, comme la maltose, en deux molécules de glucose ordinaire.

TRÉHALOSE
$C^{12}H^{22}O^{11}$.

1413. État naturel et propriétés. — Le tréhalose, appelé aussi *mycose*, a été retiré du seigle ergoté et d'une manne d'Orient, appelée *tréhala.*

C'est une substance solide, cristallisée en octaèdres rectangulaires, avec deux molécules d'eau de cristallisation.

Il est dur, doué d'une saveur sucrée, comparable à celle du sucre de canne; il s'en distingue parce qu'il est soluble dans l'alcool bouillant.

Il est dextrogyre et, sous l'action des acides étendus, se transforme en deux molécules de glucose.

MATIÈRES AMYLACÉES

1414. Généralités. — On donne le nom de *matières amylacées* aux substances telles que l'amidon, retirée de la farine des céréales, la fécule, retirée des tubercules de la pomme de terre, et aux substances analogues.

Au point de vue chimique, leur constitution paraît se rapprocher de celle des saccharoses. Les matières amylacées ont, en effet, la propriété de se transformer, sous l'action des acides étendus, et de donner des glucoses.

Leur formule la plus simple, déduite de l'analyse de ces matières, est $C^6H^{10}O^5$; mais on ne connaît pas leur poids moléculaire exact et on ne peut déterminer leur formule vraie.

Toutes les réactions chimiques auxquelles ces matières donnent lieu permettent de les considérer comme résultant de la condensation successive de plusieurs molécules de glucose, avec perte d'une molécule d'eau à chaque molécule de glucose.

On leur donne pour formule générale $nC^6H^{10}O^5$, le nombre n étant inconnu.

AMIDON
$nC^6H^{10}O^5$.

1415. État naturel. — L'amidon existe dans un grand nombre de substances végétales, dans les graines des céréales et des légumineuses, les fruits du châtaignier, du marronnier, les tubercules de la pomme de terre, etc.

On l'extrait principalement de la farine des céréales et on l'appelle alors *amidon*, ou bien des tubercules de la pomme de terre, et on lui donne dans ce cas le nom de *fécule*.

1416. Extraction de la farine des céréales. — La farine des céréales est principalement formée de deux matières différentes, l'amidon et le gluten, substance plastique et azotée, susceptible de se putréfier.

Pour séparer ces deux corps, on peut recueillir la farine, grossièrement moulue, la mélanger à une certaine quantité d'eau et l'abandonner ainsi à la putréfaction. Le gluten se détruit en donnant des produits volatils, tels que les sulfures et carbonates d'ammonium, et des substances solubles, telles que de l'acide lactique et des sels. L'amidon ne subit aucune modification et on peut le recueillir, après l'opération, et le purifier par des lavages.

Les produits volatils, qui se dégagent dans cette opération, sont très nuisibles et ce procédé a été avantageusement remplacé par le suivant, qui est purement mécanique.

On forme, avec la farine et une petite quantité d'eau, une pâte plastique, que l'on place dans un cylindre en toile métallique, appelé *amidonnière*, dans lequel tourne un second cylindre cannelé, qui opère la division de la pâte.

En même temps, on fait couler dans l'amidonnière un mince filet d'eau, qui entraîne l'amidon et laisse le gluten. L'amidon se dépose en poudre dans l'eau recueillie. On y ajoute un peu d'eau tiède, qui fait fermenter le peu de gluten qui a pu passer à travers la toile métallique. Au bout de huit jours environ, on peut recueillir l'amidon, le laver et le sécher.

Le gluten peut également être recueilli dans cette opération.

1417. Extraction de la fécule de la pomme de terre. — Pour extraire la fécule de la pomme de terre, on en prend les tubercules, on les essuie soigneusement, on les râpe et on soumet la pulpe, ainsi obtenue, à l'action d'un filet d'eau dans une amidonnière.

L'eau entraîne la fécule au travers de la toile métallique, tandis que les débris de cellules végétales restent sur le tamis.

L'eau qui passe est recueillie dans des bassines, où on la laisse reposer et au fond desquelles la fécule se dépose. On décante ensuite l'eau qui surnage et on dessèche la fécule obtenue.

On retire d'une façon analogue de l'amidon des farines de riz, de maïs et d'autres.

1418. Propriétés physiques. — L'amidon est une subtance solide, blanche, fade, insoluble dans l'eau, l'alcool et l'éther. Celui que l'on retire des céréales est cristallisé en petits prismes ; la fécule extraite de la pomme de terre est pulvérulente et craque sous les doigts.

Examiné au microscope, l'amidon paraît formé de grains brillants de forme ovale et de diamètre variable, plus grands dans la fécule de pomme de terre que dans l'amidon des céréales. Ces grains sont recouverts d'enveloppes concentriques qui s'accroissent en diamètre du centre à la périphérie.

L'eau, dans laquelle on a délayé l'amidon, passe blanche à travers les filtres, entrainant ainsi des parcelles d'amidon très fines. A la température d'ébullition, les grains d'amidon gonflent dans l'eau et donnent, par le refroidissement, une masse blanche et gélatineuse ; c'est l'*empois* d'amidon, qui est utilisé comme colle et pour empeser le linge.

1419. Propriétés chimiques. — L'iode colore l'amidon en bleu, en donnant *l'iodure d'amidon* ; la coloration disparait à l'ébulition et reparait par le refroidissement. C'est là un caractère analytique qui permet de mettre en évidence la présence de l'amidon.

Sous l'action de la chaleur, l'amidon subit certaines transformations ; à 100°, il donne l'*amidon soluble*, qui est soluble dans l'eau chaude et ne donne pas d'empois par le refroidissement ; à 200°, il se transforme en *dextrine* (1422), qui est un composé commercial important.

Sous l'action des acides étendus, l'amidon s'hydrate et se dédouble d'abord en maltose et dextrine, puis en glucose. Ces transformations se produisent également sous l'action d'un ferment soluble, la *diastase*, qui existe dans l'orge germée.

L'acide azotique transforme l'amidon en acide oxalique.

Un mélange d'acide azotique et d'acide sulfurique concentré donne, avec l'amidon, des éthers azotiques, connus sous les noms de *xyloïdine* et de *pyroxane*. Ce sont des composés explosifs, que l'on a cherché à utiliser comme poudre.

INULINE

$$n C^6 H^{10} O^5$$

1420. État naturel et propriétés. — L'inuline a été découverte dans la racine d'aunée (*Inula Helenium*). On la trouve dans les tubercules de dahlia et de topinambour, d'où on l'extrait comme la fécule des tubercules de pomme de terre.

L'inuline est une substance dont l'aspect ressemble beaucoup à celui de l'amidon des céréales. Elle est un peu soluble dans l'eau froide, qui fournit alors un empois : elle est très soluble dans l'eau bouillante.

L'iode ne la bleuit pas, mais la colore en jaune.

Sous l'action des acides étendus, elle donne de la lévulose, au lieu de glucose.

GLYCOGÈNE

$$n\,C^6H^{10}O^5$$

1421. État naturel et propriétés. — Le glycogène existe dans l'économie animale et a été découvert dans le foie, par Claude Bernard.

On peut l'obtenir en faisant bouillir dans l'eau du foie coupé en morceaux, filtrant la solution et précipitant par l'alcool.

Le glycogène est un corps solide, blanc, pulvérulent et amorphe, inodore et insipide.

Il est soluble dans l'eau, mais insoluble dans l'alcool et l'éther. Séché à l'air, il retient une molécule d'eau, qui disparaît à 100°.

L'iode ne le colore pas en bleu, mais en brun rouge.

Sous l'action des acides étendus, il se convertit en glucose.

DEXTRINE

$$n\,C^6H^{10}O^5$$

1422. Préparation. — La dextrine est un produit de transformation de l'amidon.

Pour la préparer dans l'industrie, on chauffe vers 180° l'amidon des céréales perdant environ trois heures.

On peut aussi humecter la fécule d'eau acidulée et la chauffer pendant deux à trois heures, dans des étuves, à la température de 120°.

La dextrine, préparée par l'un ou l'autre de ces deux procédés, contient toujours un peu de glucose, qui s'est formé simultanément dans la transformation de l'amidon. On l'en débarrasse en la faisant dissoudre dans l'eau et en traitant par l'alcool absolu, qui ne dissout pas la dextrine et la précipite en flocons blancs.

1423. Propriétés. — La dextrine est une substance solide, blanche, ou colorée en jaune, pulvérulente, peu soluble dans l'eau, avec laquelle elle donne un liquide gommeux.

Les acides étendus transforment la dextrine en glucose : cette transformation a lieu également sous l'action de la diastase.

D'après divers chimistes, et principalement d'après M. Musculus, il y aurait plusieurs variétés de dextrine, différant les unes des autres par leur pouvoir rotatoire et par la facilité avec laquelle elles se transforment sous l'action de la diastase.

M. Musculus a obtenu l'une de ces variétés de dextrine en dissolvant du glucose pur dans l'acide sulfurique, ajoutant de l'alcool et abandonnant le mélange pendant trois semaines.

1424. Usages. — La dextrine est employée comme substance gommeuse, comme épaisissant des encres d'imprimerie, des mordants pour l'impression des étoffes d'indiennes.

On l'emploie surtout à l'apprêt des tissus, comme les tulles et les gazes.

Les brasseurs emploient la dextrine pour la fabrication de la bière.

GOMMES

1425. Généralités. — On donne le nom de *gommes* à des substances sécrétées par un certain nombre de végétaux et qui, mélangées à l'eau, donnent un liquide sirupeux.

Au point de vue chimique, ces substances se comportent à peu près comme des saccharoses, ou des substances amylacées, et sont constituées de même. Traitées par les acides étendus, elles donnent des glucoces.

Sous l'action de l'acide azotique, les gommes donnent, à la longue et comme terme définitif, de l'acide oxalique ; mais, auparavant, elles donnent toutes de l'acide mucique $C^6H^{10}O^8$.

GOMME ARABIQUE

1426. État naturel et extraction. — La *gomme arabique*, que l'on a recueillie d'abord en Arabie et qui vient aujourd'hui en grand du Sénégal, est sécrétée par l'*acacia vera* et, dans nos pays, par la plupart des arbres fruitiers, cerisiers, pruniers, abricotiers, etc.

Pour l'obtenir, on recueille le suc qui s'écoule de ces arbres et on le laisse solidifier par le repos. La gomme ainsi obtenue renferme un peu de débris végétaux, entraînés par le liquide qui s'écoule.

1427. Propriétés et usages. — La gomme arabique est un corps solide, jaune ou brun, translucide et à cassure vitreuse.

Elle est soluble dans l'eau. La solution est lévogyre.

D'après M. Frémy, la gomme arabique serait fournie par les sels de calcium et de potassium de l'acide gummanique, dont la formule est $2C^6H^{10}O^5 + H^2O$.

En faisant bouillir la gomme arabique avec de l'acide sulfurique étendu, on la transforme en un glucose, l'*arabinose*, qui paraît être identique avec le galactose (Müntz).

Sous l'action de l'acide azotique, la gomme arabique forme d'abord de l'acide mucique, puis de l'acide oxalique.

La gomme arabique est utilisée comme colle, à l'état de solution aqueuse, principalement dans l'apprêt des tissus.

GOMME ADRAGANTE

1428. État naturel et extraction. — La gomme adragante est sécrétée par des variétés *d'astragales* et de *cactus*, que l'on rencontre dans
le Levant, dans la Perse et à Bassora.

Le suc des végétaux, recueilli et abandonné à l'air, est la gomme
adragante.

1429. Propriétés et usages. — La gomme adragante se présente
sous l'aspect d'une manne et d'un suc végétal amorphe, en écailles et
n'ayant pas l'aspect vitreux de la gomme arabique.

Elle est insoluble dans l'eau et s'y gonfle simplement comme un
mucilage.

Sous l'action de l'acide sulfurique étendu, elle donne du glucoce
cristallisable.

L'acide azotique l'oxyde en donnant de l'acide mucique, mais non
de l'acide oxalique.

La gomme adragante est employée pour l'apprêt des tissus.

MUCILAGES

1430. Généralités. — Les mucilages sont des substances qui présentent quelque analogie avec les gommes, surtout avec la gomme
adragante.

Ils ne sont pas solubles dans l'eau, mais ils se gonflent dans ce
liquide et donnent une sorte de gelée transparente.

C'est ce qui arrive, par exemple, quand on mélange la farine de lin avec
l'eau chaude; cette farine contient un mucilage, qui forme avec l'eau
une sorte de substance gélatineuse, que l'on peut isoler en comprimant dans une toile. C'est ce mucilage qui fait employer la farine de
lin comme adoucissant.

LICHÉNINE

1431. État naturel et propriétés. — Un certain nombre de lichens,
quand on les fait bouillir dans l'eau, lui abandonnent une substance
mucilagineuse, qui se dissout dans l'eau, et qui, par le refroidissement, se prend en une gelée blanche. C'est la lichénine.

Sous l'influence des acides étendus, la lichénine se transforme en
glucose. Par l'action de l'acide azotique, elle donne de l'acide oxalique
et non de l'acide mucique.

CHAPITRE X

MATIÈRES CELLULOSIQUES

1432. Constitution du bois. — Les tiges des plantes dicotylédones sont formées de deux parties distinctes : l'écorce, à l'extérieur, et le bois, à l'intérieur.

Le bois, ou *tissu ligneux*, est constitué par des cellules végétales, qui forment le tissu proprement dit et qui sont imprégnées de diverses substances, parmi lesquelles Payen a signalé une *matière incrustante*, qui communique au bois sa dureté.

Les autres matières sont des sels alcalins à acides organiques, tels que des oxalates de potassium ou de sodium, qui se trouvent dans les cendres à l'état de carbonates; des matières résineuses, qui, à la distillation, donnent les goudrons; des matières azotées, qui se décomposent à la distillation et donnent l'ammoniaque et autres produits analogues, que l'on recueille dans le réfrigérant.

Les parois des cellules végétales sont formées d'une substance, la *cellulose*, isomère des substances amylacées et que nous étudierons plus loin (1434).

1433. Conservation des bois. — Les substances azotées que contient le tissu ligneux sont susceptibles de fermenter et de se putréfier; aussi, le bois mort exposé à l'air se détériore-t-il facilement. Les seuls qui se conservent bien sont ceux qui proviennent des plantes conifères, dont le tissu ligneux est imprégné de substances résineuses. On les emploie dans les constructions navales et les constructions sur pilotis.

Pour les autres, on les préserve de l'attaque des insectes et des végétaux nuisibles, qui pourraient les détruire, en les injectant de substances antiseptiques.

Ces substances peuvent être, ou bien justement le goudron, qui agit par sa créosote, ou bien le sulfate de cuivre.

Pour bien imprégner le bois à conserver, ce qui est essentiel, deux procédés sont en usage.

Le procédé Briant, le plus anciennement employé, est applicable aux bois secs. On introduit les pièces de bois dans des cylindres en fer, où l'on fait arriver de la vapeur d'eau, qui chasse l'air renfermé dans les cellules du bois.

On ferme ensuite le cylindre et, quand la vapeur est condensée, on y fait arriver le liquide employé. En le soumettant à une pression de dix atmosphères, on le force à pénétrer dans les cellules et les vaisseaux du bois.

Pour les bois verts, on emploie le procédé Boucherie. A l'une des extrémités de la pièce de bois à injecter, on adapte une sorte de sac sans fond que l'on y fixe solidement ; ce récipient communique avec une pompe, qui permet d'y introduire le liquide à injecter. Il suffit ici de le faire arriver sous une pression de deux atmosphères, la force capillaire et la force d'absorption des vaisseaux et des cellules facilite l'absorption de la liqueur, qui est complète au bout de quelques jours.

CELLULOSE

$$n C^6 H^{10} O^5$$

1434. État naturel et préparation. — La cellulose est la substance qui forme les parois des jeunes cellules végétales. Par la destruction de ces cellules, elle se dépose dans les différentes parties des végétaux.

La moelle de sureau, le coton, le vieux linge, les papiers de luxe sont formés de cellulose presque pure.

Pour l'obtenir, on peut prendre du coton et le faire bouillir dans une lessive étendue de potasse ; le résidu est lavé d'abord à l'eau, puis avec de l'eau de chlore, de l'alcool et de nouveau avec de l'eau. La matière qui reste, séchée à 100° à l'étuve, est de la cellulose pure.

On peut aussi la retirer, au moyen du réactif de Schweizer (1435), des substances qui la contiennent, mélangée à plus d'impuretés, du papier par exemple.

1435. Propriétés physiques. — La cellulose est un corps solide, blanc, inodore et insipide, de consistance fibreuse, comme la charpie. Quelques variétés de cellulose, comme celle à laquelle on donne le nom d'*ivoire végétal*, sont assez dures pour être travaillées.

Sa densité est environ 1,5.

Elle est insoluble dans tous les dissolvants, excepté dans la liqueur cupro-ammoniacale, connue sous le nom de *réactif de Schweizer* et qui s'obtient en versant la solution aqueuse d'ammoniaque sur de la tournure de cuivre placée dans un entonnoir. Dans ce dissolvant, la cellulose se gonfle d'abord et se dissout à la longue ; la solution, traitée par un acide étendu, donne un précipité de cellulose gélatineuse.

La chaleur la décompose avant la fusion.

1436. Propriétés chimiques. — La distillation sèche de la cellulose donne les mêmes produits que la distillation sèche du bois, c'est-à-dire des hydrocarbures, de l'esprit de bois, de l'acide pyroligneux et des goudrons, avec un résidu de carbone.

Fondue avec les alcalis, potasse ou soude, la cellulose donne de l'acide oxalique.

Sous l'action lente des acides étendus, la cellulose donne de l'*hydro-cellulose*, combinaison de la cellulose avec l'eau. Le papier, plongé pendant une minute dans l'acide sulfurique étendu de son poids d'eau, puis lavé avec soin et séché, prend la consistance du parchemin animal et devient translucide : c'est le *vapier parchemin*, ou *parchemin végétal*.

Au contact de l'acide sulfurique concentré, la cellulose se transforme d'abord en amidon, insoluble dans l'eau et coloré en bleu par l'iode, puis en dextrine soluble. Par une ébullition prolongée, on obtient même du glucose, qui peut fermenter. Il y a dans ce cas formation d'une molécule d'eau :

$$C^6H^{10}O^5 + H^2O = C^6H^{12}O^6$$

Avec certains acides, tels que les acides acétique et nitrique, la cellulose forme des éthers, la triacétine $nC^6H^7O^5(C^2H^3O^2)^3$ et la trinitrine $nC^6H^7O^5(AzO^4)^3$, qui n'est autre chose que le coton poudre.

NITRO-CELLULOSE

$$nC^6H^7O^5(AzO^2)^3$$

1437. Préparation. — La nitro-cellulose, appelée aussi *pyroxyle*, *coton-poudre*, ou *fulmi-coton*, se prépare à l'aide du coton cardé du commerce.

On trempe ce coton, pendant une demi-minute, dans un mélange d'une partie d'acide azotique et de deux parties d'acide sulfurique concentré. On le retire ensuite, on le lave à l'eau, jusqu'à ce qu'il n'ait plus aucune saveur, ni réaction, acide et on le fait sécher.

1438. Propriétés. — Le coton-poudre présente l'aspect extérieur du coton qui a servi à le produire ; il est seulement un peu plus rude au toucher et quelquefois coloré en jaune.

Il est insoluble dans la plupart des dissolvants, même dans le réactif de Schweizer, ce qui permet de le distinguer du coton ordinaire.

Dans un mélange d'alcool et d'éther, il donne une solution sirupeuse, incolore, qui constitue le *collodion*.

Cette solution, abandonnée à l'air, se prend en une masse gélatineuse. On utilise cette propriété, en chirurgie, pour étendre sur les plaies une couche, qui les protège du contact de l'air, et, en photographie, pour obtenir une mince pellicule, qui sert de support aux sels d'argent sensibles. Dans les laboratoires, on se sert aussi du collodion pour confectionner des ballons souples.

Le coton-poudre bien pur s'enflamme facilement et brûle très rapidement et sans laisser de résidu solide ; aussi peut-on le faire brûler sur la main.

Sa combustion dégage une quantité considérable de gaz. Quand il brûle dans un espace clos, il produit une forte détonation.

Son emploi au lieu de la poudre a été proposé ; mais il constitue une poudre très brisante, qui fait éclater ou détériore les armes à feu et qui ne peut guère être employée que comme poudre de mine.

1439. Celluloïd. — Le *celluloïd*, qui, depuis quelques années, est devenu un produit industriel très important, est un simple mélange de coton-poudre et de camphre.

Pour l'obtenir, on mélange des solutions de camphre dans l'éther et de coton-poudre dans l'alcool et l'éther. On chauffe à la vapeur d'eau surchauffée, pour chasser l'alcool et l'éther, sans risquer d'enflammer tous ces produits, qui sont très inflammables, et par suite très dangereux à manier, et finalement on comprime le résidu.

Le celluloïd, purifié par le contact prolongé de l'alcool, est ensuite laminé au moyen de cylindres chauffés à la vapeur.

Le corps ainsi obtenu est solide, blanc, translucide, assez dur et élastique. Il peut être travaillé. Sa densité est 1,35.

Il se dissout, comme la nitro-cellulose, dans le mélange d'alcool et d'éther. A 80° il se ramollit et peut être moulé.

Chauffé à l'air, il s'enflamme facilement et brûle avec une flamme très éclairante.

On utilise le celluloïd pour fabriquer des objets divers, tels que porte-plumes, peignes, billes de billard.

Mélangé d'huile, il prend de la souplesse et sert à fabriquer le linge artificiel, dit *linge américain*, avec lequel on fait des faux-cols et des manchettes.

On peut le colorer, pendant la fabrication, en ajoutant des poudres colorantes.

En mélangeant ensuite des plaques diversement colorées, on obtient des celluloïds qui présentent l'apparence de l'écaille, de la corne, etc.

Le principal inconvénient de l'emploi du celluloïd est sa trop facile inflammabilité.

FABRICATION DU PAPIER

1440. Généralités. — Le papier, qui joue un si grand rôle dans la vie actuelle des peuples, et qui se fabrique en si grande quantité, est un tissu blanc, fibreux et souple, destiné à recevoir les dessins et les caractères de l'écriture et de l'impression.

Il paraît d'abord avoir été fabriqué en Chine, depuis une époque fort reculée, et avoir fait son apparition en Europe vers le XII° siècle.

Il est formé de cellulose et se préparait à l'origine au moyen de coton, puis des déchets de linge. Mais la consommation du papier ayant augmenté dans des proportions très considérables, on a dû recourir à d'autres parties végétales contenant de la cellulose et on a employé la paille des céréales (blé, maïs), la feuille de l'alfa, les bois blancs, et quelques autres substances, qui constituent, pour cet emploi, les *succédanés* des chiffons.

Après avoir choisi les matières convenables, on les réduit, en les malaxant avec de l'eau, en une bouillie claire, ou pâte, que l'on décolore par le chlorure de chaux et que l'on étend sur des toiles métalliques. Par la dessiccation, on obtient alors une feuille de papier, qui est fibreux et poreux.

Ce papier a l'inconvénient d'absorber les liquides et on ne pourrait s'en servir pour écrire dessus avec de l'encre. Dans ce cas et pour cet usage, on a soin de coller le papier, c'est-à-dire de l'enduire d'une substance qui l'imprègne, se répand à la surface et y forme comme une sorte de vernis imperméable.

La fabrication du papier comporte donc les opérations suivantes : fabrication de la pâte, fabrication du papier, collage du papier.

1441. Pâte de chiffons. — Pour fabriquer la pâte à papier avec des chiffons, on procède aux opérations suivantes :

Le *blutage*, qui consiste à agiter mécaniquement les chiffons dans une sorte de cylindre, où passe un rapide courant d'air, qui entraîne les poussières dont ils sont souillés.

Le *triage*, qui a pour but de séparer les chiffons de diverses couleurs et de diverses natures, telles que coton, lin, chanvre, etc.

Le *découpage*, qui se pratique mécaniquement, ou bien encore au moyen de couteaux, que l'ouvrier a devant lui, solidement fixés à la table.

Le *lessivage*, à l'aide d'une lessive alcaline bouillante. Cette opéraration se fait dans une chaudière sphérique, appelée *lessiveuse* (fig. 282), dans laquelle on introduit les chiffons découpés et de la soude et où l'on fait arriver de la vapeur sous pression et à 185°. Pendant l'opération, la lessiveuse tourne lentement et produit ainsi le mélange intime des chiffons et de la lessive alcaline.

Cette opération enlève aux chiffons les matières grasses, dont ils sont imprégnés et commence en même temps à diviser les chiffons et à les réduire en pâte.

L'*effilochage* a pour but de séparer les fibres des chiffons et de les réduire en pâte. Elle se pratique dans une cuve appelée *effilocheuse*, ou *défileuse* (fig. 283), dans laquelle on verse, au sortir de la lessiveuse, les chiffons formant déjà une pâte peu homogène. On fait arriver dans la défileuse une grande quantité d'eau, de façon à former une bouillie claire. Dans la cuve, tourne un cylindre, muni de lames tran-

Fig. 282. — Lessiveuse.

chantes et au-dessous duquel se trouve, au fond de la cuve, des lames semblables; la cuve est partagée par une cloison verticale n'existant que sur la partie médiane, de sorte que la bouillie peut y avoir un mouvement giratoire continu. Le fond de la cuve présente, au-dessous du cylindre, un plan incliné.

Lorsque le cylindre tourne, il entraine le mouvement continu et circulaire de la pâte formée par les chiffons et l'eau. Les premiers, dans ce mouvement continu, viennent passer au-dessous du cylindre, où ils sont continuellement déchiquetés par les lames tranchantes et réduits en une bouillie de plus en plus homogène.

Lorsque la pâte a atteint la finesse voulue, on la fait passer dans des cuves, où on la décolore par du chlorure de chaux. Ce *blanchiment* doit être suivi d'un lavage avec une solution qui fasse disparaitre entièrement le chlorure de chaux, que la pâte pourrait retenir; parmi les substances que l'on peut employer à cet effet, et qu'on appelle *antichlores*, se trouve l'hyposulfite de soude, ou le sel d'étain (880).

La pâte blanchie doit être raffinée. La *raffinage* n'est autre chose qu'un effilochage plus parfait, qui se pratique dans une raffineuse, complètement analogue à la défileuse (fig. 283).

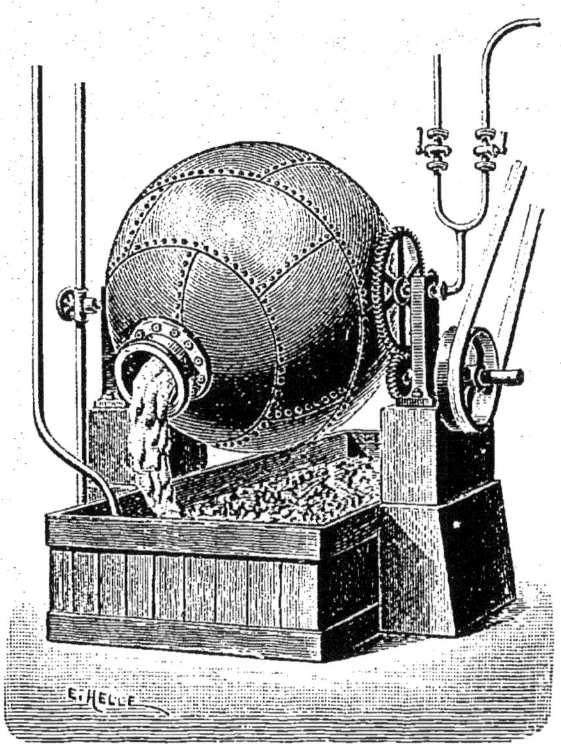

Fig. 283. — Défileuse.

Puis, après le raffinage, la pâte est addittionnée d'une substance bleue, telle que l'outremer, destinée à détruire la nuance jaunâtre que la pâte conserve toujours. C'est *l'azurage.*

La fabrication de la pâte de chiffons est alors terminée.

1442. Pâte de paille. — La paille, destinée à la fabrication de la pâte à papier, est soumise aux opérations suivantes.

Le *triage* à la main, dans lequel on sépare les brins de paille qui contiennent trop de nœuds et d'impuretés.

Le *découpage*, qui se fait au moyen d'un hachoir et qui a pour but de réduire les brins de paille en petits morceaux longs de 3 centimètres environ.

Le *blutage* mécanique, qui a pour but d'enlever toutes les poussières, très abondantes dans la paille.

Le *broyage*, qui se pratique en faisant passer entre des cylindres les morceaux de paille obtenus dans l'opération précédente.

Le *lessivage* à l'aide de solutions alcalines, qui doit être ici beaucoup plus prolongé que pour la pâte de chiffons et fait sous plus forte pression et avec des lessives plus concentrées. Il n'a pas seulement pour but de dissoudre les matières grasses, mais l'alcali doit détruire les matières organiques qui colorent la paille et surtout la matière incrustante et dure dont ses fibres sont imprégnées.

Les autres opérations, effilochage, blanchiment, raffinage et azurage, sont les mêmes que pour la pâte de chiffons.

1443. Pâte de bois. — Pour préparer avec le bois une pâte à papier, on commence par enlever l'écorce, on coupe le bois en petites bûches de 30 centimètres de long et on l'use d'une façon continue en l'appuyant contre une meule de grès.

Le bois se réduit ainsi en une poudre, que l'on tamise et que l'on réduit en poudre encore plus fine, en l'écrasant entre des meules.

On chauffe cette poudre dans des lessiveuses sphériques et closes, en présence de lessives alcalines, et à une forte pression. Comme dans le cas de la pâte de paille, cette opération détruit la matière incrustante et les matières organiques.

La pâte de bois n'est pas du tout fibreuse, et ne peut être employée seule. Mais on la mélange souvent à d'autres pâtes, comme celles de chiffons et de paille.

Outre la paille et le bois, on emploie souvent d'autres substances pour la fabrication de la pâte à papier, que l'on fabrique toujours d'une façon analogue. La principale est *l'alfa*, une plante qui croît abondamment en Algérie. La partie utilisée de la plante est la feuille, qui est plate, longue et étroite.

1444. Papier à la main. — Les papiers de luxe sont encore fabriqués par le vieux procédé, connu sous le nom de fabrication *à la main*, ou *à la forme*.

La pâte une fois préparée et placée dans une cuve, l'ouvrier y plonge une *forme*, constituée par un cadre rectangulaire au milieu duquel est fixée une toile métallique très fine. En secouant la forme, l'ouvrier y répartit la pâte en une couche uniforme ; pendant ce temps, l'eau s'écoule par les interstices de la toile.

La feuille ainsi formée est placée sur une feuille de feutre un peu plus grande ; on empile ainsi un certain nombre de feuilles de papier et de feuilles de feutre ; on comprime, pour en exprimer l'eau, puis on les fait sécher, en les étendant sur des cordes.

Le papier ainsi fabriqué est fibreux et poreux. Il boit l'eau et

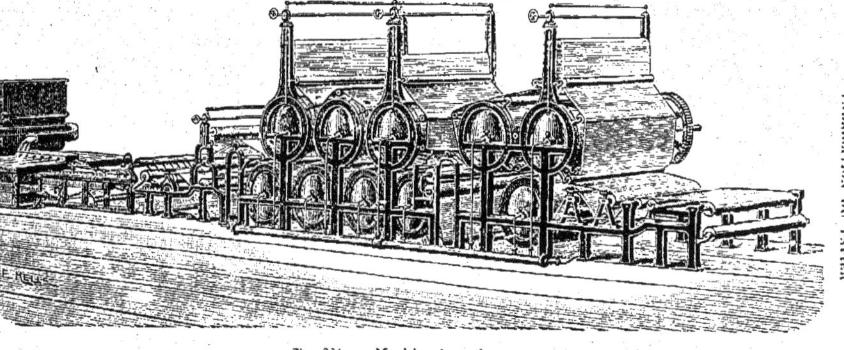

Fig. 284. — Machine à papier.

absorbe les liquides et ne peut être employé que comme papier buvard, papier à filtre, ou papier d'imprimerie.

Pour l'employer au dessin et à l'écriture, on le colle, c'est-à-dire qu'on l'enduit à la surface d'une sorte de vernis, qui bouche les pores du papier, l'empêche de boire l'encre et lui donne plus de solidité, en fixant les fibres entre elles. Le *collage* du papier à la main se fait en trempant le papier dans une solution de colle de gélatine, additionnée d'alun, et en faisant sécher.

Les papiers à la main collés sont généralement employés comme papiers à dessin. On leur donne une surface brillante en les *satinant* par un passage entre des cylindres métalliques.

1445. Papier à la mécanique. — Pour fabriquer plus rapidement de grandes quantités de papiers, on opère mécaniquement.

La première machine à papier fut inventée en France, en 1790, par Louis Robert, ouvrier papetier. Depuis, elle n'a subi que des perfectionnements de détail.

Elle fabrique le papier d'une façon continue. A l'une des extrémités, arrive continuellement la pâte ; à l'autre extrémité se déroule continuellement le papier. Actuellement, une seule machine peut donner par jour une bande de papier longue de 20 kilomètres.

La machine à papier est représentée par la figure 284. A l'une des extrémités, se trouve une grande cuve contenant la pâte à papier, réduite en une bouillie claire.

Au lieu de coller le papier après fabrication, comme dans le cas du papier à la main, on colle la pâte dans la cuve même, en y ajoutant de l'amidon et un savon résineux.

La pâte délayée et collée coule par un conduit et vient, par plusieurs rigoles disposées rectangulairement, se répandre sur une large toile métallique ; cette toile est constamment secouée, au moyen d'un mécanisme spécial, la pâte se répand uniformément sur la toile et l'eau s'écoule au-dessous.

La feuille ainsi formée vient passer entre des cylindres métalliques recouverts de feutre, qui la dessèchent, et lui donnent de la consistance, puis sur une série de cylindres métalliques, chauffés à la vapeur, qui achèvent de la dessécher et de lui donner de la consistance, Enfin, à l'extrémité de l'appareil, complètement préparée, elle s'enroule sur un rouleau : des couteaux, mus par la machine, la coupent à la largeur voulue.

Lorsqu'un rouleau contient une certaine longueur de papier, on l'enlève et on le remplace par un autre.

Dans la pâte du papier à la mécanique, il entre bien peu de chiffons, quelquefois même pas du tout. On y emploie des pâtes diverses que l'on mélange, soit dans la défileuse, soit dans la cuve, qui précède la machine; souvent aussi, on introduit dans la cuve et l'on mélange à la pâte des substances minérales, telles que le kaolin, le plâtre, le sulfate de baryum. Ces substances, qui doivent être très blanches et en poudre très fine, augmentent la blancheur et l'opacité du papier et lui donnent du poids. Mais leur abus constitue une fraude.

Le papier à la mécanique, étant collé dans la pâte même, ne boit pas l'encre, même après grattage, tandis que le papier à la main, dans les mêmes conditions, boirait l'encre.

1446. Diverses sortes de papier. — On distingue les différentes sortes de papiers suivantes :

Les *papiers fins*, tels que les beaux papiers à lettres, les papiers à dessin, les papiers à musique et les beaux papiers d'impression, sont toujours fabriqués avec des chiffons.

Les *papiers moins fins* contiennent un mélange de chiffons et de cellulose.

Les *papiers ordinaires* ne contiennent plus que des pâtes de bois.

Le *papier de Chine*, remarquable par sa faible épaisseur, son aspect soyeux et sa grande ténacité, est fabriqué avec les fibres du bambou.

Le *papier du Japon*, souple et soyeux, est fait avec l'écorce d'une plante japonaise, le *Kadgi*.

Le *papier de riz*, employé par les Japonais et les Chinois pour l'aquarelle, est la moelle d'une plante qui croit dans l'île Formose et qu'on appelle le *toung-tsao*.

Le *papier d'emballage* est fait avec des pâtes de paille et de bois non blanchies et additionnées de débris de cordages goudronneux.

Le *papier à filtre* et le *papier buvard*, qui est du papier à filtre fait avec des pâtes plus communes, sont peu pressés, non collés et non satinés.

Le *papier à calquer* est fait avec des filasses de lin, ou de chanvre, prises vertes et non blanchies.

On obtient aussi un papier translucide et très résistant en plongeant pendant une minute, le papier ordinaire dans un mélange à volu me égaux d'eau et d'acide sulfurique concentré, le lavant avec soin et le faisant sécher. Ce papier, analogue en apparence au parchemin animal et qu'on appelle *papier parchemin*, ou *parchemin végétal*, est très utilisé aujourd'hui, à la place du parchemin animal. On l'emploie aussi, dans les laboratoires, pour former la paroi poreuse des dialyseurs (757).

1447. Carton. — Le carton se fabrique d'une façon analogue au papier; souvent même, il est constitué par un certain nombre de feuilles de papier superposées, collées ensemble et comprimées.

Ainsi le carton *bristol*, employé pour la confection des cartes de visite, est fabriqué en prenant des feuilles de papier à la mécanique, de bonne qualité, les enduisant d'une colle à l'amidon, les superpo sant, au nombre de 10 ou 12, et les soumettant à l'action d'une presse énergique.

Le carton ainsi obtenu est satiné par le passage au laminoir.

On obtient des cartons fins en superposant des feuilles de papier à la main, à mesure qu'elles sortent des formes, et en les soumettant à une pression énergique. Mais, dans ce cas, on intercale souvent des feuilles de papier plus grossier, de sorte que le carton, qui paraît fin à la surface, ne l'est plus dans son épaisseur.

Les cartons communs sont fabriqués comme le papier, en faisant d'abord une pâte, dans laquelle on introduit tous les déchets des fabriques de papier, des substances minérales communes, la craie et l'argile, et des substances destinées à coller le carton, comme la gélatine, ou l'amidon. Cette pâte est ensuite façonnée par une machine analogue à la machine à papier.

La pâte de carton est souvent employée, sous le nom de *carton pierre*, de *carton pâte* ou de *papier mâché*, à la confection de jouets, d'ustensiles divers, et, dans les appartements, pour faire les moulures et les rosaces des plafonds.

Le carton, enduit de goudron et saupoudré de sable, est employé sous le nom de *carton bitumé*, pour la confection de toitures de hangars.

FERMENTATION

1448. Substances fermentescibles et ferments. — Les substances sucrées, amylacées et cellulosiques, se transforment, comme nous l'avons dit (1387) en glucose, sous l'influence prolongée de l'eau chaude et surtout de l'eau acidulée.

Le glucose et les autres substances chimiques de même nature subissent, au contact de la levure de bière, une transformation particulière, qui les dédouble en alcool et anhydride carbonique.

Cette transformation, que l'on a pu constater depuis fort longtemps dans les cuves où l'on abandonne les jus sucrés, qui servent à la fabrication des boissons, telles que le vin, le cidre et la bière, se manifeste par une sorte d'effervescence, avec un dégagement de gaz carbonique. C'est ce qui a fait donner à cette opération le nom de *fermentation*.

On a donné le même nom à d'autres transformations qui se produisent dans des conditions analogues, par le contact d'une substance appropriée.

La substance qui se transforme est la *substance fermentescible ;* le corps qui produit la transformation par son contact est le *ferment.*

1449. Diverses espèces de fermentations. — On distingue diverses espèces de fermentations.

La *fermentation alcoolique,* dans laquelle une solution de glucose,

mélangée de quelques substances minérales, parmi lesquelles un peu
de phosphate de calcium, donne, sous l'influence de la *levure de bière*,
naissance à de l'anhydride carbonique qui se dégage, tandis qu'il reste
dans la liqueur de l'alcool (fig. 285).

La *fermentation acétique*, dans laquelle l'alcool, sous l'influence du
mycoderma aceti, se transforme en acide acétique, par oxydation.

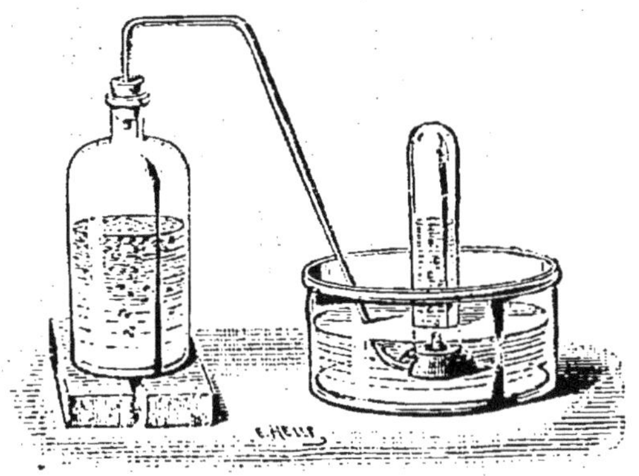

Fig. 285. — Fermentation alcoolique.

La *fermentation lactique*, dans laquelle le glucose, sous l'influence
des matières azotées, au contact du carbonate de calcium, donne de
l'acide lactique, par un nouveau groupement moléculaire.

La *fermentation butyrique*, dans laquelle l'acide lactique, abandonné
pendant longtemps au contact de l'air, se transforme en acide butyrique.

La *putréfaction*, dans laquelle les matières organiques azotées se
décomposent, au contact de l'air, en donnant lieu principalement à
des substances volatiles, ou solubles, qui ainsi sont entièrement
entraînées.

1450. Théorie de la fermentation. — Un grand nombre d'hypothèses
plus ou moins vraisemblables ont été émises pour expliquer le phénomène de la fermentation. Presque tous les chimistes de la fin du
XVIIIᵉ siècle et du commencement du XIXᵉ ont fait des expériences, ou
écrit des théories, sur ce sujet.

Aujourd'hui, presque tout le monde admet la théorie de M. Pasteur.

D'après cette théorie, les ferments sont des êtres organisés, végétaux, ou animaux, microscopiques, et ce sont les phénomènes de la vie
de ces êtres qui produisent les phénomènes chimiques de la fermentation. La fermentation est donc un phénomène biologique.

Si les fermentations se produisent facilement à l'air, c'est que l'atmosphère est remplie de germes de ferments qui, se déposant dans un liquide approprié, s'y développent et produisent la fermentation.

M. Pasteur a montré, par diverses expériences irréfutables, l'action de l'air sur les substances fermentescibles. En enfermant un liquide fermentescible dans un ballon (fig. 286) dont les tubulures ont été étirées à la lampe et où l'air ne peut rentrer que par un tube contenant de l'ouate, il a constaté que le liquide ne fermente pas; tandis

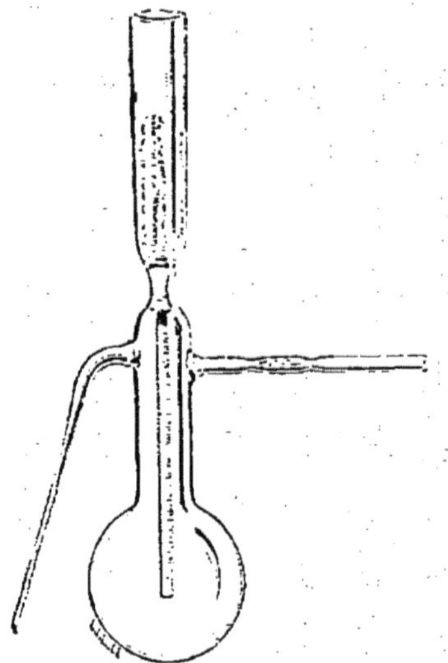

Fig. 286. — Ballon à filtration d'air
de M. Pasteur.

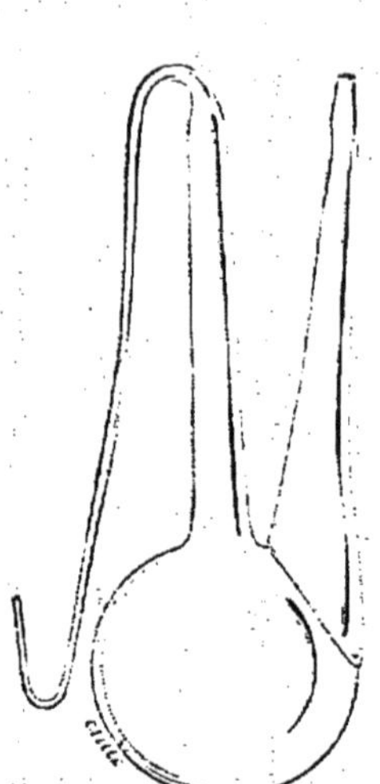

Fig. 287.
Ballon à col recourbé.

qu'en enlevant l'ouate, la fermentation commence bientôt. C'est que tout d'abord les germes de l'air ont été retenus par l'ouate, agissant comme un filtre; tandis qu'ensuite, l'air arrivant librement apporte les germes de la fermentation.

Il n'est même pas nécessaire de filtrer l'air. Il suffit de le faire arriver dans le ballon (fig. 287) par un col recourbé, après y avoir introduit par un gros tube latéral, que l'on bouche ensuite, le liquide fermentescible. Les germes se déposent dans le col et la fermentation n'a pas lieu.

Si maintenant on introduit, dans le liquide de ce second ballon, l'ouate du premier, qui a servi à filtrer l'air introduit, on constate que le liquide fermente; l'ouate avait donc bien retenu les germes contenus dans l'air.

Les études approfondies de M. Pasteur sur les fermentations l'ont conduit à l'étude de la fabrication des boissons fermentées et à l'étude d'un certain nombre de maladies des animaux et de l'homme. Il a trouvé pour les premières des procédés de fabrication et d'amélioration, pour les secondes des procédés de guérison, dont l'étude n'est pas du domaine de la chimie pure, mais qui ont immortalisé et glorifié dans le monde entier le nom de cet illustre savant.

1451. Ferments solubles. — A côté des *ferments organisés*, comme la levure de bière, qui se développe pendant la fermentation, il y a des *ferments solubles*, comme la *diastase*, que contient l'orge germé, et qui paraissent n'agir que par leur présence.

BOISSONS FERMENTÉES

VIN

1452. Fabrication du vin. — Pour fabriquer le vin, on cueille le raisin quand il est mûr, on *vendange* les vignes et les grappes, placées dans des paniers, sont portées au pressoir.

Là, soit par des pressoirs mécaniques, soit, comme cela se pratique encore dans certains pays primitifs, sous le pied des hommes, les grains sont écrasés et laissent s'écouler le jus.

Si l'on veut avoir du vin rouge, on recueille le tout, jus, pulpe du fruit, pépins, débris de grappe, et on l'introduit dans des cuves; si, au contraire, c'est du vin blanc que l'on désire, on tamise ce qui sort du pressoir et on ne recueille que le jus.

Le liquide sucré, abandonné à l'air dans de grandes cuves, ne tarde pas à fermenter. Il se dégage de grandes quantités d'anhydride carbonique, qui rend dangereux le séjour des caves où sont placées les cuves de fermentation.

Pendant la fermentation, les débris de grappes et toutes les impuretés viennent à la surface.

Lorsque la fermentation est terminée, on soutire le liquide clair et limpide, on l'introduit dans des tonneaux et on le laisse reposer.

Le vin est consommé en grande quantité à l'état de vin. Ceux qui sont trop faibles ou de qualité inférieure sont distillés pour en extraire l'alcool, qui constitue l'*esprit-de-vin*, ou, à l'état impur, le *cognac*.

1453. Diverses espèces de vins. — On divise généralement les vins en trois grands groupes : les vins secs, les vins sucrés et les vins mousseux.

Les *vins secs*, tels que les vins de Bordeaux, de Bourgogne, de Madère, ne renferment presque pas de sucre, qui a tout entier fermenté, et sont riches en alcool. Leur saveur est généralement un peu acide et astringente ; ils sont limpides.

Les *vins sucrés*, tels que les vins de Frontignan, de Malaga, de Porto, contiennent du sucre non transformé et ont une saveur sucrée.

Enfin, les *vins mousseux*, tels que les vins de Champagne, d'Anjou, et de Limoux (Aude) contiennent en dissolution une grande quantité de gaz carbonique.

1454. Maladies du vin. — Les vins, conservés en fûts ou en bouteilles, sont sujets à plusieurs altérations, dues à des ferments et appelées maladies du vin. M. Pasteur en a fait une étude approfondie et a indiqué les remèdes à y apporter. Les principales sont les suivantes :

La *pousse*, par laquelle le vin se trouble, devient faible et prend l'apparence qui lui fait donner le nom de *vin tourné*. Cette maladie est due à une fermentation lactique. On l'arrête en ajoutant au vin de l'acide tartrique et de l'alcool, le soutirant dans un fût qui a été bien soufré, et le collant avec un blanc d'œuf.

La *graisse*, par laquelle le vin devient filant et coule comme de l'huile, quand on le verse ; en même temps, il perd tout bouquet et devient fade. On y remédie en ajoutant au vin des substances riches en tannin, comme des pépins de raisin ou des sorbes, agitant, laissant reposer et soutirant.

Les vins riches en tannin, comme les vins de Bordeaux, deviennent rarement filants.

L'amertume, par laquelle le vin devient amer et se décolore en même temps. On y remédie, en ajoutant au vin un peu d'alcool et laissant reposer.

Les vins *piqués*, ou *aigris*, qui doivent leur saveur à la fermentation acétique, plus ou moins avancée, peuvent être soutirés dans des tonneaux bien soufrés. Lorsqu'ils sont complètement aigris, il est bien difficile de les utiliser.

Toutes ces maladies étant dues à des ferments, on a cherché à compléter la fabrication du vin par des moyens de conservation et de protection contre les maladies.

C'est ainsi que l'on soufre les fûts dans lesquels on met le vin au sortir des cuves, en y faisant brûler des mèches soufrées.

Le collage, qui se fait en y ajoutant du blanc d'œuf, que le tannin coagule et qui se précipite alors en entraînant les matières en suspension, a pour but d'enlever la plus grande quantité des impuretés.

Enfin M. Pasteur a indiqué, à la suite de ses études, le chauffage comme moyen de protection et de conservation des vins.

Dans la pratique, pour chauffer les vins, on met les bouteilles toutes bouchées dans un panier de fer, on l'introduit dans un bain d'eau, que l'on chauffe entre 55 et 65°, et pas davantage, pour ne pas produire d'éthers, qui modifieraient son bouquet.

Ainsi traité, le vin devient inaltérable et ne contracte plus aucune des maladies précédentes. Il perd toute verdeur et toute âpreté et vieillit plus rapidement, mais son goût n'est pas altéré.

1455. Analyse du vin. — Pour analyser un vin, on en détermine d'abord la densité, à l'aide de l'*œnobaromètre* de Houdart, puis on en mesure le degré alcoolique, à l'aide de l'appareil Salleron, ainsi qu'il a été indiqué à propos de l'alcool (1078).

Les autres substances se déterminent par des procédés particuliers, qu'il serait trop long d'indiquer ici et que l'on trouve décrits dans les traités spéciaux.

On déterminera, par exemple, le plâtre, en ajoutant du chlorure de baryum, correspondant à la quantité admise, filtrant et vérifiant que la liqueur ne précipite plus ensuite par le même réactif.

Parmi les substances nuisibles, l'une des plus mauvaises est l'acide salicylique.

Pour en déceler la présence, on ajoute au vin un peu de perchlorure de fer, qui produit avec l'acide salicylique une teinte violette.

CIDRE

1456. Fabrication du cidre. — Le cidre est fabriqué avec les pommes, à peu près comme le vin avec le raisin.

Lorsque les pommes sont mûres, on les *gaule*, c'est-à-dire qu'avec de grands bâtons, on frappe sur les branches et on fait tomber les fruits au pied de l'arbre. On les recueille ensuite et on les porte au pressoir, où elles sont écrasées et d'où le jus qui s'écoule est recueilli et introduit dans des cuves. Le plus souvent, dans les campagnes, on ajoute de l'eau aux pommes que l'on presse.

Le jus recueilli est introduit dans des cuves, où il fermente, en dégageant de l'anhydride carbonique et produisant une effervescence, qui fait remonter toutes les impuretés à la surface.

Quand la fermentation est terminée, on le soutire.

La distillation du cidre fournit un alcool, appelé *eau-de-vie de cidre*.

1457. Analyse du cidre. — L'analyse du cidre est beaucoup plus simple que celle du vin, à cause du peu de complexité des matières qui entrent dans le liquide.

On en détermine principalement la densité, à l'aide d'un aréomètre approprié, et la richesse alcoolique, toujours avec l'appareil de Salleron et par la même méthode.

La richesse alcoolique des cidres, varie en général de 6 à 9 p. 100, tandis que celle des vins ordinaires est généralement d'environ 9 à 10 p. 100, et celle des vins riches en alcool peut aller jusqu'à 12 p. 100.

BIÈRE

1458. Fabrication de la bière. — La fabrication de la bière est plus complexe que celle des deux boissons précédentes et est, pour ainsi dire, plus artificielle.

On commence par prendre des grains d'orge, que l'on fait germer en les humectant d'eau et les plaçant dans une pièce, le *germoir*, où la température est maintenue à 20° environ.

Quand le germe qui se développe et sort de la graine a atteint une longueur égale à celle de cette dernière, on chauffe ce grain vers 50°, ce qui arrête la germination. L'orge ainsi transformée porte le nom de *malt*.

Pendant la germination, il s'est développé de la *diastase*, substance capable de transformer l'amidon en glucose.

Les germes qui se sont formés sont enlevés par un blutage énergique ; les grains ainsi nettoyés sont réduits en poudre, puis introduits dans la *cuve-matière*, où l'on fait arriver d'abord de l'eau à 40°, puis de l'eau à 60°.

On abandonne ces substances au contact ; la diastase, sous l'influence de la chaleur, transforme l'amidon et la dextrine du malt en substances fermentescibles, glucose et maltose.

Au bout de deux heures, on a obtenu ce que l'on appelle le *moût*. On le cuit avec du houblon, on le laisse refroidir et on l'introduit dans de grandes cuves, où l'on ajoute de la levure venant d'une opération antérieure. Il se produit alors la fermentation alcoolique. Il se dégage de grandes quantités d'anhydride carbonique, et la levure de bière, qui se multiplie en abondance, vient former à la surface supérieure du liquide une écume, que l'on a soin de recueillir.

Quand la fermentation est terminée, on soutire le liquide et on l'introduit dans des tonneaux.

1459. Analyse de la bière. — L'analyse de la bière comporte d'abord les mêmes opérations que celles du vin et du cidre : la détermination de la densité et celle du degré alcoolique, qui se fait toujours de la même manière.

Mais ici, indépendamment de la recherche des substances qui doivent se trouver normalement dans la bière, il y a lieu de rechercher les falsifications, qui sont très nombreuses.

Ces falsifications portent, soit sur le malt, ou orge germée, que l'on remplace souvent par d'autres matières féculentes ou glucosiques, soit sur le houblon, substance amère, que l'on remplace par le buis, la noix vomique, l'aloès, l'écorce de saule, l'acide picrique, etc.

La bière est souvent additionnée d'agents de conservation, parmi lesquels l'acide salicylique joue le principal rôle.

Enfin, on la colore souvent artificiellement par un certain nombre d'agents de coloration.

CONSERVATION DES ALIMENTS

1460. Usage des antiseptiques. — Les aliments, tels que la chair des animaux, les légumes, les fruits, sont des substances azotées, qui sont susceptibles de subir la fermentation putride.

Comme beaucoup de ces aliments ne sont recueillis qu'à certaines époques ou en certains lieux, on a cherché à les conserver pendant longtemps.

La conservation des aliments peut se faire de plusieurs manières.

On peut d'abord se servir des substances *antiseptiques*, qui détruisent les germes des ferments et les empêchent de se développer.

Parmi ces substances, l'une des plus anciennement employées, est le sel marin. C'est un excellent antiseptique, dans lequel on conserve la morue, le hareng, la viande de porc.

L'alcool est également un bon antiseptique. Indépendamment des pièces anatomiques, on y conserve aussi les fruits, tels que cerises, prunes, etc.

Le sucre constitue encore un agent de conservation très suffisant pour conserver pendant quelque temps les fruits, que l'on appelle alors fruits confits, ou confitures. Mais le sucre peut subir lui-même d'autres fermentations et il arrive quelquefois qu'il se couvre à l'air de moisissures.

Enfin, la fumée, agissant par l'acroléine et la créosote qu'elle contient, est un bon antiseptique. Dans les campagnes et dans les pays pauvres, tels que le pays des Esquimaux, on conserve les poissons et les viandes, en les exposant à l'action de la fumée d'un foyer pendant assez longtemps pour qu'elles s'en imprègnent.

1461. Variations de température. — Les ferments ne pouvant se développer quand la température est trop basse et se détruisant à une température élevée, on peut aussi utiliser les variations de température.

Ainsi, les viandes, légumes, fruits, se conservent assez bien dans la glace. On a construit aussi des vaisseaux spéciaux, tels que le *Frigorifique*, pour transporter en Europe les viandes d'Amérique ; ce vaisseau était divisé en un certain nombre de chambres, dans lesquelles l'évaporation du chlorure de méthyle entretenait une température très basse et où l'on plaçait les viandes à conserver.

Une température élevée détruit les ferments et il est toujours bon de faire cuire les aliments qui ne sont pas très frais. Cette propriété de la chaleur a permis de fabriquer, par le *procédé d'Appert*, ces conserves de légumes, si répandues aujourd'hui dans la consommation.

Pour cela, on introduit dans des récipients en fer-blanc les légumes à conserver, avec un peu d'eau ; on fait chauffer à 100°, puis on laisse refroidir et on ferme le récipient en soudant le couvercle.

Comme, pendant la fermeture, il a pu s'introduire des germes de ferment, on fait ensuite chauffer pendant quelques temps au bain-marie. Les légumes se conservent ainsi presque indéfiniment.

C'est en vertu du même principe qu'il est recommandé de faire bouillir l'eau en temps d'épidémie.

1462. Dessiccation. — Les ferments ayant besoin d'eau pour se développer, on peut aussi arrêter la fermentation par la dessiccation. Les Indiens de l'Amérique font ainsi sécher au soleil des lanières de chair des animaux, qui se conservent alors fort longtemps.

Les légumes, convenablement desséchés, se conservent aussi fort bien.

ACIDES POLYBASIQUES

1463. Généralités. — Aux alcools polyatomiques, tels que la glycérine, qui est triatomique, l'érythrite, tétratomique, le glucose, hexatomique, correspondent des acides polybasiques.

Ces acides sont fort nombreux. Nous n'étudierons que les plus importants.

ACIDE MALIQUE
$C^4H^6O^5$

1464. État naturel. — L'acide malique (*malum*, fruit) se trouve dans presque tous les végétaux et dans diverses de leurs parties.

Il existe dans les fruits verts, tels que les pommes, les coings, dans les fruits mûrs, tels que les cerises, les groseilles, où il est accompagné d'acide citrique et d'acide tartrique.

Enfin, on en rencontre aussi dans les fleurs, les feuilles et les tiges de plusieurs végétaux.

1465. Préparation. — L'acide malique a été découvert par Scheele, qui le retirait des baies de sorbier.

Pour faire cette opération, on écrase les baies de sorbier, on en recueille le jus, on le fait bouillir et on le sature par de la litharge. Il précipite du malate de plomb, qu'on lave avec soin, qu'on met en suspension dans l'eau et qu'on décompose par de l'hydrogène sulfuré.

La solution d'acide malique est recueillie par filtration et évaporée au bain-marie.

On a pu faire la synthèse de l'acide malique, à l'aide de l'acide succinique bromé $C^4H^5BrO^4$, que l'on traite par l'hydrate d'argent :

$$C^4H^5BrO^4 + AgOH = AgBr + C^4H^5(OH)O^4.$$

1466. Propriétés. — L'acide malique est un corps solide, cristallisé en masses mamelonnées, fusible à 100°.

Il est déliquescent et soluble dans l'eau. Sa solution fait tourner à gauche le plan de polarisation de la lumière.

Chauffé à 200° l'acide malique perd les éléments de l'eau et donne des composés isomères, de formule $C^4H^4O^4$: c'est l'acide *maléique*, volatil, et l'acide *fumarique*, non volatil, ainsi nommé parce qu'on le rencontre dans la racine de *fumeterre*.

Sous l'action d'un ferment particulier, le malate de calcium $C^4H^4CaO^5$ se décompose, perd de l'oxygène et se transforme en succinate de calcium $C^4H^4CaO^4$. C'est la *fermentation succinique*.

ACIDES TARTRIQUES

$C^4H^6O^6$

1467. Généralités. — On a donné le nom d'acide tartrique à l'acide que Scheele a découvert et extrait de la crème de tartre, qui se dépose dans les tonneaux et qui est un tartrate alcalin. La solution de cet acide dévie à droite le plan de polarisation.

Plus tard, on a découvert d'autres acides tartriques, isomères du premier, mais qui agissent diversement sur la lumière polarisée. On en connaît aujourd'hui quatre variétés qui sont : l'acide tartrique droit, l'acide paratartrique, ou racémique, l'acide tartrique gauche et l'acide tartrique inactif.

ACIDE TARTRIQUE DROIT

1468. État naturel. — L'acide tartrique droit, ou *acide tartrique ordinaire*, existe dans les végétaux et principalement dans les fruits mûrs, tels que raisins, poires, pommes, etc.

Le jus du raisin en contient de grandes quantités, qui restent dans le vin et se déposent dans les tonneaux à l'état de tartrate alcalin, formant un enduit, coloré en rouge par des traces de vin. C'est ce qu'on appelle la *crème de tartre*.

1469. Préparation. — L'acide tartrique a été extrait par Scheele de la crème de tartre.

Pour cela, on la fait dissoudre dans l'eau bouillante et on sature la solution par de la craie ; la crème de tartre est un tartrate acide, qui donne avec la craie un tartrate neutre de calcium insoluble et un tartrate neutre de potassium, qui reste en dissolution ; en ajoutant une solution de chlorure de calcium, tout l'acide tartrique est précipité à l'état de tartrate de calcium.

On recueille le précipité, on le lave, on le met en suspension dans l'eau et on le décompose par de l'acide sulfurique. Il se forme un précipité de sulfate de calcium, qu'on sépare par filtration de la dissolution d'acide tartrique.

Cette solution, évaporée à consistance sirupeuse, donne des cristaux d'acide tartrique.

On a pu faire sa synthèse au moyen de l'acide succinique.

1470. Propriétés physiques. — L'acide tartrique est un corps solide très soluble dans l'eau, cristallisable en prismes clinorhombiques. Sa solution aqueuse dévie à droite le plan de polarisation.

Il est soluble dans l'alcool.

Il fond vers 180°.

1471. Propriétés chimiques. — L'acide tartrique, sous l'action de la chaleur, se décompose en acide pyrotartrique $C^{1}H^{10}O^{4}$ et en acide pyruvique $C^{3}H^{4}O^{3}$.

L'acide iodhydrique le réduit à chaud et le décompose en acide succinique.

L'acide tartrique est un acide bibasique, qui donne avec les alcalis, tels que la potasse, la soude, la chaux, etc., des sels neutres, ou acides.

On l'emploie comme *rongeant*, dans les fabriques d'indiennes, simultanément avec l'acide oxalique.

ACIDE RACÉMIQUE

1472. Modes de production. — L'acide racémique, ou *paratartrique*, est un acide sans action sur la lumière polarisée.

On peut l'obtenir au moyen de l'acide tartrique droit. M. Pasteur l'a obtenu en traitant par la chaleur le tartrate droit de cinchonine. Il se produit aussi, en chauffant simplement l'acide tartrique droit.

1473. Propriétés. — L'acide racémique est un corps solide, cristallisé en prismes transparents avec deux molécules d'eau de cristallisation.

M. Pasteur a montré que cet acide, qui est inactif sur la lumière polarisée, est un mélange, en quantités équivalentes, d'acide tartrique droit et d'un autre acide tartrique, l'acide tartrique gauche.

ACIDE TARTRIQUE GAUCHE

1474. Mode de production. — M. Pasteur a pu retirer de l'acide racémique, l'acide droit et un autre acide tartrique, l'acide tartrique gauche.

Pour cela, il sature par la cinchonine une solution de l'acide racémique, qui est inactive. En concentrant la solution par la chaleur, il se dépose des cristaux de tartrate gauche, moins soluble que le tartrate droit, lequel reste dans la liqueur.

1475. Propriétés. — Les propriétés chimiques de l'acide tartrique gauche sont les mêmes que celles de l'acide tartrique droit, ou acide ordinaire.

Mais ces deux acides ont des propriétés physiques différentes.

Les solutions d'acide tartrique gauche dévient à gauche le plan de polarisation de la lumière, tandis que celles d'acide droit le dévient à droite.

De plus, les cristaux des deux acides, quoique ayant la même forme et les mêmes angles, sont symétriques et non pas superposables. Ce sont des formes hémiédriques différentes d'une même forme cristalline.

ACIDE TARTRIQUE INACTIF

1476. Mode de production et propriétés. — Lorsqu'on fait chauffer en vase clos, avec un peu d'eau, à 170°, de l'acide tartrique ordinaire, il se forme un acide, qui n'agit plus sur la lumière polarisée et qui est formé, comme l'a montré M. Pasteur, d'acide racémique, mélangé à un quatrième acide tartrique, naturellement inactif.

Cet acide tartrique, dont les propriétés chimiques sont les mêmes que celles de l'acide ordinaire, s'en distingue par la propriété de sa solution de ne pas agir sur la lumière polarisée.

Ses cristaux, prismatiques, renferment tantôt une molécule d'eau de cristallisation et tantôt sont anhydres.

PRINCIPAUX TARTRATES

TARTRATE ACIDE DE POTASSIUM

$$C^4H^4O^6KH.$$

1477. État naturel et préparation. — Le tartrate acide de potassium, appelé ordinairement *crème de tartre*, est le dépôt qui se forme sur les parois des tonneaux.

Ce dépôt est coloré en rouge, parce qu'il retient des traces de vin. On le décolore, en le faisant dissoudre dans l'eau bouillante avec de l'argile, et on le purifie par plusieurs cristallisations successives.

1478. Propriétés et usages. — Le tartrate acide de potassium est un corps solide, d'une saveur acide, peu soluble dans l'eau froide, plus soluble dans l'eau bouillante et cristallisable en prismes orthorhombiques.

Par la calcination, le tartrate acide de potassium se décompose en donnant un mélange de carbonate de potassium et de charbon, que les anciens alchimistes employaient comme réducteur, sous le nom de *flux noir* :

$$2C^4H^4O^6KH = CO^3K^2 + 5H^2O + 4CO + 3C.$$

En faisant dissoudre dans l'eau, décantant et faisant cristalliser la solution, on obtient du carbonate de potassium.

Le tartrate acide de potassium est employé dans les laboratoires pour préparer le carbonate de potassium pur. En teinture, on l'utilise comme mordant. Il sert également à nettoyer l'argenterie.

TARTRATE DOUBLE DE POTASSIUM ET DE SODIUM

$$C^4H^4O^6KNa.$$

1479. Préparation, propriétés et usages. — Le tartrate double de potassium et de sodium, appelé aussi *sel de Seignette*, du nom du pharmacien qui l'a découvert, s'obtient en saturant de carbonate de sodium une solution bouillante du sel précédent.

Il cristallise en beaux prismes orthorhombiques.

On l'emploie pour la fabrication de la liqueur de Fehling (1390) et on l'utilise en médecine comme purgatif.

ÉMÉTIQUES

1480. Généralités. — Les émétiques ont été considérés comme des tartrates doubles.

Plus exactement, on peut les considérer comme des tartrates, dans lesquels un des atomes d'hydrogène basique de l'acide tartrique est remplacé par un métal alcalin et l'autre par un groupement oxygéné fourni par un métal, tel que le fer, ou un métalloïde, tel que l'antimoine.

Par exemple, l'émétique ordinaire $(C^4H^4O^6)K(SbO)$ dérive d'une molécule d'acide tartrique $(C^4H^4O^6)H^2$ par remplacement de l'un des atomes d'hydrogène par le potassium et par remplacement de l'autre par le groupement oxygéné SbO, qu'on appelle *antimonyle.*

ÉMÉTIQUE D'ANTIMOINE

$$(C^4H^4O^6)K(SbO).$$

1481. Préparation. — L'émétique d'antimoine, appelé tout simplement *émétique*, ou *tartre stibié*, se produit en faisant bouillir une solution de tartrate acide de potassium avec de l'oxyde antimonique :

$$2C^4H^4O^6KH + Sb^2O^3 = 2 (C^4H^4O^6)^2K(SbO) + H^2O.$$

1482. Propriétés et usages. — L'émétique est un corps solide, blanc, d'une saveur désagréable, soluble dans l'eau et cristallisable en octaèdres.

On l'emploie généralement en médecine comme purgatif, à la dose de moins de 5 centigrammes. A la dose de 20 centigrammes, il est très toxique.

Sa solution précipite, comme tous les sels d'antimoine, en rouge orangé par l'hydrogène sulfuré et en blanc par les alcalis.

ÉMÉTIQUE DE BORE

$$(C^4H^4O^6)K(BoO).$$

1483. Préparation, propriétés et usages. — L'émétique de bore, appelé aussi *crème de tartre soluble*, se prépare en faisant bouillir une solution de tartrate acide de potassium avec de l'anhydride borique Bo^2O^3. La réaction est la même qu'avec l'oxyde antimonique.

On obtient ainsi un corps solide, blanc, très soluble dans l'eau et qui est employé en médecine comme purgatif.

ÉMÉTIQUE DE FER

$$(C^4H^4O^6)K(FeO).$$

1484. Préparation, propriétés et usages. — L'émétique de fer, ou *tartrate ferrico-potassique*, s'obtient, comme les précédents, en faisant bouillir une solution de tartrate acide de potassium avec de l'hydrate ferrique, obtenu par précipitation d'un sel ferrique.

On obtient un corps solide, peu soluble dans l'eau et qui se dépose en paillettes brunes et brillantes.

Il est employé en médecine comme purgatif.

CARACTÈRES GÉNÉRIQUES DES TARTRATES

1485. Action des réactifs. — Les tartrates donnent, avec le chlorure de baryum, un précipité blanc, soluble dans les acides et dans la solution de sel ammoniac. Avec l'azotate d'argent, ils donnent un précipité blanc, soluble dans l'acide azotique et dans l'ammoniaque.

L'acide sulfurique, à chaud, produit un dégagement d'oxyde de carbone et d'anhydride carbonique, puis, plus tard, d'anhydride sulfureux, et la liqueur noircit en même temps.

ACIDE CITRIQUE

$$C^6H^8O^7.$$

1486. État naturel et préparation. — L'acide citrique existe dans un grand nombre de fruits acides, tels que les citrons, les oranges, les cerises.

Il a été découvert par Scheele, qui le retirait du jus de citron. Pour cela, on le fait bouillir et on le sature par la craie, qui donne du citrate de calcium insoluble. On lave le précipité, on le met en suspension dans l'eau et on le décompose par l'acide sulfurique. Le sulfate de calcium insoluble qui se forme est séparé par filtration et la solution, évaporée à consistance sirupeuse, donne des cristaux d'acide citrique

La synthèse de l'acide citrique a été réalisée par MM. Grimaux et Adam au moyen de la dichlorhydrine, ou éther dichlorhydrique de la glycérine. Il en résulte que la formule de constitution de l'acide citrique est :

$$CH^2 - CO - OH$$
$$OH - C - CO - OH$$
$$CH^2 - CO - OH$$

Il se comporte, d'après cela, comme un acide tribasique.

1487. Propriétés. — L'acide citrique est un corps solide, très soluble dans l'eau et cristallisable en gros prismes orthorhombiques. Ses cristaux contiennent deux molécules d'eau de cristallisation, qu'ils perdent à 100°.

Il fond à 150°.

La chaleur, à une température plus élevée, le dédouble en acide *aconitique* $C^6H^6O^6$ et eau H^2O, ou bien en acide *itaconique* $C^5H^6O^4$, anhydride carbonique CO^2 et eau H^2O.

Il forme avec les métaux des sels importants.

Le citrate de calcium, qui joue un rôle dans la préparation de l'acide citrique, est un peu soluble dans l'eau froide ; mais, à mesure que la température s'élève, sa solubilité diminue, de sorte qu'il est presque insoluble dans l'eau bouillante.

Il forme avec la magnésie un citrate de magnésium, usité en médecine comme purgatif, et avec le fer un citrate de fer, employé comme reconstituant du sang.

L'acide citrique est employé, de même que les acides tartrique et oxalique, comme rongeant dans les fabriques d'indiennes.

On emploie aussi l'acide citrique à la confection de boissons rafraîchissantes.

CHAPITRE XI

SÉRIE AROMATIQUE

1488. Généralités. — La série aromatique est constituée par un ensemble de composés, qui ont tous, ou presque tous, une odeur forte et particulière, analogue à celle du gaz d'éclairage et qu'on appelle *odeur empyreumatique.*

Tous les composés de la série aromatique dérivent de la benzine C^6H^6, que l'on extrait elle-même des goudrons, recueillis dans la distillation sèche de la houille pour la fabrication du gaz d'éclairage.

1489. Distillation de la houille. — Pour obtenir le gaz d'éclairage, on soumet la houille, ou charbon de terre, à la distillation sèche, à une température très élevée, dans des cornues en fonte.

Les produits volatils qui se dégagent sont formés d'hydrocarbures gazeux, liquides, ou solides, à la température ordinaire, d'eau, de sels ammoniacaux, tels que le sulfure et le carbonate d'ammonium, et enfin d'ammoniaque libre.

Pour séparer et recueillir les divers produits, on fait passer les vapeurs qui se dégagent dans toute une série d'appareils condensateurs et épurateurs, représentés par la figure 288.

Les produits volatils, en sortant des cornues A, passent dans le barillet B, contenant de l'eau, et y abandonnent une partie de leurs hydrocarbures liquides et de leurs sels ammoniacaux.

Ils circulent ensuite dans une série de tubes J présentant l'apparence de tuyaux d'orgue ; là se condense la plus grande partie des hydrocarbures liquides, qui contiennent, à l'état de dissolution, les hydrocarbures solides et dont l'ensemble constitue le *goudron de houille.* Ce goudron s'écoule à la partie inférieure dans une fosse, où on le recueille.

Continuant leur chemin, les produits volatils passent dans l'épurateur à coke C, où se condense encore du goudron, et dans une caisse d'épuration E, contenant sur des claies en bois un mélange de sciure de bois avec du sulfate ferreux et de la chaux éteinte. Il se forme du sulfate d'ammonium et du ferrocyanure de calcium, que l'on transforme par le sulfate de potassium en ferrocyanure de potassium, employé à la fabrication du bleu de Prusse.

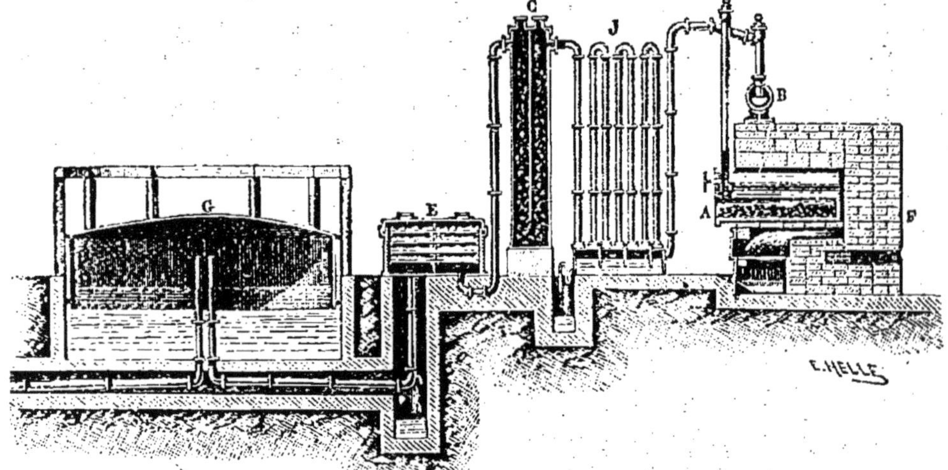

Fig. 288. — Distillation de la houille.

Les produits gazeux, non condensés et ne contenant plus que des hydrocarbures, vont se dégager sur une cuve à eau et sous un gazomètre G ; ils constituent le gaz d'éclairage.

1490. Distillation du goudron. — Le goudron de houille, qui se dépose dans l'appareil précédent, est recueilli et soumis à la distillation dans des cylindres en tôle pouvant en contenir jusqu'à 30 mètres cubes. La distillation est conduite comme une distillation fractionnée, c'est-à-dire que l'on recueille les produits qui passent aux diverses températures. On divise ainsi les produits volatils du goudron en diverses parties.

Les produits qui passent entre 30 et 150° constituent par leur mélange les *huiles légères*, formées par un mélange d'hydrocarbures, tels que la benzine et ses homologues.

Entre 150 et 300°, on recueille les *huiles lourdes*, qui contiennent du phénol et de ses homologues, de la naphtaline et de l'anthracène.

Le résidu, substance noire, pâteuse, constitue le *brai*, ou *bitume artificiel*. On l'utilise principalement à fabriquer les *briquettes* ou *agglomérés*, qui sont faites avec de la poudre de charbon, agglutinée par du brai, qui lui donne de la consistance.

Les huiles légères, recueillies dans cette première distillation, sont soumises à une distillation nouvelle et fractionnée et on peut en retirer des produits qui passent à des températures différentes. En continuant ainsi on peut en retirer et isoler le benzène C^6H^6, le toluène C^7H^8, le xylène C^8H^{10}, etc.

Les huiles lourdes, soumises elles-mêmes à la distillation, donnent divers produits, parmi lesquels le phénol et ses homologues, qui passent entre 150 et 200°, et des hydrocarbures, moins volatils, qui passent au-dessus de 200° et qui se déposent solides par le refroidissement. Les principaux de ces hydrocarbures sont le naphtalène $C^{10}H$ et l'anthracène $C^{14}H^{10}$.

Dans les produits de la distillation du goudron de houille, on a pu isoler et établir plus de 50 hydrocarbures, dont plusieurs sont loin d'avoir l'importance de ceux que nous avons signalés.

Aujourd'hui, on attribue généralement la terminaison *ène* à tous les hydrocarbures de la série aromatique et l'on dit *benzène*, au lieu de benzine, *naphtalène*, au lieu de naphtaline.

BENZINE (Benzène)

$$C^6H^6$$

1491. Préparation. — La benzine, ou mieux le *benzène*, s'extrait industriellement et à bon compte du goudron de houille. Aujourd'hui, on l'obtient par ce procédé dans un grand état de pureté.

La benzine est un produit de décomposition de l'acide benzoïque $C^7H^6O^2$, qui se décompose sous l'action de la chaleur en benzine et anhydride carbonique :

$$C^7H^6O^2 = C^6H^6 + CO^2.$$

L'opération se fait plus facilement, quand on chauffe du benzotate de calcium $C^7H^4CaO^2$ avec de la chaux éteinte CaO^2H^2 :

$$2C^7H^4CaO^2 + CaO^2H^2 = 2C^6H^6 + 2CO^3Ca.$$

Enfin, M. Berthelot a fait la synthèse de la benzine, en chauffant dans une cloche courbe l'acétylène C^2H^2. Il se produit une condensation de la molécule et il se forme de la benzine C^6H^6 :

$$3C^2H^2 = C^6H^6.$$

L'acétylène avait été lui-même préparé par synthèse, en faisant jaillir une série d'étincelles électriques entre deux pointes de charbon, dans une atmosphère d'hydrogène.

1492. Propriétés physiques. — La benzine est un liquide incolore, d'une odeur empyreumatique, peu prononcée quand elle est pure, d'une saveur brûlante.

Sa densité est 0,88 à 15°.

Elle fond à 81° et se solidifie, quand elle est pure, à 0° en lames cristallines.

Elle est très peu soluble dans l'eau; mais elle très soluble dans l'alcool et l'éther.

C'est un dissolvant pour un très grand nombre de corps. Les matières organiques riches en carbone, comme les hydrocarbures solides, le caoutchouc, les résines, les matières grasses, se dissolvent dans la benzine.

Elle dissout également l'iode, le soufre, le phosphore.

1493. Propriétés chimiques. — La benzine brûle à l'air quand on l'enflamme, en dégageant beaucoup de fumée :

$$C^6H^6 + O^{15} = 6CO^2 + 3H^2O.$$

La benzine se décompose par la chaleur, lorsqu'on la fait passer, par exemple, dans un tube de porcelaine chauffé au rouge et donne du diphényle $C^{12}H^{10}$:

$$2C^6H^6 = H^2 + C^{12}H^{10}.$$

La benzine peut fixer de l'hydrogène et donner l'hydrocarbure saturé C^6H^{14} ; pour obtenir cette réaction, on fait agir sur la benzine, à haute température, l'acide iohydrique concentré.

Le chlore et le brome, sous l'action des rayons solaires, se combinent à la benzine et donnent des composés tels que l'hexachlorure de benzine $C^6H^6Cl^6$.

Traité par la potasse, l'hexachlorure de benzine donne la benzine trichlorée $C^6H^3Cl^3$, par la réaction :

$$C^6H^6Cl^6 + 3KOH = C^6H^3Cl^3 + 3KCl + 3H^2O.$$

La benzine trichlorée, soumise à l'action du chlore sous l'influence de la lumière diffuse, donne des produits de substitution tels que $C^6H^2Cl^4$, C^6HCl^5 et C^6Cl^6.

La benzine se dissout dans l'acide sulfurique bouillant et donne de l'acide phénylsulfureux $SO^3H(C^6H^5)$:

$$C^6H^6 + SO^4H^2 = SO^3H(C^6H^5) + H^2O.$$

Cet acide fournit avec les hydrates des sels stables et assez importants. Les phénylsulfites, traités à chaud par les alcalis, donnent des sulfites alcalins et du phénol C^6H^6O :

$$SO^3H(C^6H^5) + 2KOH = SO^3K^2 + C^6H^6O + H^2O.$$

La benzine, traitée par l'acide azotique fumant, donne de la nitro-benzine $C^6H^5(AzO^2)$, par la réaction :

$$C^6H^6 + AzO^3H = C^6H^5(AzO^2) + H^2O.$$

1494. Usages. — La benzine est utilisée pour dégraisser les étoffes et se vend alors dans le commerce sous le nom de *benzine à détacher*.

On utilise dans l'industrie la benzine impure, retirée du gaz d'éclairage, sous le nom de *benzol*, pour préparer de la nitro-benzine, de l'aniline et des couleurs, dites d'aniline.

Dans les laboratoires, on l'utilise souvent comme dissolvant.

1495. Constitution de la benzine. — La benzine, comme tous les composés organiques, donne de nombreux produits de substitution; mais ces produits se présentent avec des propriétés tout à fait particulières.

Les produits monosubstitués sont uniques ; il n'y a par exemple qu'une seule benzine monochlorée.

Les dérivés bisubstitués sont, au contraire, au nombre de trois; il y a par exemples trois benzines bibromées isomères, de formule générale identique $C^6H^4Br^2$, mais ayant quelques propriétés différentes.

Pour expliquer d'une manière satisfaisante l'absence de dérivés monosubstitués isomères, M. Kékulé a admis que, dans la molécule de benzine, la disposition des atomes était parfaitement symétrique et il a représenté cette symétrie en groupant les atomes constituants de la façon suivante, aux six sommets d'un hexagone :

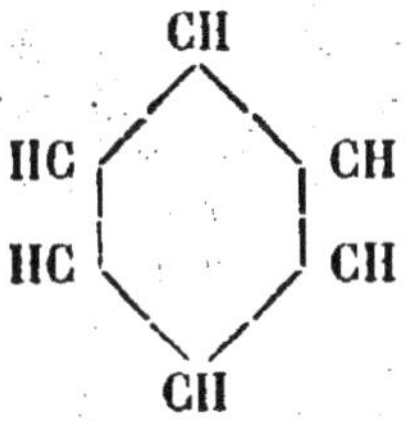

C'est ce que l'on appelle l'*hexagone de Kékulé*, ou l'*hexagone de la benzine*.

Dans cette molécule, les atomes de carbone sont unis entre eux d'une façon parfaitement symétrique et chaque atome d'hydrogène vient, d'une façon identique pour tous, se fixer sur un atome de carbone.

Les groupes CH forment une *chaîne fermée*.

Les échanges de valence, ou d'atomicité, peuvent d'ailleurs se représenter, en admettant que chaque atome de carbone échange deux valences avec l'un de ses voisins et une seule avec l'autre. La figure constitutive de la benzine sera alors :

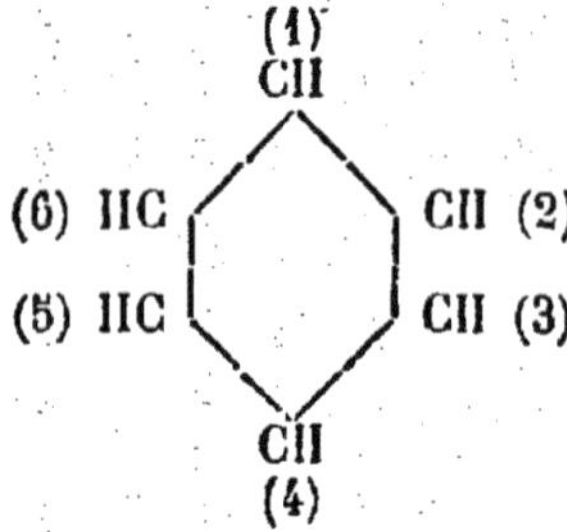

Quoi qu'il en soit, la symétrie est toujours la même pour l'hydrogène et, quel que soit l'atome de ce corps sur lequel porte la substitution unique, le dérivé monosubstitué sera toujours constitué de la même manière. Il n'y a donc pas d'isomérie.

La symétrie de la molécule de benzine permet aussi d'expliquer ce qui arrive pour les dérivés bisubstitués.

Reprenons l'hexagène de Kékulé et numérotons les groupes CH des six sommets, comme ci-dessous :

Si la substitution double porte sur les atomes de l'hydrogène des groupes (1) et (2), on a un certain dérivé; si la substitution porte sur l'hydrogène des groupes (1) et (3), qui ne sont plus placés de la même façon dans la molécule et qui sont séparés par un groupe CH, il y a isomérie. Il en est de même si la substitution porte sur les atomes d'hydrogène des groupes (1) et (4), qui sont encore placés d'une troisième façon, on aura un composé isomère des deux précédents.

Et il n'y aura que ces trois isomères, à cause de la symétrie de la molécule. Les substitutions sur (1) et (6), ou sur (1) et (5) donneront les mêmes produits que sur (1) et (2) ou sur (1) et (3).

De même les substitutions sur (1) et (2), (3) et (4), (5) et (6), etc., sont identiques entre elles.

On désigne généralement les composés de la série (1) et (2) par le préfixe *ortho*, ceux de la série (1) et (3) par le préfixe *méta* et ceux de la série (1) et (4) par le préfixe *para*.

Jusqu'à présent, toutes les expériences et les réactions que l'on a faites avec la benzine ont confirmé cette manière de voir et cette symétrie de la molécule de benzine.

Cette symétrie peut d'ailleurs être représentée par d'autres figures. Ainsi on a proposé la forme prismatique, par laquelle la benzine est alors représentée comme ci-dessous :

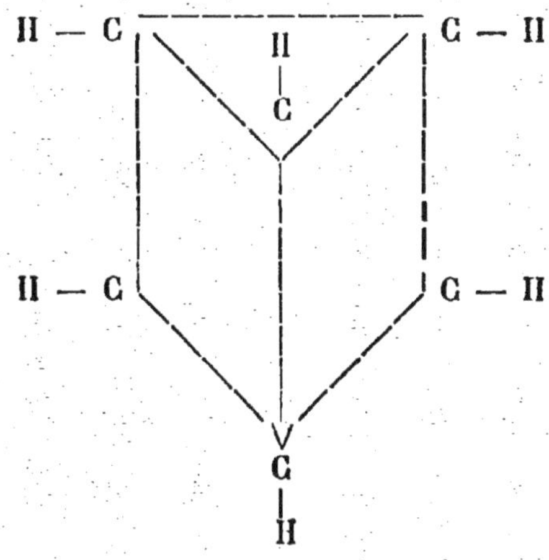

NITRO-BENZINE

$C^6H^5(AzO^2)$

1496. Préparation. — La nitro-benzine est le résultat de l'action de l'acide azotique fumant sur la benzine : l'azotyle AzO^2 se substitue à un atome d'hydrogène. C'est donc de la benzine mononitrée.

Pour la préparer, on mélange deux parties d'acide azotique ordinaire avec une partie d'acide sulfurique du commerce, qui maintient l'acide azotique à l'état de concentration voulu.

Le mélange des deux acides est maintenu à basse température, dans un récipient refroidi, et on y verse peu à peu de la benzine.

On ajoute ensuite de l'eau, qui précipite la nitro-benzine à l'état d'un liquide huileux, plus dense que l'eau et qui se rassemble au fond du vase.

On décante le mélange des acides et on lave avec soin la nitro-benzine.

1497. Propriétés. — La nitro-benzine est un liquide jaunâtre, d'une consistance huileuse, d'une saveur légèrement sucrée et d'une odeur d'amandes amères.

Sa densité est 1,59. Elle bout à 219° et se solidifie à 50°.

La nitro-benzine est employée en parfumerie, sous le nom d'*essence de mirbane*, pour remplacer l'essence d'amandes amères.

Mais son principal usage est la fabrication de l'aniline et par suite des couleurs qui en dérivent.

L'aniline C^6H^7Az peut être considérée comme résultant de la substitution du groupe amidogène AzH^2 au groupe azotyle AzO^2, ou bien encore du remplacement des deux atomes d'oxygène par deux atomes d'hydrogène. Sa formule de constitution est alors $C^6H^5(AzH^2)$.

ANILINE (Phénylamine)

C^6H^7Az

1498. Préparation. — L'aniline a été découverte d'abord dans les produits de la distillation sèche de l'indigo, ou de ses dérivés, puis dans les produits de la distillation du goudron de houille.

Aujourd'hui, on la prépare par la méthode de Zinn, en faisant agir sur la nitro-benzine un corps hydrogénant :

$$C^6H^5(AzO^2) + H^6 = C^6H^5(AzH^2) + 2H^2O$$

Le corps hydrogénant généralement employé est l'acide acétique, additionné de limaille de fer. Dans une cornue contenant la nitro-benzine, on introduit le mélange de ces deux corps. La réaction se produit aussitôt et, sans qu'il soit nécessaire de chauffer, il se produit de l'acétate d'aniline, qui passe et que l'on recueille dans un récipient refroidi.

La solution d'acétate d'aniline ainsi obtenue est décomposée par la soude, qui donne de l'acétate de sodium et de l'aniline.

1499. Propriétés. — L'aniline pure est un liquide incolore, d'une odeur désagréable et d'une saveur âcre.

Elle est plus dense que l'eau et sa densité est 1,7.

Elle bout à 184°. Elle n'est pas soluble dans l'eau, mais elle se dissout facilement dans l'alcool et l'éther.

Elle a tous les caractères d'une base et se combine aux acides pour donner des sels, dont plusieurs sont très importants.

Elle précipite de leurs solutions les sels de zinc, de fer, d'aluminium, etc.

Sa constitution est celle d'une ammoniaque composée. On peut, en effet, considérer l'aniline comme dérivant de l'ammoniaque AzH^3 par remplacement d'un atome d'hydrogène par le radicale phényle C^6H^5, d'après la formule suivante :

$$C^6H^7Az = \overset{\displaystyle C^6H^5}{\underset{\displaystyle H}{Az}} - H$$

C'est une *phényle amine*.

L'aniline du commerce est rarement pure. Elle contient des amines homologues de l'aniline, parce que la benzine employée comme matière première contient des homologues de la benzine.

PHÉNOL

C^6H^6O

1500. Préparation. — Le phénol, appelé par Laurent *hydrate de phényle*, a été d'abord retiré des produits de la distillation des goudrons de houille.

Pour cela, on recueille les produits qui passent à la distillation entre 150 et 200°, on les agite avec de la soude, qui dissout le phénol, et on décante les hydrocarbures qui surnagent en formant à la surface un liquide huileux.

En décomposant par l'acide chlorhydrique la solution alcaline ainsi obtenue, on a une solution de chlorure de sodium et le phénol précipite.

On le recueille, on le lave à l'eau, on le dessèche sur du chlorure de calcium et on le distille, en ayant soin de ne recueillir que ce qui passe entre 185 et 190°. Par refroidissement, le phénol se dépose en cristaux.

La synthèse du phénol a été faite par Wurtz, en partant de la benzine.

La benzine se dissout à chaud (1504) dans l'acide sulfurique et donne de l'acide phénylsulfureux $SO^3H(C^6H^5)$; on sature par le carbonate de baryum, qui donne un précipité de phénylsulfite de baryum ; on le décompose par le sulfate de potassium, qui donne du sulfate de baryum insoluble et du phénylsulfate de potassium soluble, et on décompose ce dernier sel par la potasse, à chaud. Il se produit du sulfate de potassium et du phénol.

1501. Propriétés physiques. — Le phénol est un corps solide, d'une odeur désagréable, d'une saveur brûlante.

Il est un peu soluble dans l'eau et cristallisable. Il se dissout mieux dans l'alcool et dans l'éther.

Il fond à 42° et bout à 188°.

1502. Propriétés chimiques. — Le phénol a la propriété de se colorer à l'air.

Ses propriétés chimiques le rapprochent à la fois des alcools et des acides.

Comme les alcools, il est attaqué par le perchlorure de phosphore avec formation de chlorure de phényle :

$$C^6H^6O + PCl^5 = POCl^3 + C^6H^5Cl + HCl.$$

Comme les alcools encore, il fournit des éthers avec les acides et les radicaux d'acide. Tel est l'acétate de phényle $C^2H^3O^2,C^6H^5$.

Comme les acides, au contraire, il forme avec les hydrates des composés définis, cristallisables, tels que ses composés avec la potasse et la soude. On lui donne souvent pour cette raison le nom d'*acide phénique* et ses composés avec les alcalis s'appellent *phénates*.

Ses relations avec la benzine sont établies par la synthèse et aussi par l'isomérie de ses dérivés monosubstitués.

Avec l'acide sulfurique, il donne l'acide oxyphénylsulfureux $SO^3H — C^6H^4 — OH$; avec l'acide azotique fumant, il donne des dérivés nitrés, dont le principal est le phénol trinitré $C^6H^3 (AzO^2)^3O$.

Ce qu'il y a de très remarquable, c'est que les dérivés monosubstitués du phénol présentent toujours trois cas d'isomérie ; or, si l'on remarque que le phénol est déjà un dérivé monosubstitué de la benzine, les dérivés monosubstitués du phénol sont des dérivés bisubstitués de la benzine, ce qui explique les trois cas d'isomérie (1495).

1503. Usages. — Le phénol est employé à divers usages.

Dans l'industrie, on l'utilise à la fabrication d'une matière colorante, l'acide picrique, ou phénol trinitré.

C'est aussi un antiseptique énergique. Sous le nom d'acide phénique et en solution étendue, mais à dose cependant assez forte, on l'utilise pour le lavage des plaies, les pansements chirurgicaux, et l'assainissement des locaux d'hôpital.

ACIDE OXYPHÉNYLSULFUREUX

$$(SO^3H)(C^6H^4)OH).$$

1504. Préparation. — L'acide oxyphénylsulfureux se produit en dissolvant le phénol dans l'acide sulfurique à chaud, d'après la réaction :

$$C^6H^6O + SO^4H^2 = (SO^3H — C^6H^4 — OH) + H^2O.$$

1505. Propriétés. — L'acide oxyphénylsulfureux, qui est un dérivé monosubstitué du phénol, est par conséquent un dérivé bisubstitué de la benzine et existe sous trois modifications isomériques.

Sa principale propriété est d'être décomposé par la potasse, avec laquelle il forme du sulfite de potassium SO^3K^2 et de l'oxyphénol $C^6H^6O^2$:

$$(SO^3H - C^6H^4 - OH) + 2KOH = SO^3K^2 + C^6H^6O^2 + H^2O.$$

L'oxyphénol, dérivé bisubstitué de la benzine, existe aussi sous trois variétés isomériques, la *pyrocatéchine*, l'*hydroquinone* et la *résorcine*.

PYROCATÉCHINE

$C^6H^6O^2$

1506. Etat naturel. Préparation et propriétés. — La pyrocatéchine, isomère de la résorcine et de l'hydroquinone, existe dans certains végétaux, par exemple dans les feuilles de l'*ampelopsis hedracca*.

On la prépare par la distillation sèche de plusieurs substances, et particulièrement du *cachou*.

C'est un corps solide, d'une saveur amère, soluble dans l'eau, l'alcool et l'éther. Il cristallise en lamelles brillantes.

La pyrocatéchine fond à 104° et bout à 245°.

Elle forme avec les alcalis des composés instables.

HYDROQUINONE

$C^6H^6O^2$

1507. Préparation et propriétés. — L'hydroquinone se produit dans la distillation sèche de l'acide quinique, ou par l'action des corps réducteurs sur la quinone $C^6H^4O^2$.

C'est un corps solide, soluble dans l'eau, l'alcool et l'éther et cristallisable en prismes orthorhombiques.

Elle fond à 177°,5 et se sublime par une douce chaleur.

La chaleur la décompose en donnant de la quinone.

C'est un corps réducteur ; l'acide azotique l'oxyde en donnant de l'acide oxalique.

Aussi l'hydroquinone est-elle employée en photographie.

RÉSORCINE

$$C^6H^6O^2.$$

1508. Préparation. — La résorcine a été obtenue d'abord par l'action de la potasse sur diverses résines.

On la retire généralement de la benzine. Pour cela, on chauffe la benzine avec de l'acide sulfurique fumant; il se forme un acide phénylène disulfureux $C^6H^4(SO^3H)^2$, qui, traité à chaud par la potasse solide, donne un oxyphénol, la résorcine, d'après l'équation :

$$C^6H^4(SO^3H^2) + 2KOH = S^3OK^2 + C^6H^4(OH)^2 + H^2O.$$

1509. Propriétés. — La résorcine est un corps soluble dans l'eau, l'alcool et l'éther, et cristallisable en prismes rhomboïdaux.

Elle fond à 104° et bout à 270°.

Chauffée à 200° avec de l'anhydride phtalique en présence de l'acide sulfurique, elle donne une matière fluorescente, la *fluorescéine*, qui change de couleur suivant qu'on l'examine par transparence ou par réflexion et suivant l'inclinaison de la lumière.

La fluorescéine est utilisée pour préparer des matières colorantes.

ACIDE PICRIQUE (Trinitrophénol)

$$C^6H^3(AzO^2)^3O.$$

1510. Préparation. — Le trinitrophénol, ou *phénol trinitré,* appelé aussi *acide picrique* et *amer de Welter*, se prépare par l'action du phénol sur l'acide azotique fumant.

Pour cela, on mélange le phénol avec de l'acide azotique et un peu d'acide sulfurique et on fait bouillir le mélange. Par refroidissement, il se dépose des cristaux jaunes de trinitrophénol, que l'on peut purifier par des lavages et des cristallisations successives, ou, mieux encore, en le combinant à l'ammoniaque, faisant cristalliser le produit obtenu et le décomposant par l'acide sulfurique.

1511. Propriétés. — C'est un corps solide, d'une belle couleur jaune, d'une saveur amère, soluble dans l'eau, l'alcool et l'éther et cristallisant en prismes.

Chauffé brusquement, il se décompose avec explosion.

L'acide picrique a une puissance colorante considérable, qui le fait employer en teinture.

Il se combine aux alcalis pour donner des composés qui ont le caractère de sels ; on l'appelle pour cette raison *acide picrique* et ces composés s'appellent des *picrates*.

Les principaux sont le picrate d'ammonium et le picrate de potassium.

1512. Picrates. — Le *picrate d'ammonium*, qui joue un rôle dans la purification de l'acide picrique, et qui se prépare comme nous l'avons dit, en traitant directement une solution d'acide picrique par l'ammoniaque, brûle lentement quand on le chauffe à l'air.

La lumière très vive qu'il dégage en brûlant le fait employer dans la confection des feux de bengale et des signaux.

Le *picrate de potassium* se prépare en précipitant une solution d'acide picrique par la potasse, ou par un sel soluble de potassium. Ce caractère permet même de reconnaitre les sels de potassium (565).

C'est un corps solide, jaune.

Il détone avec violence sous l'action de la chaleur, ou même par le choc, lorsqu'il est mélangé à de l'azotate ou à du chlorate de potassium.

Cette propriété l'a fait employer pour la confection de certaines poudres. Avec un mélange de salpêtre, de charbon et de picrate de potassium, on obtient une poudre analogue à la poudre ordinaire et qui peut être employée dans les armes à feu.

Avec du salpêtre seul, ou mieux du chlorate de potassium seul, il donne une poudre qui agit très rapidement et qui est très brisante. Cette poudre a produit parfois de terribles explosions.

PYROGALLOL

$C^6H^6O^3$.

1513. Préparation. — Le pyrogallol, appelé aussi improprement *acide pyrogallique*, a été découvert par Scheele dans les produits de la distillation de l'acide gallique.

On le prépare encore par ce procédé. Sous l'action de la chaleur, l'acide gallique $C^7H^6O^5$ donne de l'anhydride carbonique et du pyrogallol $C^6H^6O^3$, d'après l'équation :

$$C^7H^6O^5 = CO^2 + C^6H^6O^3.$$

1514. Propriétés. — Le pyrogallol est un corps solide, blanc, en poudre cristalline, très soluble dans l'eau. Sa saveur est amère.

Il fond à 130° et se volatilise à 210°.

Il s'altère très facilement à l'air, surtout en solution et en présence de la potasse. La lumière l'altère également. Aussi le pyrogallol solide doit-il être conservé dans des flacons, bien bouchés et colorés en brun, et les solutions de pyrogallol ne se conservent-elles pas.

Il se produit dans ces circonstances des composés bruns.

Cette propriété fait employer le pyrogallol et la potasse pour l'analyse de l'air (15).

C'est donc un réducteur énergique, qui réduit les sels de cuivre, d'argent et d'or. Cette propriété le fait employer en photographie pour le développement des épreuves négatives.

Les solutions de pyrogallol se reconnaissent à ce que le chlorure ferrique le colore en rouge et le sulfate ferreux en bleu.

CHAPITRE XII

HOMOLOGUES DE LA BENZINE

1515. Généralités. — En même temps que du benzène, la distillation des huiles légères de goudron fournit d'autres hydrocarbures, qui diffèrent du benzène par un certain nombre de fois CH^2 en plus et qui sont par conséquent les homologues du benzène.

Ces homologues, ayant des températures d'ébullition différentes, peuvent être séparés les uns des autres par des distillations fractionnées.

Les hydrocarbures homologues de la benzine peuvent être considérés comme dérivant de ce dernier hydrocarbure, par substitution d'un ou de plusieurs radicaux des hydrocarbures saturés à un ou plusieurs atomes de carbone.

Par exemple, le toluène C^7H^8 dérive de la benzine C^6H^6 par substitution du méthyle CH^3 à un atome d'hydrogène. Sa formule de constitution est $C^6H^5 — CH^3$; ou mieux :

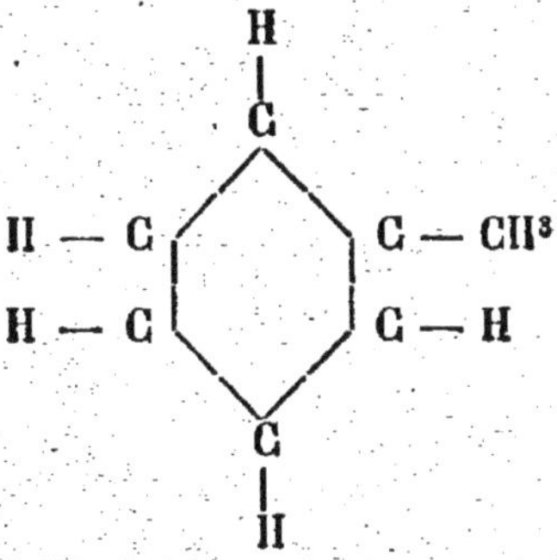

c'est un méthylbenzène.

Ce dérivé monosubstitué est d'ailleurs unique et n'a pas d'isomère.

Tandis que, dans les autres homologues du benzène, les isoméries

sont nombreuses ; elles proviennent d'une part de l'isomérie des dérivés polysubstitués de la benzine et, d'autre part, de l'isomérie des
radicaux alcooliques C^mH^{2m+1} substitués à l'hydrogène.

Au point de vue chimique, les homologues de la benzine participent
à la fois des propriétés de cet hydrocarbure et des propriétés des
hydrocarbures saturés.

Ainsi, sous l'influence de l'acide azotique, ils donnent des dérivés
nitrés, analogues à la nitro-benzine et qui, traités par un corps hydrogénant, fournissent des composés analogues à l'aniline.

D'autre part, en faisant agir le chlore d'une façon particulière, on
obtient de véritables éthers, comme avec les hydrocarbures saturés,
qui, par saponification donnent un alcool, et, par oxydation, une
aldéhyde.

TOLUÈNE

C^7H^8

1516. Préparation. — Le toluène a été découvert par H. Sainte-Claire
Deville dans les produits de la distillation sèche du *baume de tolu :*
c'est ce qui lui a fait donner son nom.

Aujourd'hui, on l'extrait industriellement du goudron de houille
en recueillant les huiles légères, les soumettant à une distillation
fractionnée et recueillant ce qui passe à 110°.

La synthèse en a été faite par MM. Fittig et Tollens. Pour cela, ces
deux chimistes ont soumis à l'action du sodium un mélange de benzine monobromée C^6H^5Br et d'iodure de méthyle CH^3I :

$$C^6H^5Br + CH^3I + Na^2 = (C^6H^5 - CH^3) + NaBr + NaI.$$

Cette synthèse montre la constitution du toluène, qui est du
méthylbenzène, dont la constitution est d'ailleurs aussi bien mise en
évidence par ses réactions chimiques.

1517. Propriétés physiques. — Le toluène est un liquide incolore,
d'une odeur empyreumatique, analogue à celle de la benzine, insoluble dans l'eau et qui n'a pu être solidifié.

Il est plus léger que l'eau et sa densité est 0,85.

Il bout à 111°.

1518. Propriétés chimiques. — Le toluène brûle quand on l'enflamme à l'air, comme tous les produits organiques, en donnant de
l'anhydride carbonique et de l'eau.

Sous l'action des différents réactifs, il peut se comporter de deux
façons différentes.

Par exemple, quand on fait agir le chlore à froid et sous l'influence de la lumière, il donne un dérivé de substitution analogue à la benzine monochlorée, ne présentant aucun des caractères des éthers et ne se saponifiant pas par les alcalis.

Au contraire, si l'on fait passer dans un tube un mélange de vapeurs de toluène et de chlore gazeux, on obtient un autre dérivé de substitution, isomère du précédent, mais ayant d'autres propriétés physiques et surtout se comportant chimiquement d'une façon différente. Il se saponifie par les alcalis, en donnant un chlorure alcalin et un alcool.

Le toluène, versé dans l'acide azotique concentré et froid, donne un produit de substitution, le nitrotoluène $C^7H^7(AzO^2)$, analogue à la nitrobenzine, mais qui présente trois cas d'isomérie.

Le nitrotoluène, soumis à une action hydrogénante, telle que l'action de l'acide acétique et de la limaille de fer, donne un nouveau dérivé de substitution, la toluidine $C^7H^7(AzH^2)$, analogue à l'aniline, et qui présente également trois modifications isomériques.

NITROTOLUÈNES

$C^7H^7AzO^4$

1519. Modes de production et propriétés. — En faisant agir le toluène pur sur l'acide azotique concentré, on obtient un produit qui est un mélange de deux nitrotoluènes isomères.

Ces nitrotoluènes peuvent être séparés, par suite de la différence de leur point de fusion. En effet, l'un, qu'on appelle *orthonitrotoluène*, est un liquide jaunâtre, analogue à la nitrobenzine ; l'autre, qui a reçu le nom de *paranitrotoluène*, est au contraire un corps solide à la température ordinaire et même cristallisable.

TOLUIDINES

C^7H^9Az

1520. Préparation et propriétés. — En traitant par l'acide acétique et la limaille de fer le mélange précédent des deux nitrotoluènes, on obtient deux toluidines isomères, l'*orthotoluidine*, liquide analogue à l'aniline, et la *paratoluidine*, solide et cristallisée.

Ces deux toluidines et l'aniline, obtenue avec la benzine, sont employées à la fabrication des couleurs dites d'aniline.

COULEURS D'ANILINE

1521. Généralités. — Dans la distillation des huiles légères du goudron de houille, les produits qui passent entre 100 et 200° sont recueillis avec soin ; ils constituent le *benzol* commercial, qui est un mélange de benzène et de toluène.

Ce benzol, traité par l'acide azotique concentré, donne donc un mélange d'aniline et de toluidine, qu'on appelle dans l'industrie des *anilines lourdes*.

Ces anilines lourdes, traitées par divers réactifs, donnent des matières colorantes très importantes et qui sont aujourd'hui très employées en teinture.

1522. Fuchsine. — La fuchsine, ou *rouge d'aniline*, est la première matière colorante que l'on ait préparée au moyen de l'aniline.

Pour l'obtenir, on chauffe vers 200° et pendant plusieurs heures, un mélange d'anilines lourdes et d'anhydride arsénieux, dissous dans l'eau. Quand la réaction est terminée, on ajoute une solution d'acide chlorhydrique, puis une solution de chlorure de sodium, qui précipite la fuchsine.

On la purifie en la lavant à l'eau chaude et la faisant cristalliser.

On obtient ainsi des paillettes cristallines vertes, à reflets dorés, qui se dissolvent dans l'eau en donnant une solution d'un beau rouge, connu sous le nom de *rouge Magenta*, ou *rouge Solférino*.

Au point de vue de la composition, la fuchsine est un chlorhydrate d'une base, appelée *rosaniline*, qui a pour formule $C^{20}H^{19}Az^3$ et qui joue un grand rôle dans la constitution de toutes les couleurs d'aniline.

1523. Rosaniline $C^{20}H^{19}Az^3$. — La rosaniline se produit par l'action des corps oxydants, ou déshydrogénants, sur l'aniline lourde, mélange d'aniline et de toluidine :

$$C^6H^7Az + 2C^7H^9Az + O^3 = C^{20}H^{19}Az^3 + 3H^2O.$$

C'est une base incolore, dont les sels sont colorés en rouge, comme le chlorhydrate de rosaniline, ou fuchsine.

La constitution de la rosaniline est connue par la synthèse, qui en a été faite par M. Fischer.

Il partait du crésyldiphénylméthane, hydrocarbure dont la constitution est indiquée par la formule :

$$\begin{array}{c} C^7H^7 \\ | \\ CH \\ | \\ (C^6H^5)^2 \end{array}$$

Il donne un dérivé triamidé :

$$\begin{array}{c} C^7H^4 - (AzH^2)^3 \\ | \\ CH \\ | \\ (C^6H^5)^2 \end{array}$$

En le soumettant à des actions déshydrogénantes, ou oxydantes, on transforme ce dérivé triamidé en rosaniline :

$$C^7H^2 — (AzH^2)^3$$
$$|$$
$$CH$$
$$|$$
$$(C^6H^5)^2$$

1524. Violet d'aniline. — Le violet d'aniline a été découvert en 1860 par M. Ch. Lauth, qui l'obtenait en traitant la fuchsine par l'aldéhyde ordinaire.

Ce violet est peu stable et peu employé.

1525. Bleu de Lyon. — Le bleu de Lyon, découvert en 1860 par Girard et de Laire, s'obtient en chauffant la fuchsine avec de l'aniline.

Sa composition correspond à celle d'une rosaniline triphénylée et il a pour formule $C^{20}H^{16}(C^6H^5)^3Az^3$.

Le bleu de Lyon est insoluble dans l'eau et n'est soluble que dans l'alcool.

1526. Bleu soluble. — Le bleu soluble a été obtenu par M. Nicholson, en chauffant le bleu de Lyon avec de l'acide sulfurique.

C'est un dérivé sulfoné du corps précédent.

Ce bleu est soluble dans l'eau, d'où le nom qui lui a été donné.

1527. Violet d'Hoffmann. — Le violet d'Hoffmann est de la rosaniline triéthylée $C^{20}H^{16}(C^2H^5)^3Az^3$, que ce chimiste obtenait en traitant la rosaniline par de l'iodure d'éthyle.

C'est une belle couleur violette, soluble dans l'eau.

1528. Violet de Paris. — Le violet de Paris, découvert par M. Ch. Lauth, se prépare avec de l'aniline pure, tandis que les produits précédents sont obtenus avec de l'aniline impure, ou aniline lourde.

On chauffe en vase clos de l'aniline et du chlorure de méthyle ; on obtient la diméthyle aniline $C^6H^5(CH^3)^2Az$.

Ce composé, chauffé à 40° pendant plusieurs heures avec un corps oxydant, donne une rosaniline triméthylée.

On ajoute alors une solution d'acide chlorhydrique, puis du sel marin, qui précipite un chlorure de rosaniline triméthylée, d'une belle couleur violette.

Le violet de Paris est une des plus belles matières colorantes.

1529. Vert lumière. — Le vert lumière, ainsi nommé parce qu'il conserve sa nuance à la lumière artificielle du gaz et de l'huile, s'obtient en chauffant du violet de Paris avec du chlorure de méthyle.

Ce vert est, comme le violet de Paris, soluble dans l'eau.

Ce composé paraît être un dichlorométhylate de rosaniline triméthylée.

1530. Vert malachite. — Le vert malachite, découvert par M. O. Fischer, est un sel d'une base incolore $C^{20}H^{26}Az^2$, qui se produit quand on chauffe la diméthylaniline benzoïque.

Sous l'influence des corps oxydants, cette base perd de l'hydrogène et donne alors avec les acides une belle matière colorante verte, soluble dans l'eau.

1531. Noir d'aniline. — Le noir d'aniline est un produit de dérivation et d'oxydation de l'aniline pure.

Pour teindre les objets en noir au moyen de cette substance, on plonge d'abord les tissus dans un bain de chlorhydrate d'aniline, puis on les passe dans un second bain oxydant, tel qu'une solution de bichromate de potassium, ou de chlorate de potassium mélangé de sulfure de cuivre.

Il se fait une réaction chimique sur la fibre même et l'étoffe prend une belle teinte noire ; mais ici, de même que pour le violet de Paris, l'aniline doit être absolument pure.

1532. Couleurs diazoïques. — On donne le nom de couleurs diazoïques à des couleurs formées par des composés, qui contiennent deux atomes d'azote soudés ensemble.

Le point de départ de ces couleurs est l'*acide sulfanilique* $SO^3H — C^6H^4 — AzH^2$, dérivé sulfoné de l'aniline, que l'on obtient en traitant cette substance par l'acide sulfurique fumant.

Sous l'influence de l'azotite de sodium, il donne un dérivé diazoïque $SO^3H — C^2H^4 — Az = Az — OH$, qui, traité par le phénol, donne une matière colorante rouge, dont la formule est $SO^3H — C^6H^4 — Az$.

En opérant de la même façon avec tous les dérivés sulfonés des corps analogues à l'aniline et les homologues du phénol, on obtient toute une série de couleurs diazoïques, qui sont de nuances rouges, ou orangées, et qui tendent à remplacer les matières colorantes naturelles, connues sous le nom d'orseille et de cochenille.

ALCOOL BENZYLIQUE

C^7H^8O

1533. Préparation. — L'alcool benzylique, appelé aussi alcool phénylméthylique, a été découvert par M. Cannizaro.

On le prépare, en faisant chauffer avec de l'eau le chlorure de benzyle C^7H^7Cl ; il se produit une véritable saponification, d'après l'équation :

$$C^7H^7Cl + H^2O = C^7H^8O + HCl.$$

1534. Propriétés. — L'alcool benzylique est un liquide incolore, d'une odeur agréable, d'une saveur brûlante

Sa densité est 1,57.

Il bout à 204° et sa vapeur est combustible.

Au point de vue des réactions chimiques, l'alcool benzylique se comporte comme un alcool primaire.

Il donne par oxydation une aldéhyde, l'aldéhyde benzoïque C^6H^5 — CHO, qui est l'essence d'amandes amères, et un acide, l'acide benzoïque C^6H^5 — CO^2H.

Il donne, avec les acides, des éthers analogues à ceux de la série grasse, tels que le chlorure de benzyle.

CHLORURE DE BENZYLE

C^7H^7Cl

1535. Préparation. — Le chlorure de benzyle s'obtient, en faisant passer un courant de chlore gazeux dans un ballon, où l'on fait bouillir du toluène. Après quelques heures, on reprend le liquide qui est dans le ballon, on le distille et on recueille ce qui passe vers 180°.

1536. Propriétés. — Le chlorure de benzyle ainsi préparé est un liquide incolore, d'une odeur vive et d'une saveur très brûlante. Il excite la peau et agit vivement sur la muqueuse des yeux.

Au point de vue chimique, il se comporte comme un éther de l'alcool benzoïque; traité par un acétate alcalin, il donne un chlorure alcalin et de l'acétate de benzyle, ou éther acétique de l'alcool benzoïque.

On l'emploie surtout pour la préparation de l'aldéhyde et de l'acide benzoïque, qui peuvent s'obtenir en oxydant le chlorure de benzyle.

En le chauffant avec le violet de Paris, on obtient des violets bleus.

ALDÉHYDE BENZOÏQUE

C^7H^6O

1537. Etat naturel et préparation. — L'aldéhyde benzoïque, ou *hydrure de benzoyle*, constitue la plus grande partie de l'*essence d'amandes amères*, dans laquelle on trouve également de l'acide cyanhydrique.

Quand on soumet à l'action de la presse les amandes amères, on recueille une huile, appelée *huile d'amandes douces*, qui s'obtient aussi en comprimant les amandes douces. Le résidu de la compression des amandes amères, additionné d'eau et distillé, laisse passer de l'essence d'amandes amères et de l'eau, qui surnage.

L'essence d'amandes amères ne préexiste pas dans la graine; elle est le résultat de la transformation d'un glucoside que contiennent les amandes et qu'on appelle *l'amygdaline*, sous l'influence d'une sorte de ferment soluble, appelé *émulsine*, ou *synaptase*.

L'essence d'amandes amères peut s'extraire de même des noyaux de pêches, de cerises, etc.

M. Cannizaro a fait la synthèse de l'aldéhyde benzoïque, en préparant l'alcool benzylique au moyen du toluène et l'oxydant ensuite par un mélange d'acide sulfurique et de bioxyde de manganèse.

On peut aussi le préparer en faisant bouillir pendant plusieurs heures du chlorure de benzyle avec une solution d'azotate de plomb.

1538. Propriétés. — L'aldéhyde benzoïque est un liquide incolore, d'une odeur agréable, d'une saveur caustique.

Il est plus dense que l'eau, sa densité est 1,03.

Il bout à 180°. Il est peu soluble dans l'eau.

La chaleur le décompose, dans un tube de porcelaine, en benzine et oxyde de carbone :

$$C^7H^6O = C^6H^6 + CO.$$

A l'air, il s'oxyde très rapidement et se transforme en acide benzoïque $C^7H^6O^2$.

CHLORURE DE BENZOYLE

$$C^7H^5OCl.$$

1539. Préparation. — Le chlorure de benzoyle est le chlorure du radical de l'acide benzoïque.

Il se prépare en faisant agir le chlore sur l'aldéhyde benzoïque :

$$C^7H^6O + Cl^2 = C^7H^5OCl + HCl.$$

On peut aussi l'obtenir, en faisant agir le perchlorure de phosphore sur l'acide benzoïque :

$$C^7H^6O^2 + PCl^5 = POCl^3 + C^7H^5OCl + HCl.$$

1540. Propriétés. — Le chlorure de benzoyle est un liquide incolore, d'une odeur très vive et d'une saveur très caustique.

Il est plus dense que l'eau. Sa densité est 1,15.

Il bout à 195°.

L'eau le dédouble en acides benzoïque et chlorhydrique, d'après l'équation :

$$C^7H^5ClO + H^2O = C^7H^6O^2 + HCl.$$

ACIDE BENZOÏQUE
$C^7H^6O^2$.

1541. État naturel et préparation. — L'acide benzoïque, appelé aussi acide phénylformique, existe dans l'urine des herbivores, ou dans le benjoin, d'où on peut le retirer par sublimation.

Pour cela, on concasse le benjoin et on met les morceaux dans une marmite en fonte, que l'on recouvre d'un morceau de papier filtre, non collé et qui laisse passer les vapeurs. On dispose au-dessus

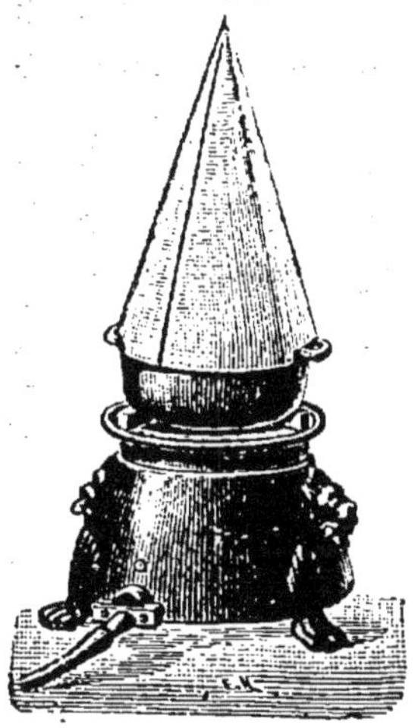

Fig. 289. — Extraction de l'acide benzoïque.

de la marmite un cône en carton ou en papier fort (fig. 289). Quand on chauffe, l'acide benzoïque du benjoin se sublime et vient se déposer en cristaux sur les parois du cône.

Le benjoin, mis à bouillir avec un lait de chaux, donne du benzoate de calcium soluble, que l'on filtre et que l'on peut faire cristalliser. En le dissolvant dans l'eau et le décomposant par l'acide chlorhydrique, on a de l'acide benzoïque pur.

Dans l'industrie on le prépare en grand en faisant bouillir du chlorure de benzyle avec de l'acide azotique étendu :

$$C^7H^7Cl + AzO^3H = C^7H^6O^2 + AzH^4Cl.$$

1542. Propriétés. — L'acide benzoïque est un corps solide, blanc, peu soluble dans l'eau et cristallisable en longues aiguilles.

Il fond à 121° et bout à 249°. Il se sublime facilement.

La chaleur le décompose facilement en benzine et anhydride carbonique :

$$C^7H^6O^2 = C^6H^6 + CO^2.$$

En présence de la chaux, il donne, par l'action de la chaleur, de la benzine et du carbonate de calcium :

$$C^7H^6O^2 + CaO = C^6H^6 + CO^3Ca.$$

Il donne, par l'action du chlore, du brome, sous l'influence de la lumière solaire, des dérivés chlorés et bromés. Les dérivés monochlorés et monobromés présentent trois modifications isomériques.

Traité par l'acide azotique concentré, il donne de même des dérivés nitrés, toujours avec trois modifications isomériques.

On emploie l'acide benzoïque à la préparation de la benzine pure.

ACIDES OXYBENZOÏQUES

1543. Généralités. — On obtient l'acide oxybenzoïque par la substitution du groupe OH au chlore dans le dérivé monochloré de l'acide benzoïque :

$$(Cl - C^6H^4 - CO^2H) + H^2O = (OH - C^6H^4 - CO^2H) + Cl.$$

Comme l'acide benzoïque a trois dérivés monochlorés isomères, il y a trois acides oxybenzoïques.

Ce sont : l'acide méta-oxybenzoïque, l'acide ortho-oxybenzoïque ou salicylique, et l'acide para-oxybenzoïque.

ACIDE SALICYLIQUE
$C^7H^6O^3$.

1544. État naturel et préparation. — L'acide salicylique existe dans la nature, sous la forme d'éther méthylique, qui constitue la plus grande partie de l'essence de *gaultheria procumbens* (Cahours).

On peut l'obtenir en saponifiant cet éther par la potasse. Il se forme du salicylate de potassium et de l'alcool méthylique.

La synthèse de l'acide salicylique a été établie en fixant directement l'anhydride carbonique sur le phénol C^6H^6O :

$$C^6H^6O + CO^2 = C^7H^6O^3.$$

Ce procédé est aujourd'hui utilisé dans l'industrie. Dans une solution concentrée de phénol dans la soude, on fait passer un courant d'anhydride carbonique en chauffant la masse à 200°. Il se forme du salicylate de sodium, qu'on recueille, que l'on dissout dans l'eau et que l'on décompose par l'acide chlorhydrique. L'acide salicylique précipite à l'état cristallisé.

1545. Propriétés. — L'acide salicylique est un corps solide, soluble dans l'alcool et dans l'eau, et cristallisable.

Il est dimorphe. Sa solution aqueuse le laisse déposer en longues aigu illes, sa solution alcoolique en prismes clinorhombiques.

Il fond à 156° et se volatise à 250°.

La chaleur le dédouble en phénol et anhydride carbonique :

$$C^7H^6O^3 = C^6H^6O + CO^2.$$

L'acide salicylique donne de nombreux produits de substitution.

Au point de vue chimique, il se comporte, ainsi que l'acide benzoïque, comme un corps à fonction mixte, moitié acide et moitié phénol.

Il donne, avec les acides, de nombreux éthers; le plus important est l'essence de *Gaultheria procumbens,* ou *essence de Wintergreen*, qui est employée comme parfum.

De même que l'acide benzoïque, l'acide salicylique donne une aldéhyde, l'aldéhyde salicylique $C^7H^6O^2$ et un alcool, l'alcool salicylique $C^7H^8O^2$.

1546. Usages. — L'acide salicylique est un antiseptique, comme le phénol, et à ce titre c'est un agent de conservation des matières alimentaires.

On l'emploie en effet beaucoup pour conserver la bière, le vin, le beurre, le lait. Mais son emploi n'est pas sans dangers.

La présence de l'acide salicylique peut être mise en évidence par le perchlorure de fer, qui lui communique une coloration violette.

ALDÉHYDE SALICYLIQUE

$$C^7H^6O^2.$$

1547. Etat naturel et préparation. — L'aldéhyde salicylique, appelée aussi hydrure de salicyle, existe dans la nature, où elle constitue l'*essence de Reine des prés*.

Périer l'a préparée en oxydant la salicine $C^{13}H^{18}O^7$ par un mélange d'acide sulfurique et de bichromate de potassium :

$$C^{13}H^{18}O^7 + O^{13} = C^7H^6O^2 + 6CO^2 + 6H^2O.$$

Keimes en a fait la synthèse par l'action du phénol sur le chloroforme, en présence de la soude :

$$C^6H^6O + CHCl^3 + 3NaOH = C^7H^6O^2 + 3NaCl + 2H^2O.$$

1548. Propriétés. — L'aldéhyde salicylique est un liquide incolore,
d'une odeur agréable, d'une saveur brûlante.

Sa densité est 1,52. Elle bout à 195°.

L'oxydation de l'aldéhyde salicylique au moyen de l'air, en présence
de la mousse de platine, donne de l'alcool salicylique.

ALCOOL SALICYLIQUE
$C^7H^8O^2$.

1549. Etat naturel et préparation. — L'alcool salicylique, appelé
aussi *saligénine*, existe dans l'écorce de saule à l'état de combinaison
avec le glucose ; cette combinaison, appelée *salicine*, chauffée en
présence de l'eau et de la sinaptase, donne de l'alcool salicylique :

$$C^{13}H^{18}O^7 + H^2O = C^6H^{12}O^6 + C^7H^8O^2.$$

Il se produit également de l'alcool salicylique par l'hydrogénation
de l'aldéhyde salicylique.

1550. Propriétés. — L'alcool salicylique est un corps solide, soluble
dans l'eau et dans l'alcool et cristallisable.

Il se comporte comme un alcool, c'est-à-dire que par oxydation il
fournit de l'aldéhyde salicylique, puis de l'acide salicylique.

Il se comporte aussi comme un phénol.

C'est donc un corps à fonction mixte.

SALICINE
$C^{13}H^{18}O^7$

1551. Etat naturel et extraction. — La salicine existe dans la
nature et se trouve principalement dans les écorces de saule et de
peuplier.

Pour l'extraire par exemple de l'écorce de saule, on fait bouillir
cette écorce dans l'eau ; pendant le refroidissement, on ajoute de l'argile pour décolorer la liqueur, on filtre et on évapore.

La salicine se précipite en cristaux.

1552. Propriétés. — La salicine est un corps solide, d'une saveur
amère, soluble dans l'eau et l'alcool, insoluble dans l'éther. Ses cristaux
sont en aiguilles brillantes.

La salicine a la constitution d'une combinaison du glucose avec l'alcool salicylique :

$$C^{13}H^{18}O^7 + H^2O = C^6H^{12}O^6 + C^7H^8O^2.$$

Ce dédoublement se produit en effet sous l'action des ferments solubles, tels que la sinaptase.

Sous l'action des corps oxydants, la salicine donne des dérivés de l'alcool salicylique, ainsi que de l'acide formique, produit d'oxydation du glucose.

ACIDES DIOXYBENZOÏQUES

1553. Généralités. — Les acides dioxybenzoïques dérivent de l'acide benzoïque par le remplacement de deux atomes d'hydrogène par deux groupes oxhydryle OH.

On en connaît quatre, dont un seul est important.

ACIDE PROTOCATÉCHIQUE

$$C^7H^6O^4$$

1554. Préparation. — L'acide protocatéchique se prépare en traitant par la potasse l'acide iodo-paraoxybenzoïque $CO^2H — C^6H^3I — OH$, d'après l'équation :

$$(CO^2H — C^6H^3I — OH) + KOH = KI + (CO^2H — C^6H^3 = (OH)^2).$$

1555. Propriétés. — L'acide protocatéchique est un corps solide, soluble dans l'eau, l'alcool et l'éther, et cristallisable.

Par l'action de la chaleur, il donne de l'anhydride carbonique et un phénol diatomique, la pyrocatéchine $C^6H^6O^2$:

$$CO^2H — C^6H^3 — (OH)^2 = CO^2 + C^6H^6O^2.$$

La substitution de radicaux alcooliques des alcools de la série grasse aux atomes d'hydrogène des groupes OH de l'acide protocatéchique fournit des acides substitués, tels que l'acide *méthylprotocatéchique*, ou *vanillique*, dont la formule de constitution est :

$$\begin{array}{c} OH — C^6H^3 — CO^2H \\ | \\ OCH^3 \end{array}$$

VANILLINE

$$C^8H^8O^3.$$

1556. Etat naturel et préparation. — La vanilline existe dans la nature et peut se retirer de la vanille; c'est la substance à laquelle cette plante doit son parfum.

C'est l'aldéhyde de l'acide vanillique et sa formule de constitution est :

$$OH — C^6H^3 — COH$$
$$|$$
$$OCH^3$$

On peut l'obtenir par réduction de l'acide vanillique; mais on la prépare généralement en oxydant la *coniférine* $C^{10}H^{12}O^3$, extraite des conifères, au moyen d'un mélange d'acide sulfurique et de bichromate de potassium :

$$C^{10}H^{12}O^3 + O = C^8H^8O^2 + C^2H^4O^2.$$

1557. Propriétés. — La vanilline est un corps solide, peu soluble dans l'eau froide, très soluble dans l'eau bouillante, l'alcool et l'éther. Elle cristallise en aiguilles brillantes.

Sous l'action des corps oxydants, par exemple d'un mélange d'acide sulfurique et de bioxyde de manganèse, elle donne de l'acide méthylprotocatéchique.

Elle est employée en confiserie et parfumerie comme *essence de vanille artificielle*.

ACIDE GALLIQUE

$$C^7H^6O^5$$

1558. Etat naturel et préparation. — L'acide gallique existe à l'état de tannin, ou acide digallique, dans la *noix de galle*, excroissance qui se développe sur les feuilles de chêne sous l'influence de la piqûre d'un insecte, le *cinips gallæ tinctoriæ*.

On l'extrait des noix de galle, en les pulvérisant, les humectant d'eau et les abandonnant à l'air pendant plusieurs mois. Par suite d'une fermentation et sous l'influence d'un ferment particulier, sorte de diastase, l'acide tannique $C^{14}H^{10}O^9$ prend de l'eau et se dédouble en acide gallique $C^7H^6O^5$, d'après l'équation :

$$C^{14}H^{10}O^9 + H^2O = 2C^7H^6O^5.$$

En dissolvant dans l'eau, filtrant et évaporant, on obtient l'acide gallique.

Sa synthèse a été réalisée par l'action de la potasse sur l'acide salicylique diiodé.

1559. Propriétés. — L'acide gallique est un corps solide, incolore et inodore, d'une saveur astringente. Il est peu soluble dans l'eau froide et l'éther, très soluble dans l'eau bouillante et l'alcool.

Il cristallise en belles aiguilles soyeuses, avec trois molécules d'eau de cristallisation.

Il est très oxydable et très réducteur. A l'air, sa solution s'altère et brunit ; il réduit les sels d'or et d'argent.

Sous l'action de la chaleur, il donne du pyrogallol, phénol triatomique :

$$C^7H^6O^5 = CO^2 + C^6H^6O^3.$$

Au point de vue chimique, l'acide gallique se comporte donc comme un acide trioxybenzoïque.

TANNINS

1560. Généralités. — On donne le nom générique de *tannins* à des substances amorphes qui existent dans l'écorce de chêne et dans un grand nombre de tiges végétales.

Les tannins ont la propriété commune d'être astringents et de colorer les sels ferriques en noir, en donnant l'encre ordinaire.

Leurs propriétés astringentes les font employer pour *tanner* les peaux.

1561. Tannage des peaux. — Le tannage des peaux a pour but de rendre ces tissus imputrescibles et de les transformer ainsi en un produit, appelé *cuir*.

Le tannage proprement dit se fait à l'aide de l'écorce de chêne, ou *tan*.

Les peaux sont préparées par plusieurs opérations préliminaires.

Elles sont d'abord lavées à l'eau courante, puis nettoyées du côté de la chair, à l'aide d'un couteau émoussé.

Pour enlever le poil, on soumet la peau au *pilonage*, qui consiste à l'abandonner dans de grandes cuves, en présence d'un lait de chaux. Au bout d'environ quatre semaines, il est facile d'enlever les poils, en raclant la peau du côté du poil avec un couteau émoussé : c'est le *débourrage*.

Les peaux sont ensuite soumises au *gonflement*, par immersion dans des fosses au contact d'eaux acides, opération qui dure plusieurs jours.

Enfin, les peaux ainsi préparées sont prêtes à être tannées. Pour cela, on les empile dans de grandes fosses en maçonnerie, en mettant d'abord une couche de tan, une couche de peau, une couche de tan, etc. On les abandonne ainsi pendant un temps qui varie de dix mois à deux ans, en les changeant de fosses environ tous les trois mois.

Les peaux ainsi tannées doivent être soumises à une série d'opérations, qui constituent le *corroyage* et qui ont pour but de donner au cuir sa souplesse et sa forme définitive. Dans ces opérations, on le martèle, on le frotte avec une sorte de brosse, on le colore, on lui communique diverses odeurs, on le cire et on le graisse.

Armand Séguin, en 1792, a trouvé un procédé de tannage des peaux, en les plongeant pendant environ quatre semaines dans des infusions de tannin, préparées à l'avance et qu'on appelle *jusées*. Mais le cuir ainsi obtenu est de qualité inférieure au précédent.

La *mégisserie* est l'art de tanner les peaux par l'alun. Les cuirs ainsi obtenus, qui proviennent généralement des peaux d'agneaux et de chevreaux, sont employés dans la ganterie et la cordonnerie fine.

Le *maroquin* est un cuir obtenu par le tannage de la peau de chèvre et coloré en rouge brun.

Le *cuir de Russie* est également de la peau de chèvre, tannée au moyen de l'écorce de bouleau. Cette écorce contient une essence, qui communique au cuir de Russie son odeur particulière.

Fig. 290. — Appareil à déplacement pour la préparation de tannins.

ACIDE TANNIQUE
$$C^{14}H^{10}O^9$$

1562. Etat naturel et préparation. — Le tannin proprement dit, appelé tout simplement tannin, ou *acide tannique*, existe dans la noix de galle.

On peut l'en extraire au moyen d'un appareil à déplacement (fig. 290), fondé sur ce que le tannin est soluble dans l'eau et insoluble dans l'éther, tandis que les matières colorantes de la noix de galle sont insolubles dans l'eau et solubles dans l'éther.

L'appareil à déplacement se compose d'une allonge, bouchée à l'émeri à sa partie supérieure, tandis que sa partie inférieure, rodée à l'émeri, s'emboîte dans un récipient. On met dans l'allonge, au fond de laquelle on a eu soin de placer un tampon d'amiante, de la noix de galle en poudre, et on ajoute de l'eau et de l'éther.

Les liquides traversent le tannin et tombent dans le récipient inférieur, en entrainant toutes les substances solubles.

Dans le récipient, le liquide se sépare en deux couches, au fond la
couche d'eau, chargée de tannin, et au-dessus la couche d'éther, chargée des impuretés.

Par décantation, on recueille la solution aqueuse de tannin, que l'on
concentre et que l'on fait sécher à l'étuve.

1563. Propriétés. — Le tannin est un corps solide, inodore, légèrement jaunâtre, et amorphe.

Il est très soluble dans l'eau, soluble dans l'alcool, insoluble dans
l'éther.

Sa densité est 1,5.

Au point de vue chimique, il fonctionne comme un acide, et il
absorbe l'eau en donnant de l'acide gallique, par la formule :

$$C^{14}H^{10}O^9 + H^2O = 2C^6H^6O^5.$$

Cette transformation se produit avec les noix de galle humides,
sous l'action d'un ferment (1558), ou bien encore par l'ébullition avec
de l'eau acidulée.

Les solutions de tannin noircissent à l'air, comme celles d'acide gallique et de pyrogallol.

Elles précipitent un grand nombre de sels, en donnant des composés insolubles appelés *tannates*.

Le principal est le tannate ferrique, qui constitue l'encre ordinaire.

1564. Fabrication de l'encre. — L'encre ordinaire, ou encre noire,
se fabrique en faisant digérer, ou bouillir, ce qui est plus rapide, de
la noix de galle dans l'eau.

La solution peu colorée est filtrée et additionnée de sulfate ferreux
et de gomme arabique.

Exposée ensuite à l'air, elle ne tarde pas à devenir d'un beau noir
et alors peut être employée comme encre à écrire.

L'encre ordinaire est décolorée par plusieurs substances, et en particulier par le chlore (223) le sel d'étain (880) et le sel d'oseille (1318), ce
qui permet d'enlever les taches d'encre sur les tissus et sur le papier.

Une tache d'encre, traitée par l'eau de chlore, ne disparait pas entièrement et laisse une trace jaunâtre de chlorure ferrique; une solution
étendue d'acide chlorhydrique fait disparaitre cette tache.

XYLÈNE

C^8H^{10}

1565. Préparation et propriétés. — Le xylène est un homologue du benzène.

On l'obtient dans la distillation des huiles légères du goudron de houille, en recueillant ce qui passe à 120°.

Le xylène brut ainsi obtenu contient des hydrocarbures isomériques.

Au point de vue chimique, le xylène peut être considéré comme du diméthyl-benzène et sa formule de constitution est $C^6H^4(CH^3)^2$. Il doit donc y avoir trois xylènes isomériques, qui sont tous les trois connus.

Comme le toluène, le xylène peut donner deux genres de dérivés substitués, suivant que la substitution a lieu dans le résidu benzénique C^6H^4, ou dans le radical alcoolique CH^3.

ACIDE PHTALIQUE

$C^8H^6O^4$.

1566. Préparation. — Cet acide dérive de l'orthoxylène $C^6H^4(CH^3)^2$, comme l'acide benzoïque du toluène.

On l'obtient par l'action oxydante de l'acide azotique sur le tétra-chlorure de naphtaline $C^{10}H^8Cl^4$:

$$C^{10}H^8Cl^4 + O^4 = C^8H^6O^4 + 2HCl + C^2Cl^2.$$

1567. Propriétés. — L'acide phtalique est un corps solide, peu soluble dans l'eau froide, soluble dans l'eau bouillante et cristallisable en prismes.

Il fond à 184°.

Sous l'influence de la chaleur, à une température plus élevée, il se décompose en eau et anhydride phtalique $C^8H^4O^3$.

1568. Anhydride phtalique. — L'anhydride phtalique se produit quand on chauffe l'acide phtalique à 230°, d'après l'équation :

$$C^8H^6O^4 = C^8H^4O^3 + H^2O.$$

L'anhydride phtalique est un corps solide, qui fond à 131° et se vaporise à 230°. Ses vapeurs, reçues sur une paroi froide, se déposent en aiguilles cristallines.

Chauffé avec les divers phénols, en présence d'un peu d'acide sulfurique, l'anhydride phtalique donne diverses matières colorantes, appelées *phtaléines*.

PHTALÉINES

1569. Phtaléine ordinaire $C^{14}H^{10}O^4$. — La phtaléine ordinaire s'obtient en chauffant l'anhydride phtalique avec le phénol ordinaire et un peu d'acide sulfurique. La combinaison a lieu avec élimination d'eau :

$$C^6H^6O + C^8H^6O^4 = C^{14}H^{10}O^4 + H^2O.$$

La phtaléine est un corps solide, incolore, qui rougit en présence des acides.

On l'emploie, dans les analyses par voie sèche, au lieu de la teinture de tournesol, pour reconnaître les acides.

1570. Fluorescéine $C^{20}H^{12}O^5$. — La fluorescéine s'obtient en chauffant l'anhydride phtalique avec la résorcine et un peu d'acide sulfurique. Il y a élimination de deux molécules d'eau, d'après l'équation :

$$C^8H^4O^3 + 2C^6H^6O^2 = C^{20}H^{12}O^5 + 2H^4O.$$

La fluorescéine se présente sous l'aspect d'une poudre rouge amorphe, douée d'un grand pouvoir colorant.

Elle est peu soluble dans l'eau, mais se dissout facilement dans l'eau additionnée d'un peu d'ammoniaque.

Sa solution présente l'aspect des corps fluorescents, comme le verre d'urane ; elle est jaune par transparence et verte par réflexion, de sorte qu'examinée à la lumière elle présente ce double aspect, avec des reflets changeants.

1571. Éosine $C^{20}H^8Br^4O^5$. — L'éosine est une belle matière colorante rouge.

On l'obtient en traitant la fluorescéine par le brome ; sa constitution est celle de la fluorescéine tétrabromée, $C^{20}H^8Br^4O^5$.

L'éosine est une substance rouge, insoluble dans l'eau et qui se dépose en cristaux.

Elle se dissout facilement dans les lessives alcalines et c'est la combinaison ainsi obtenue qui est employée comme matière colorante.

1572. Galléine $C^{14}H^4O^3$. — La galléine est le résultat de la combinaison de l'anhydride phtalique avec le pyrogallol, avec élimination de trois molécules d'eau :

$$C^8H^4O^3 + C^6H^6O^3 = C^{14}H^4O^3 + 3H^2O.$$

La galléine est un corps solide, incolore, insoluble dans l'eau.

1573. Céruléine. — La céruléine résulte de l'action de l'acide sulfurique concentré sur la galléine à la température de 200°.

La céruléine est un corps solide, de couleur verte, qui est insoluble dans l'eau et qui ne se fixe pas directement sur les tissus.

Pour teindre ceux-ci, il faut les mordancer, en les trempant dans l'alun.

ACIDE ISOPHTALIQUE

$$C^8H^6O^4$$

1574. Préparation et propriétés. — L'acide isophtalique dérive du métaxylène, comme l'acide phtalique de l'orthoxylène. Cet acide est un produit d'oxydation du métaxylène.

C'est un corps solide, blanc, peu soluble dans l'eau et cristallisé en petites aiguilles.

Il fond à 300° et se volatilise au rouge.

ACIDE PARAPHTALIQUE

$$C^8H^6O^4$$

1575. Préparation et propriétés. — L'acide paraphtalique, appelé aussi *acide téréphtalique*, dérive de la même façon du paraxylène par oxydation.

Il se produit aussi dans l'oxydation de l'essence de térébenthine.

C'est un corps solide, blanc, insoluble dans l'eau, l'alcool et l'éther, et qui se présente sous l'apparence d'une poudre amorphe.

Il ne fond pas et se sublime à 200°.

CUMÈNE

$$C^{10}H^{14}$$

1576. État naturel et préparation. — Le cumène est un homologue de la benzine, qui existe dans l'*essence de cumin*.

L'essence de cumin s'obtient en faisant distiller avec un peu d'eau les graines de cumin. C'est un liquide d'une odeur particulière, qui est celle des graines de cumin.

En distillant l'essence de cumin et recueillant ce qui passe à 150°, on obtient le cumène.

Il s'obtient aussi en distillant le camphre ordinaire avec du perchlorure de phosphore.

1577. Propriétés. — C'est un liquide incolore, d'une odeur agréable, qui bout à 150°.

Au point de vue de la constitution, le cumène est un propylben-
zène $C^6H^5(C^4H^9)$.

On en connaît plusieurs isomères.

ALDÉHYDE CUMINIQUE

$C^{10}H^{12}O$

1578. État naturel, préparation et propriétés. — L'aldéhyde cuminique existe, avec le cumène, dans l'essence de cumin.

On peut l'obtenir en distillant cette essence et recueillant ce qui
passe à 200°.

L'aldéhyde cuminique est un liquide incolore, ayant une forte odeur
de cumène. Elle bout à 200°.

Sous l'action des corps hydrogénants, elle donne de l'alcool cuminique $C^{10}H^{14}O$.

Les corps oxydants transforment l'aldéhyde cuminique en acide
cuminique $C^{10}H^{12}O^2$.

THYMOL

$C^{10}H^{14}O$

1579. État naturel et préparation. — Le thymol $C^{10}H^{14}O$ est un
phénol, homologue du phénol ordinaire et isomérique de l'alcool
cuminique. Il existe dans l'*essence de thym*.

On peut l'en retirer, en mélangeant l'essence de thym avec un
alcali, potasse ou soude, qui dissout le thymol, tandis qu'il reste un
résidu insoluble. On décante et on précipite le thymol en ajoutant
de l'acide chlorhydrique.

Le thymol ainsi obtenu est purifié par distillation.

1580. Propriétés. — Le thymol est un corps solide, blanc, ayant
l'odeur du thym.

Il fond à 44°.

Comme tous les phénols, le thymol est un antiseptique. Il remplace
avantageusement le phénol ordinaire, auquel il est supérieur par son
odeur, dans la plupart de ses applications.

PHÉNYL ALLYLE

C^9H^{10}

1581. Propriétés. — Le phényl allyle, ou *cinnamène*, C^9H^{10} a pour
formule de constitution $C^6H^5 — C^3H^5$.

Il est surtout important par ses dérivés, dont les principaux sont les suivants.

ANÉTHOL

$C^9H^{10}O$

1582. État naturel et propriétés. — L'anéthol est le phénol dérivé du phényl allyle C^9H^{10}.

Il existe dans la nature, à l'état d'éther méthylique, dans les *essences d'anis*, de *fenouil* et d'*estragon*.

L'essence d'anis $C^{10}H^{12}O$ se retire des tiges et des feuilles de l'anis, en les distillant avec de l'eau. C'est un corps solide et cristallisé.

Les essences de fenouil et d'estragon se retirent de la même manière des plantes correspondantes. Elles sont liquides, mais identiques au point de vue chimique avec l'essence d'anis.

Ces essences donnent par oxydation de *l'acide anisique* $C^8H^8O^3$, qui est identique avec l'acide paraoxybenzoïque et dont la formule de constitution est :

$$CO^2H — C^6H^4 — OCH^3.$$

ALDÉHYDE CINNAMIQUE

C^9H^8O

1583. État naturel, préparation et propriétés. — L'aldéhyde cinnamique est encore un dérivé du phényl allyle C^9H^{10}. Elle constitue essentiellement *l'essence de cannelle*, que l'on obtient en distillant la cannelle avec de l'eau.

L'essence de cannelle se comporte comme une aldéhyde ; ainsi, par oxydation, elle donne un acide, l'acide cinnamique $C^9H^8O^2$.

ACIDE CINNAMIQUE

$C^9H^8O^2$

1584. État naturel et préparation. — L'acide cinnamique se rencontre dans la nature ; on en trouve dans le *baume de Tolu* et le *baume de Styrax*.

On l'obtient par oxydation de l'essence de cannelle.

Sa synthèse a été réalisée par M. Perkin, au moyen de l'aldéhyde benzoïque C^7H^6O, chauffée avec de l'acide acétique $C^2H^4O^2$.

$$C^7H^6O + C^2H^4O^2 = C^9H^8O^2 + H^2O$$

1585. Propriétés. — L'acide cinnamique est un corps solide, soluble dans l'eau et cristallisable.

Il fond à 139°.

Sa principale application consiste dans la reproduction artificielle de l'indigo, par le procédé de M. Bœyer.

INDIGO

1586. État naturel et préparation. — L'indigo est une belle matière colorante bleue, très stable. Elle s'extrait de plantes qui croissent particulièrement aux Indes, et que l'on appelle *indigofera*.

Pour extraire l'indigo des plantes, on les coupe et on les abandonne pendant douze heures dans de grandes cuves avec de l'eau. Le liquide, décanté au bout de ce temps, est abandonné à l'air, en présence duquel on l'agite ; il se colore en bleu et laisse déposer par le repos la matière colorante, qui constitue l'indigo.

On la recueille, on la filtre sur des toiles, on la comprime et on la sèche.

1587. Propriétés. — La matière colorante de l'indigo est l'*indigotine* C^8H^5AzO.

C'est un corps solide, bleu foncé, à reflets de cuivre ; elle est insoluble dans l'eau, l'alcool, l'éther, les essences.

Elle a la propriété de s'hydrogéner en présence de l'eau et des corps réducteurs, pour donner une matière incolore et soluble dans l'eau, appelée *indigo blanc*, ou *indigo soluble*, et qui a pour formule $C^{16}H^{12}Az^2O^2$.

En se dissolvant dans l'acide pyrosulfurique (321), l'indigotine donne aussi de l'indigo blanc soluble, qu'on appelle alors quelquefois *sulfate d'indigo*.

C'est sur cette propriété qu'est fondée la préparation de l'indigo et la teinture à l'indigo.

La plante contient une substance, l'*indican*, qui, par son contact avec l'eau, subit une sorte de fermentation ; elle se dédouble en plusieurs substances, dont l'une est l'indigo blanc soluble, qui reste dans l'eau.

Quand l'eau est ensuite exposée à l'air, l'indigo blanc s'oxyde et donne l'indigo bleu, qui est insoluble et qui précipite.

De même pour la teinture à l'indigo.

Les cuves de teinture, dites *cuves d'indigo*, sont faites en dissolvant l'indigo dans l'acide sulfurique fumant, ou mieux encore en faisant un mélange d'indigo, de sulfate ferreux et de chaux.

Le tissu que l'on y plonge en est retiré incolore ; mais il s'est imprégné d'indigo blanc et, par l'exposition à l'air, il se teint en bleu.

L'indigo, ou plutôt l'indigotine, qui en forme la partie essentielle, donne, avec les différents réactifs, des dérivés aromatiques, tels que ceux obtenus avec la benzine, ou avec le phénol.

Ainsi, par la distillation sèche, l'indigo donne entre autres produits de l'aniline.

L'acide azotique, agissant sur l'indigo, donne de l'acide picrique.

1588. Synthèse de l'indigotine. — La synthèse de l'indigotine a été réalisée par M. Baeyer.

Ce savant chimiste a pris d'abord pour point de départ une série de transformations que fournit l'indigo.

Sous l'action des agents oxydants, l'indigotine C^8H^5AzO donne l'*isatine* $C^8H^5AzO^2$.

Cette substance, soumise à l'action de l'amalgame de sodium en présence de l'eau, donne d'abord, par fixation d'hydrogène, le *dioxindol* $C^8H^7AzO^2$, puis, par perte d'oxygène, sous une action plus prolongée, de l'*oxindol* C^8H^7AzO.

Enfin, l'oxindol, sous l'action du zinc en poudre et à chaud, perd son oxygène et donne l'*indol* C^8H^7Az.

Pour faire la synthèse de l'indigotine, M. Baeyer a repris toutes ces réactions en ordre inverse, et, partant de l'indol, il l'a transformé, par la même suite de réactions, en indigotine.

M. Baeyer a également réalisé la synthèse de l'indigotine par un second procédé, moins long et plus rapide.

Il part de l'acide cinnamique $C^9H^8O^2$ et en prépare, par l'action de l'acide azotique, un dérivé orthonitré $C^9H^7(AzO^2)O^2$.

Ce composé fixe deux atomes de brome, pour donner le composé $C^9H^7Br^2(AzO^2)O^2$, et ce dernier, chauffé avec la potasse, donne du bromure de potassium et de l'acide orthonitrophénylpropionique $C^9H^5(AzO^2)O^2$, d'après l'équation :

$$C^9H^7Br^2(AzO^2)O^2 + 2KOH = 2KBr + C^9H^5(AzO^2)O^2 + 2H^2O.$$

Enfin, sous l'action des corps hydrogénants, l'acide orthonitrophénylpropionique donne de l'indigotine C^8H^5AzO :

$$C^9H^5(AzO^2)O^2 + H^2 = C^8H^5AzO + CO^2 + H^2O.$$

CHAPITRE XIII

ESSENCES EN GÉNÉRAL

1589. État naturel et préparation. — On a longtemps désigné sous le nom d'*essences*, ou d'*huiles essentielles*, un ensemble de corps odoriférants, que l'on extrait des végétaux en les distillant avec l'eau

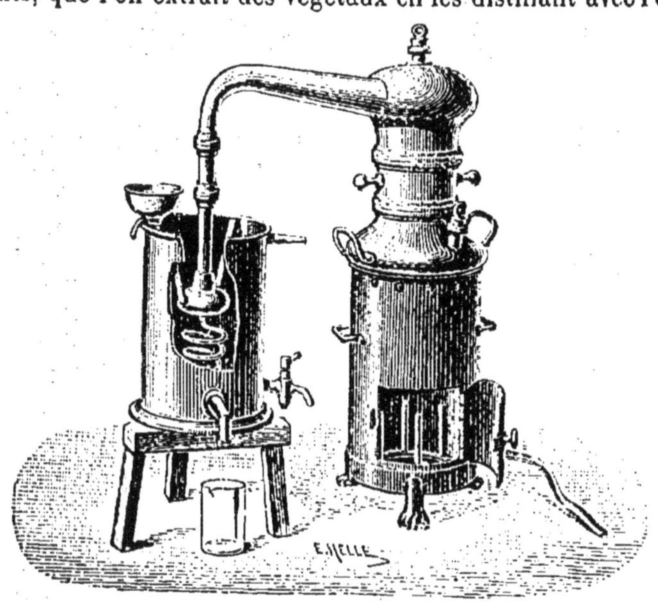

Fig. 291. — Alambic.

Ces principes se trouvent, suivant les végétaux, dans les racines, les tiges, les feuilles, les fleurs, ou les graines.

Pour extraire les essences des parties qui les renferment, on emploie diverses méthodes, dont la principale est la suivante :

On broie les végétaux, on les introduit dans un récipient percé de trous et l'on suspend ce récipient dans un alambic (fig. 291) contenant de l'eau, de façon que la substance soit bien baignée par l'eau et que sa température ne puisse s'élever au-dessus de celle de l'ébullition de ce liquide.

On laisse d'abord digérer pendant quelques heures le végétal dans l'eau. Puis on chauffe doucement et la vapeur d'eau qui se dégage entraine alors l'essence. Les produits volatils passent dans un serpentin entouré d'eau, se condensent et peuvent s'écouler par un robinet inférieur.

Pour séparer l'eau de l'essence, on reçoit le produit de la condensation dans un récipient spécial.

On employait autrefois le récipient florentin (fig. 292). C'est une

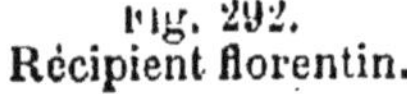

Fig. 292.
Récipient florentin.

Fig. 293. — Récipient de Desmaret et Méro.

sorte de carafe, de la partie inférieure de laquelle part un tube recourbé ; en arrivant dans l'appareil, l'eau et l'essence, qui ne sont pas miscibles, se séparent, l'essence surnage et l'eau, qui se rassemble à la partie inférieure, ne tarde pas à remplir le tube latéral, par lequel elle s'écoule alors comme par un siphon.

On emploie beaucoup aujourd'hui le récipient de Desmaret et Méro (fig. 293).

C'est une sorte d'éprouvette à pied, avec un tube latéral disposé de même façon que le précédent ; les produits condensés arrivent dans le récipient par un entonnoir et se séparent en deux couches. Un petit tube latéral permet l'écoulement de l'eau, lorsqu'elle est en quantité suffisante.

Lorsque l'essence est plus lourde que l'eau, la superposition des couches se fait en sens inverse et c'est l'essence qui s'écoule par le tube latéral.

1590. Propriétés. — Les essences sont en général des produits volatils, de consistance huileuse et très odoriférants; leur odeur varie suivant leur origine. La plupart sont employées en parfumerie pour la fabrication des eaux de Cologne, des vinaigres de toilette, des savons parfumés et des extraits d'odeurs.

On obtient par exemple une bonne eau de Cologne en mélangeant de l'alcool à 90° avec des essences de romarin, de citron, d'orange et de bergamote.

Au point de vue chimique, les essences, réunies autrefois dans un même groupe, fonctionnent de façons très diverses.

Nous avons vu par exemple que les essences d'amandes amères (1537) et de cannelle (1547) sont des aldéhydes ; que les essences de gaultheria procumbens (1544), d'ail et de moutarde sont des éthers. Celles que nous allons étudier maintenant, l'essence de térébenthine et ses analogues, sont des hydrocarbures.

Il n'y a donc plus lieu aujourd'hui d'en former en groupe unique.

Il est remarquable que la plupart des essences se rattachent par leurs réactions chimiques à l'étude des composés aromatiques.

ESSENCE DE TÉRÉBENTHINE
$C^{10}H^{16}$

1591. État naturel et préparation. — L'essence de térébenthine existe dans le suc résineux, qui s'écoule d'incisions faites dans le pin maritime et d'autres conifères.

Pour obtenir l'essence de térébenthine, on pratique des incision: dans le tronc et les branches de l'arbre, on recueille dans des réci pients le suc, qui s'écoule et qui devient pâteux à l'air au bout d'un certain temps, et on le distille dans un alambic, en présence de l'eau.

Il passe à la distillation, avec la vapeur d'eau, une essence d'odeur résineuse, qui est l'essence de térébenthine et que l'on sépare de l'eau par la méthode générale, qui vient d'être indiquée ; il reste dans l'alambic, où l'on a fait l'opération, une substance solide, sèche et cassante, qui a la même constitution que l'essence et qui est la *colophane,* ou *arcanson.*

1592. Propriétés physiques. — L'essence de térébenthine est un liquide incolore, d'une odeur de résine, d'une saveur caustique.

Sa densité est 0,864. Elle bout à 161°.

On lui donne quelquefois divers noms, suivant son origine. Ainsi, l'essence extraite des pins maritimes des environs de Bordeaux, s'appelle le *térébenthène ;* elle dévie à gauche le plan de polarisation de la lumière. En Australie, on extrait des conifères une essence appelée *australène*, qui dévie le plan de polarisation à droite.

L'essence de térébenthine est un bon dissolvant pour le soufre, le caoutchouc et surtout les résines et les corps gras.

1593. Propriétés chimiques. — Quelle que soit leur origine, toutes les essences de térébenthine ont identiquement les mêmes propriétés chimiques.

L'essence de térébenthine, sous l'action de l'acide sulfurique, se transforme en deux corps, le *térébène* et le *colophène*, isomères entre eux et qui sont des polymères de l'essence de terébenthine. Leur formule est $C^{20}H^{32}$.

L'acide chlorhydrique se combine à l'essence de térébenthine pour donner le composé $C^{10}H^{17}Cl$, solide, cristallisable et dont l'odeur rappelle celle du camphre.

Ce composé, traité par la solution alcoolique de potasse, donne un isomère de l'essence de térébenthine, solide et cristallisable, qu'on appelle le *camphène*.

Le camphène, soumis à l'action des corps oxydants, donne le camphre ordinaire.

A l'air, l'essence de térébenthine s'oxyde et s'épaissit ; on dit qu'elle se *résinifie.*

1594. Usages. — Les principaux usages de l'essence de térébenthine sont fondés sur sa propriété de dissoudre les résines et les corps gras.

La dissolution des résines dans l'essence de térébenthine constitue les vernis ; pour faire cette dissolution, il faut chauffer légèrement l'essence.

La qualité des vernis varie avec celle de l'essence, et surtout de la résine, employée.

Les vernis ordinaires sont sujets à s'écailler sous l'action de la chaleur. On leur donne plus de souplesse en les mélangeant avec des huiles grasses.

Les vernis gras sèchent plus lentement à l'air que les vernis ordinaires.

ISOMÈRES DE L'ESSENCE DE TÉRÉBENTHINE

1595. Généralités. — Parmi les essences que l'on peut obtenir, en distillant en présence de l'eau certains organes végétaux, il y en a plusieurs qui fonctionnent comme des hydrocarbures et qui sont en général des isomères de l'essence de térébenthine.

Les principales sont les essences d'orange, de citron, de bergamote et de sabine.

Elles se distinguent de l'essence de térébenthine par l'ensemble de leurs propriétés physiques, odeur, densité, température d'ébullition, et par l'ensemble de leurs propriétés chimiques.

ESSENCE D'ORANGE

1596. État naturel, préparation et propriétés. — L'essence d'orange existe dans un certain nombre de fruits et s'extrait de l'orange, soit par expression, soit par distillation, du zeste d'orange dans l'eau.

C'est un liquide incolore, très mobile, qui a pour densité 0,847 et qui bout à 174°.

Elle dissout les résines et les corps gras et, à l'air, s'oxyde en se résinifiant.

ESSENCE DE CITRON

1597. État naturel, préparation et propriétés. — L'essence de citron existe dans le citron, auquel elle communique son parfum.

On l'en retire, comme la précédente de l'orange, soit par la compression du fruit, soit par la distillation du zeste en présence de l'eau.

C'est, comme les précédents, un liquide incolore, très mobile, ayant pour densité 0,85 et bouillant à 176°.

Ses propriétés sont à peu près identiques à celle de l'essence d'orange.

ESSENCE DE BERGAMOTE

1598. État naturel, préparation et propriétés. — L'essence de bergamote existe dans une variété d'orange, qu'on cultive dans l'Europe du Sud et qu'on appelle le *Citrus bergamia*.

On l'extrait, comme les deux précédentes, par expression du fruit, ou par distillation du zeste.

On obtient un liquide jaunâtre, de consistance huileuse, d'une odeur aromatique et d'une saveur amère.

Elle a pour densité 0,868, bout à 175° et se solidifie au-dessous de 0°.

Elle a des propriétés analogues à celles des essences précédentes.

ESSENCE DE SABINE

1599. État naturel, préparation et propriétés. — Cette essence, isomère des précédentes, existe dans les feuilles d'une variété de conifère, le *Juniperus sabina*.

La dissolution de ces feuilles en présence de l'eau donne une essence liquide, huileuse, d'une odeur aromatique, analogue à celle de l'essence de térébenthine, dont la densité est 1,804. Elle est dextrogyre.

Elle bout à 105°.

Ses propriétés sont analogues à celles de l'essence de térébenthine. Ainsi, à l'air, elle se résinifie.

Cependant l'acide chlorhydrique ne donne pas avec cette essence, comme avec l'essence de térébenthine, de substance analogue au camphre (1593).

RÉSINES

1600. Généralités. — On désigne, sous le nom général de *résines*, des corps solides, durs, à cassure vitreuse, que l'on extrait du suc de certains végétaux.

La plupart des *essences*, au contact prolongé de l'air, se transforment en résines et l'on dit qu'elles se résinifient.

Les résines sont généralement insolubles dans l'eau et amorphes.

Les résines sont solubles dans l'essence de térébenthine et les huiles grasses et on les emploie principalement à la fabrication des vernis.

Elles ont la propriété de former avec les alcalis des composés, appelés *savons résineux*, qui sont insolubles dans l'eau.

Elles brûlent facilement à l'air en répandant une abondante fumée ; on les utilise pour la confection des tourbes et les produits de leur combustion fournissent du noir de fumée.

Les principales résines sont : la *colophane*, qui s'extrait du pin maritime, et la *résine copal*, qui se retire de l'*hymenæa verrucosa*.

Le *succin*, ou *ambre jaune*, est une résine fossile, qui provient vraisemblablement de la décomposition de végétaux enfouis dans le sol.

1601. Caoutchouc. — Le *caoutchouc*, ou *gomme élastique*, s'extrait, comme la térébenthine des conifères, du suc qui s'écoule d'incisions faites dans des arbres tels que le *Siphonia cauchu*, ou le *ficus elastica*. Cette extraction se fait principalement dans l'Amérique du Sud, aux Indes et au Gabon.

Dans le suc que l'on recueille, on plonge des planches de bois avec manche, en forme de battoir ; une partie de suc y adhère. On porte alors la planche dans de la fumée de bois vert, où le caoutchouc se dessèche, on replonge la planche dans le suc et on recommence l'opération un certain nombre de fois. Quand l'épaisseur est suffisante, on coupe le caoutchouc suivant la longueur et on le développe ; on a ainsi le caoutchouc en lames.

Le caoutchouc est constitué principalement par un mélange d'hydrocarbures.

Ses emplois sont surtout fondés sur son élasticité. Mais cette élasticité, il ne la conserve qu'entre des limites assez rapprochées de température ; le froid le durcit et une faible chaleur le rend mou et sans élasticité.

On conserve au caoutchouc son élasticité en le *vulcanisant*, c'est-à-dire en le combinant au soufre. Pour cela, on chauffe vers 130°, dans une marmite pleine d'eau et fermée, un mélange de caoutchouc en morceaux et de soufre ; il se fait un mélange intime, ou une combinaison, qui constitue le *caoutchouc vulcanisé*. On emploie ensuite ce caoutchouc à la confection des divers objets que l'on veut obtenir.

Le *caoutchouc durci*, ou *ébonite*, est une sorte de caoutchouc vulcanisé contenant une proportion de soufre beaucoup plus grande que le précédent. On l'emploie, au lieu de bois, pour la confection de divers objets et comme isolateur en électricité.

1602. Gommes résines. — Aux résines proprement dites, se rapportent les gommes résines, qui s'extraient également des végétaux et qui paraissent être des mélanges de résines avec des matières gommeuses.

Les principales sont les suivantes :

L'*assa fœtida*, qui s'extrait de la racine de l'*assa fœtida*, plante que l'on cultive principalement en Perse. Elle se présente en masses brunes, d'une odeur forte rappelant celle de l'ail, d'une saveur âcre et amère. Elle est employée en médecine.

Le *galbanum* se retire du *Bubon galbanum*. On l'utilise en médecine, comme antispasmodique.

La *gomme gutte* s'extrait principalement du *Garcinia morella*. C'est une substance jaune, sans odeur, soluble dans l'eau. On l'emploie surtout en peinture et aussi en médecine.

La *myrrhe* s'écoule du *Balsamodendron myrrha*. C'est une substance solide, en larmes, qui s'emploie en médecine et principalement dans la parfumerie.

L'*encens*, que l'on extrait aussi d'une plante du genre *balsamodendron*, est principalement employée comme aromate.

L'*opoponax* se retire d'une plante, l'*Opoponax chironium*, qui croît principalement en Syrie. On l'utilise en parfumerie.

La *scammonée* s'extrait de la racine du *Convolvulus scammonia*. C'est une substance solide, légère et friable, que l'on emploie principalement en médecine comme purgatif.

NAPHTALINE (Naphtalène)

$$C^{10}H^8$$

1603. Préparation. — La naphtaline, ou mieux le *naphtalène*, se trouve dans les huiles lourdes de goudron, qui passent au-dessus de 200°.

Par le refroidissement, ces huiles donnent un dépôt solide, formé d'un mélange de naphtalène et d'anthracène. Ce dépôt est comprimé entre des plaques métalliques chauffées et la naphtaline brute qui s'écoule est purifiée par sublimation à une température peu élevée.

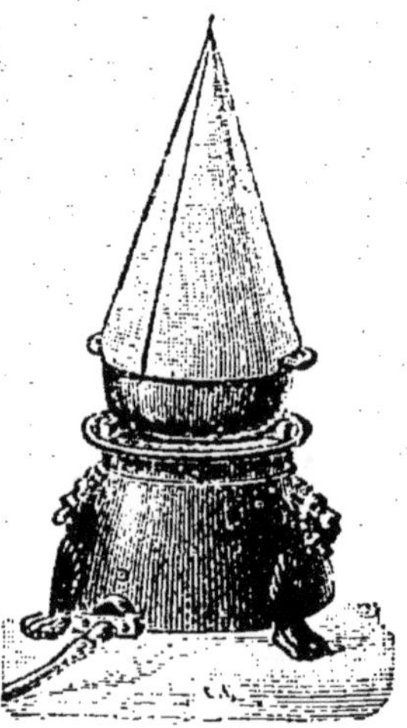

Fig. 294. — Sublimation de la naphtaline.

Pour effectuer cette sublimation, on emploie un appareil identique à celui qui a été décrit à propos de l'acide benzoïque (fig. 294). Dans la marmite en fer, on met la naphtaline brute et, dans le cône en carton, se dépose sur les parois la naphtaline sublimée.

1604. Propriétés physiques. — La naphtaline est un corps solide, cristallisé en paillettes blanches et brillantes, d'une forte odeur empyreumatique.

Elle fond à 79° et bout à 220°.

La naphtaline est insoluble dans l'eau, très soluble au contraire dans l'alcool et l'éther.

1605. Propriétés chimiques. — La naphtaline est indécomposable par la chaleur.

Elle donne, avec le chlore et les corps analogues, brome ou iode, des composés. L'un des plus importants est le chlorure $C^{10}H^8Cl^4$, qui, oxydé par l'acide azotique, donne l'acide phtalique $C^8H^6O^4$, par la réaction :

$$C^{10}H^8Cl^4 + O^4 = C^2Cl^2 + C^8H^6O^4 + 2HCl.$$

La naphtaline est, comme la benzine, le point de départ de nombreux dérivés.

Par exemple, sous l'influence de l'acide azotique, elle fournit le dérivé nitré $C^{10}H^7(AzO^2)$, qui, comme la nitrobenzine, hydrogénée par l'action de l'acide acétique sur le fer, donne la *naphtylamine* $C^{10}H^7(AzH^2)$.

NAPHTOL
$C^{10}H^8O$

1606. Propriétés. — Sous l'influence de l'acide sulfurique, la naphtaline donne un dérivé sulfoné, qui, traité par la potasse, fournit le *naphtol*, $C^{10}H^8O$, phénol de la naphtaline, qui se présente avec de nombreux cas d'isomérie.

Les divers naphtols isomères sont employés à la fabrication de couleurs très importantes, les couleurs diazoïques.

ANTHRACÈNE
$C^{14}H^{10}$

1607. Préparation. — L'anthracène s'extrait des huiles lourdes de goudron, d'où l'on a retiré la naphtaline ; après cette opération, leur sublimation donne de l'anthracène.

La synthèse de l'anthracène a été faite par MM. Græbe et Liebermann.

1608. Propriétés. — L'anthracène est un corps solide, insoluble dans l'eau et l'alcool, soluble dans la benzine et le toluène.

Il cristallise en feuilles.

Il fond à 200° et bout à 360°.

L'anthracène est principalement employé aujourd'hui à la fabrication de l'alizarine artificielle.

1609. Anthraquinone. — L'anthraquinone est un produit d'oxydation de l'anthracène. Il a pour formule $C^{14}H^8O^2$.

C'est un corps solide, de couleur orangée, insoluble dans l'eau et cristallisable par sublimation.

Il fond à 273° et se sublime lentement quand on le chauffe.

Il s'oxyde sous diverses influences en donnant de l'alizarine $C^{14}H^8O^4$.

1610. Alizarine artificielle. — L'*alizarine* est le principe colorant de la *garance*, matière colorante que l'on extrait de la racine de la plante du même nom ; l'industrie de l'extraction de la garance a été longtemps florissante, en particulier dans le département du Vaucluse.

On y trouve également une autre matière colorante, la *purpurine* $C^{14}H^8O^5$.

Aujourd'hui, on prépare la garance artificiellement.

Cette préparation se fait en chauffant l'anthraquinone, qui provient de l'oxydation de l'anthracène, avec de l'acide sulfurique fumant ; il se forme un dérivé sulfoné. Ce dérivé, chauffé avec de la potasse caustique, donne l'alizarine.

L'anthracène, par l'action de l'acide seul, donne finalement une alizarine pure, qui est employée pour teindre en violet.

L'anthracène, traité par l'acide sulfurique, mélangé de bioxyde de manganèse, donne au contraire un mélange d'alizarine et de purpurine, qui peut remplacer la garance naturelle et qu'on obtient à bien meilleur compte.

Aujourd'hui la culture de la garance est généralement abandonnée.

CAMPHRES

1611. Généralités. — On donne le nom général de *camphres* à des substances solides, d'aspect cristalline et d'une odeur forte et particulière.

Ces corps contiennent de l'oxygène et paraissent en général fonctionner, les uns comme des aldéhydes et les autres comme des alcools.

Ils ne sont pas homologues avec les dérivés des composés aromatiques ; sous l'influence de la chaleur, ils donnent des composés aromatiques et de l'hydrogène. Ils paraissent donc constitués par des composés aromatiques surhydrogénés.

CAMPHRE DE BORNÉO

$$C^{10}H^{18}O.$$

1612. État naturel et préparation. — Le camphre de Bornéo, ou *bornéol*, existe dans les tiges et les rameaux d'un arbre qui croît à Bornéo et dans les îles de la Sonde, le *Dryobalanops aromatica*.

On l'en retire en coupant les rameaux, les faisant chauffer avec l'eau, recueillant ce qui surnage par le refroidissement et le purifiant par sublimation.

1613. Propriétés. — Le camphre de Bornéo est un corps solide, blanc, insoluble dans l'eau, très soluble dans l'alcool et l'éther, et cristallisé en masses transparentes.

Il fond à 198° et bout à 220°.

Il fonctionne comme un alcool, c'est-à-dire que, chauffé avec les acides, il donne des éthers.

Sous l'action des corps oxydants, il perd d'abord deux atomes d'hydrogène et donne le *camphre ordinaire* $C^{10}H^{16}O$, puis *l'acide camphorique* $C^{10}H^{16}O^4$, par fixation de trois atomes d'oxygène.

CAMPHRE DU JAPON

$$C^{10}H^{16}O.$$

1614. État naturel et préparation. — Le *camphre du Japon*, ou *camphre ordinaire*, est généralement désigné sous le nom de *camphre* tout court.

Il s'extrait du *Laurus camphora*, arbre qui croit principalement au Japon et en Chine.

Pour l'extraire, on coupe les tiges et les rameaux de l'arbre et on les fait bouillir avec de l'eau. La vapeur d'eau, chargée de vapeur de camphre, se dégage et la vapeur de camphre se condense dans les parties froides de l'appareil.

Le camphre brut ainsi obtenu est raffiné dans des ballons de verre, chauffés au bain de sable. Les vapeurs de camphre vont se condenser sur la paroi supérieure du ballon et y forment une masse concave, en forme de cuvette, avec un trou au milieu, que l'on recueille en brisant le ballon.

C'est le camphre raffiné.

La synthèse du camphre a été réalisée par M. Berthelot, en oxydant le camphène $C^{10}H^{16}$, isomère de l'essence de térébenthine.

1615. Propriétés physiques. — Le camphre est un corps solide, blanc, en masse cristalline et translucide.

Il a une odeur forte particulière et une saveur caustique.

Il fond à 172° et bout à 204° ; mais il se sublime lentement à la température ordinaire et, dans les vases où on le conserve, on voit bientôt se former à la partie supérieure des cristaux de camphre.

Il est insoluble dans l'eau, mais très soluble dans l'alcool et l'éther. Sa solution alcoolique dévie à droite le plan de polarisation de la lumière.

1616. Propriétés chimiques. — Le camphre, au point de vue chimique, se comporte comme une aldéhyde du bornéol.

Par hydrogénation, il forme le bornéol $C^{10}H^{18}O$ et, sous l'action des corps oxydants, comme l'acide azotique, l'acide camphorique $C^{10}H^{16}O^4$, qui agit comme un acide bibasique.

Le camphre donne des produits de substitution. Par exemple, le brome agit sur lui, en donnant un corps cristallisé, le camphre monobromé $C^{10}H^{15}BrO$.

Le camphre se rattache aux corps de la série aromatique par les composés qu'il donne par décomposition.

Par exemple, sous des influences déshydratantes, il donne le cumène $C^{10}H^{14}$.

Distillé avec le chlorure de zinc, il donne du benzène, du toluène et d'autres hydrocarbures homologues du benzène.

1617. Usages. — Le camphre est employé en médecine, principalement pour l'usage externe, comme sédatif.

Il entre dans la composition de l'*eau sédative*.

Les *alcools* et les *huiles camphrés* sont de simples solutions de ce corps dans l'alcool et les huiles.

Le camphre est un antiseptique. On l'emploie beaucoup, à cause de cette propriété, pour la conservation des fourrures et des objets de laine.

Enfin, il est employé en grande quantité pour la fabrication du *celluloïd* (1439), qui est un mélange, ou une combinaison, de camphre avec le coton-poudre.

ALCALOÏDES NATURELS

1618. Généralités. — On donne le nom d'*alcaloïdes naturels* à des composés azotés, que l'on extrait des végétaux et qui se comportent comme des alcalis, s'unissant aux acides pour donner des sels solubles et, lorsqu'ils sont en dissolution, bleuissant la teinture de tournesol.

La plupart sont précipités de leurs solutions par les alcalis.

PYRIDINE

$C^5H^5Az.$

1619. Préparation. — La pyridine se produit dans la distillation sèche de la gélatine.

On peut aussi la préparer à l'aide de la nicotine $C^{10}H^{14}Az^2$.

La nicotine, sous l'action oxydante du bichromate de potassium, donne le produit $C^6H^5AzO^2$, appelé *acide carbopyridique :* ce composé, distillé avec de la chaux, se comporte comme l'acide benzoïque et se dédouble, en donnant du carbonate de calcium et de la pyridine, d'après l'équation :

$$CaO + C^6H^5AzO^2 = CO^3Ca + C^5H^4Az.$$

1620. Propriétés physiques. — La pyridine est un liquide incolore, d'une odeur désagréable, d'une saveur brûlante.

Elle bout à 116°.

La pyridine se mélange à l'eau en toutes proportions.

1621. Propriétés chimiques. — La pyridine donne, par substitution de radicaux alcooliques à l'hydrogène, un grand nombre de dérivés, tels que la méthylpyridine $C^5H^4Az(CH^3)$, la triméthylpyridine $C^5H^2Az (CH^3)^3$, etc.

Au point de vue chimique, la pyridine, de même que la benzine pour les composés aromatiques, fonctionne comme un noyau azoté pour la plupart des alcaloïdes naturels.

Ainsi la *cicutine*, alcaloïde de la ciguë, qui a pour formule $C^8H^{17}Az$, dérive de la pyridine C^5H^5Az, ainsi que l'a montré Hoffmann.

Ce chimiste a obtenu la cicutine, en transformant d'abord la pyridine en propylpyridine $C^5H^4Az(C^3H^7)$ et en l'hydrogénant, d'après l'équation :

$$C^5H^4Az(C^3H^7) + H^6 = C^8H^{17}Az.$$

QUINOLÉINE

$$C^9H^9Az.$$

1622. Propriétés. — La quinoléine est un alcaloïde, que l'on peut obtenir par la distillation de plusieurs alcaloïdes naturels, tels que la quinine $C^{20}H^{24}Az^2O^2$, ou la strychnine $C^{21}H^{22}Az^2O^2$, avec de la potasse.

La quinoléine est un liquide bouillant à 236°.

Cette base est à la pyridine ce que la naphtaline est à la benzine.

Ainsi, l'oxydation de la quinoléine donne un acide, l'*acide dicarbopyridique*, $C^9H^9AzO^4$, qui, distillé avec de la chaux, donne du carbonate de calcium et de la pyridine :

$$2CaO + C^9H^5AzO^4 = 2CO^3Ca + C^5H^5Az.$$

Par substitution d'un groupe OH à un atome d'hydrogène, la quinoléine donne l'*oxyquinoléine* $C^9H^8(OH)Az$. Ce corps est un composé de fonction mixte, à la fois alcaloïde et phénol.

Dans l'oxyquinoléine, l'atome d'hydrogène du groupe OH peut être remplacé par un radical alcoolique tel que le méthyle CH^3. On obtient ainsi l'*oxyméthylquinoléine* $C^9H^8(OCH^3)Az$.

Enfin, sous l'action des corps hydrogénants, l'oxyméthylquinoléine fixe 4 atomes de chlore et donne la *tétrahydroxyméthylquinoléine* ou *kairine*, dont la formule est $C^9H^{20}(OCH^3)Az$.

L'intérêt de toutes ces transformations, c'est que la kairine a des propriétés analogues à celles de la quinine ; de sorte qu'on arrivera ainsi probablement à la synthèse de la quinine et à la connaissance de la constitution chimique de cet alcaloïde.

ALCALOÏDE DE LA CIGUË

CICUTINE

$$C^8H^{17}Az$$

1623. État naturel et préparation. — La *cicutine*, ou *conicine*, existe dans la grande ciguë (*Conium maculatum*), dont elle constitue le principe vénéneux.

Pour l'extraire des parties des végétaux qui la contiennent, feuilles et fruits, on les coupe, on les mélange à de l'eau, on additionne d'alcali et on fait distiller. Le produit liquide de la distillation est saturé par l'acide sulfurique étendu, évaporé à consistance sirupeuse, et repris par l'alcool, qui dissout le sulfate de cicutine seul.

La liqueur alcoolique décantée est évaporée et additionnée de soude, qui précipite la cicutine.

Par distillation, on obtient la cicutine, qu'on débarrasse de l'eau qu'elle contient par plusieurs distillations.

Hoffmann a fait la synthèse de la cicutine, en préparant la propylpyridine et la soumettant à l'action de l'hydrogène naissant (1621).

1624. Propriétés. — La cicutine est un liquide incolore, d'une odeur pénétrante, d'une consistance huileuse. Sa densité est 0,87.

Elle bout à 210° et ne se mélange pas à l'eau.

La cicutine, exposée à l'air, se résinifie comme les essences.

Sous l'action des corps oxydants, elle donne de l'acide butyrique $C^4H^4O^2$.

La cicutine donne, par substitution de radicaux alcooliques, des produits de substitution, tels que la méthylcicutine $C^{18}H^{16}(CH^3)Az$.

La cicutine est un poison violent à la dose de 10 centigrammes

ALCALOÏDE DU TABAC

NICOTINE

$$C^8H^{29}Az.$$

1625. État naturel et préparation. — La *nicotine* existe dans le tabac et principalement dans les feuilles de l'arbuste. La proportion de nicotine varie suivant la provenance des tabacs ; d'après M. Schlœsing, les tabacs de France en contiennent environ 8 p. 100, tandis que ceux de la Havane n'en contiennent pas plus de 2 p. 100.

On peut extraire la nicotine du tabac, comme la cicutine de la ciguë.

Mais généralement on opère d'une façon un peu différente, pour éviter de surchauffer la nicotine, que la chaleur décompose facilement. On mélange le tabac haché avec de la chaux en poudre et l'on dispose ce mélange dans des récipients, où circule de la vapeur d'eau; cette vapeur entraîne la nicotine, que l'on recueille et que l'on purifie par distillation dans un courant d'hydrogène.

1626. Propriétés. — La nicotine est un liquide incolore, de consistance oléagineuse, d'une odeur irritante, d'une saveur âcre.

Sa densité est 1,57.

Elle bout à 250° et se dissout facilement dans l'eau, l'alcool et l'éther.

Exposée à l'air, elle brunit, puis se résinifie.

La nicotine est un poison extrêmement violent; deux gouttes suffisent pour faire mourir un chien.

ALCALOÏDES DE L'OPIUM

1627. Généralités. — L'opium est le produit de résinification à l'air du suc qui s'écoule d'incisions faites dans les capsules du pavot (*papaver somniferum*).

Ce suc, mis en contact avec l'eau, se dissout en partie dans ce liquide et cette solution contient tous les alcaloïdes de l'opium, dont les principaux sont la morphine et la codéine.

La solution aqueuse, évaporée au bain-marie, laisse un résidu pâteux, qui est l'*extrait d'opium*, ou *extrait thébaïque*, employé en pharmacie pour la confection du *laudanum*.

MORPHINE

$$C^{17}H^{19}AzO^3$$

1628. État naturel et préparation. — La morphine existe dans le pavot et peut s'extraire de l'extrait d'opium.

Pour obtenir la morphine, on prend la solution aqueuse, obtenue en laissant digérer l'opium dans l'eau, et on la sature par du carbonate de calcium. On concentre la solution, on la décante encore chaude et on la traite par le chlorure de calcium. Les acides se précipitent à l'état de sels de calcium insolubles, les alcalis restent au contraire en dissolution à l'état de chlorures.

Par évaporation de la liqueur filtrée, on obtient des cristaux qui contiennent des chlorhydrates de morphine et de codéine. Ces cristaux sont dissous à chaud dans l'eau; cette solution, traitée par l'ammoniaque, laisse déposer de la morphine, tandis que la codéine reste en dissolution.

Le précipité est lavé à l'eau, repris par l'acide chlorhydrique, soumis à plusieurs cristallisations, qui ont pour but de le purifier, et enfin décomposé par l'ammoniaque pure.

1629. Propriétés. — La morphine est un corps solide, incolore, inodore, d'une saveur amère.

Elle est insoluble dans l'eau et l'éther, très soluble dans l'alcool bouillant. Elle cristallise en prismes clinorhombiques.

La morphine cristallisée contient de l'eau de cristallisation. Chauffée pendant plusieurs heures avec un excès d'acide chlorhydrique, elle perd son eau de cristallisation et devient amorphe : c'est alors l'*apomorphine*, $C^{17}H^{17}AzO$.

La morphine est une base oxygénée.

Par substitution de radicaux alcooliques, elle fournit plusieurs dérivés, tels que la *méthylmorphine* $C^{17}H^{18}AzO^3(CH^3)$, qui n'est autre chose que la *codéine*.

La morphine est un narcotique puissant, tandis que l'apomorphine est un vomitif.

La morphine est surtout employée en médecine, à l'état de sels de morphine, et principalement à l'état de chlorhydrate ; ce composé se prépare très facilement, en traitant la morphine par l'acide chlorhydrique à froid, et peut cristalliser.

La morphine est un poison énergique.

CODÉINE

$$C^{18}H^{21}AzO^3$$

1630. État naturel et préparation. — La codéine existe dans l'opium et se retire de la solution aqueuse, d'où l'on a extrait la morphine.

Cette solution, après qu'on en a retiré la morphine, contient un mélange de chlorhydrates d'ammoniaque et de codéine.

En faisant évaporer la liqueur, le chlorhydrate de codéine se dépose le premier ; on le recueille, on le purifie par des cristallisations successives et on le dissout facilement dans l'eau chaude, d'où on précipite la codéine par la potasse.

On purifie la codéine comme la morphine, en la reprenant par l'acide chlorhydrique, purifiant par plusieurs cristallisations successives le chlorhydrate de codéine, le faisant finalement dissoudre dans l'eau et précipitant par la potasse pure.

La synthèse de la codéine, en partant de la morphine, a été faite par M. E. Grimaux. Ce chimiste a obtenu la codéine, en traitant la morphine par la potasse et l'iodure de méthyle :

$$C^{17}H^{19}AzO^3 + KOH + CH^3I = KI + H^2O + C^{17}H^{18}(CH^3)AzO^3.$$

Cette synthèse montre que la codéine est de la méthylmorphine.

1631. Propriétés. — La codéine est un corps solide, inodore, transparent, d'une saveur amère.

Elle est soluble dans l'eau bouillante, dans l'alcool et l'éther.

Chauffée avec un excès d'acide chlorhydrique, elle donne du chlorure de méthyle et de l'apomorphine, ce qui est encore une confirmation de sa constitution chimique.

La codéine est une base énergique, qui forme avec les acides des sels solubles et cristallisables.

Elle est, comme la morphine, un poison énergique et un narcotique.

La codéine, étant soluble dans l'eau, peut être employée seule, tandis que la morphine doit être employée à l'état de sel.

ALCALOÏDES DES QUINQUINAS

QUININE

$$C^{20}H^{24}Az^2O^2.$$

1632. État naturel et préparation. — La quinine existe principalement dans l'écorce des quinquinas, dont elle forme le principe actif.

Pour obtenir la quinine, on réduit en poudre l'écorce de quinquina jaune et on la fait bouillir pendant plusieurs heures avec de l'eau additionnée d'acide chlorhydrique. On filtre la liqueur, qui contient tous les alcaloïdes du quiquina, à l'état de chlorhydrates solubles, on les précipite par un lait de chaux et l'on filtre.

Le résidu qui est sur le filtre est repris par l'alcool bouillant, qui dissout les alcaloïdes, et la solution alcoolique est additionnée d'acide sulfurique étendu et en léger excès.

On fait bouillir et, par refroidissement, le sulfate de quinine, peu soluble, se dépose en cristaux.

Ces cristaux sont purifiés par des lavages, mis en dissolution dans l'eau chaude et précipités par la potasse.

1633. Propriétés. — La quinine est un corps solide, blanc, amorphe, inodore et d'une saveur très amère.

Elle est insoluble dans l'eau, soluble dans l'alcool et l'éther.

Distillée avec la potasse, la quinine donne la quinoléine C^9H^7Az.

La quinine est un fébrifuge énergique, qui est très employé en médecine.

Comme l'alcaloïde est insoluble dans l'eau, on l'emploie toujours à l'état de sels, et principalement à l'état de sulfate, ou de chlorhydrate.

Les sels de quinine sont acides, ou neutres. La quinine se combine toujours à deux molécules d'un acide monobasique, ou à une molécule d'un acide bibasique.

Les solutions des sels de quinine se dissolvent dans un excès d'acide sulfurique étendu, en donnant une solution à reflets bleus.

CINCHONINE

$$C^{19}H^{22}Az^2O.$$

1634. État naturel et préparation. — La cinchonine se trouve, avec la quinine, dans l'écorce des quinquinas.

On l'extrait principalement de l'écorce de quinquina gris, par un procédé analogue à celui qui permet d'extraire la quinine du quinquina jaune.

On a toujours finalement une solution de sulfates de cinchonine et de quinine. Par le refroidissement, le sulfate de cinchonine reste dans la liqueur.

Après avoir retiré le sulfate de quinine, on fait évaporer et, par le refroidissement, il finit par cristalliser du sulfate de cinchonine, que l'on décompose par la chaux.

1635. Propriétés. — La cinchonine est un corps solide, d'une saveur très amère, insoluble dans l'eau et l'éther, soluble dans l'alcool bouillant.

Elle cristallise en aiguilles légères.

Elle fond à 257°, mais la chaleur la décompose avant l'ébullition; cependant, dans un courant d'hydrogène, on peut sublimer la cinchonine sans la décomposer.

Distillée en présence d'un excès de potasse, la cinchonine donne, comme la quinine, de la quinoléine.

Les corps oxydants donnent aussi avec la cinchonine, de l'acide dicarbopyrique $C^7H^7Az(CO^2H)^2$, qui, distillé avec de la chaux, donne de la pyridine.

La cinchonine est, comme la quinine, un fébrifuge, mais moins énergique.

ALCALI DES STRYCHNOS

STRYCHNINE

$$C^{21}H^{22}Az^2O^2$$

1636. État naturel et préparation. — La strychnine existe dans plusieurs plantes, appartenant au genre *strychnos*.

On la retire généralement de la *noix vomique*, qui est la graine du

Strychnos nux vomica, ou de la *fève de Saint-Ignace*, qui est la graine du *Strychnos Ignatii*.

Pour extraire la strychnine, on réduit la noix vomique en poudre, et on la fait bouillir avec de l'eau additionnée d'acide sulfurique. On évapore la solution au bain-marie et on y ajoute de la chaux, qui précipite les alcaloïdes.

Le précipité, épuisé par l'alcool, donne une solution alcoolique de strychnine, que l'on évapore et qui donne la strychnine.

La strychnine ainsi obtenue est toujours accompagnée d'un alcaloïde analogue, la *brucine* $C^{25}H^{26}Az^2O^4$.

On peut isoler la brucine en traitant par l'acide azotique le résidu de l'évaporation de la solution alcoolique. En faisant évaporer et laissant refroidir, l'azotate de strychnine se dépose, celui de brucine reste en solution.

1637. Propriétés. — La strychnine est un corps solide, incolore, d'une saveur très amère. Elle est insoluble dans l'eau et l'éther, soluble dans l'alcool.

La strychnine cristallise en octaèdres quadratiques.

C'est un poison des plus énergiques, qui agit en provoquant des accès tétaniques violents : à la dose de 2 centigrammes, elle produit une mort immédiate.

On utilise en médecine la strychnine à l'état de sels, principalement de sulfate et de chlorhydrate.

C'est, à dose extrêmement faible, un médicamment contre la paralysie de certains organes.

ALCALOÏDE DES SOLANÉES

ATROPINE

$$C^{17}H^{23}AzO^3$$

1638. État naturel et préparation. — L'atropine existe dans la belladone (*Atropa belladona*), dont elle constitue le principe actif et vénéneux.

Pour l'extraire, on écrase la racine dans l'eau et l'on recueille le liquide ainsi produit. On le fait bouillir, on le filtre et, en ajoutant de la potasse, on précipite l'atropine.

Le précipité, débarrassé du liquide par décantation, est épuisé au moyen du chloroforme.

La solution chloroformique est distillée et le résidu, dissous dans l'alcool, est ensuite soumis à l'évaporation.

1639. Propriétés. — L'atropine est un corps solide, incolore, inodore, d'une saveur amère et âcre.

Elle est insoluble dans l'eau, soluble dans l'alcool et surtout dans le chloroforme.

L'atropine cristallise, par évaporation de la solution alcoolique, en aiguilles soyeuses.

Elle fond à 90° et se volatilise à 140°.

L'atropine, sous l'action des corps oxydants, donne de l'acide benzoïque $C^7H^6O^4$ et de l'hydrure de benzoyle C^7H^6O.

L'atropine est un poison violent à la dose de 8 centigrammes.

En médecine, on utilise l'atropine, ou plutôt ses sels solubles, tels que le sulfate, pour dilater la pupille. Une seule goutte d'une solution de sulfate d'atropine à 1 centième suffit pour dilater la pupille et l'immobiliser.

ALCALOÏDE DU COCA

COCAÏNE

$$C^{17}H^{21}AzO^4$$

1640. État naturel et préparation. — La *cocaïne* est l'alcaloïde qui constitue le principe actif de la feuille du *coca*.

Pour l'obtenir, on fait bouillir les feuilles de coca avec l'eau, on précipite le résidu par l'acétate de plomb, on évapore la liqueur, débarrasée de l'excès de plomb, et on l'agite avec de l'éther, qui, par le repos, forme à la surface une solution éthérée de cocaïne.

On décante, on évapore, on reprend par l'alcool et on fait cristalliser

1641. Propriétés. — La cocaïne est un corps solide, incolore, inodore, d'une saveur amère. Elle se dissout dans l'eau, l'alcool et l'éther et cristallise en prismes clinorhombiques.

Au point de vue chimique, elle a des propriétés alcalines et forme des sels avec les acides.

La cocaïne est très utilisée en médecine et en chirurgie comme anesthésique local.

ALCALOÏDE DE LA JUSQUIAME

HYOSCYAMINE

$$C^{17}H^{23}AzO^3$$

1642. État naturel et propriétés. — L'*hyoscyamine* est un alcaloïde végétal, isomère de l'atropine, qui s'extrait des graines de *Jusquiame* et de *Datura*.

C'est un corps solide et cristallisable, fusible à 180°, qui est employé en médecine.

CHAPITRE XIV

SÉRIE URIQUE

1643. Généralités. — La série urique est formée de l'acide urique et de ses dérivés.

A cette série, se rapportent des corps, que l'on a longtemps classés dans d'autres groupes, tels que la *caféine*, ou *théine*, alcaloïde du café et du thé.

ACIDE URIQUE

$$C^5H^4Az^4O^3$$

1644. État naturel. — L'acide urique forme la plus grande partie des excréments des oiseaux et des reptiles.

Il existe aussi à l'état de sel, d'*urates* alcalins, dans l'urine des carnivores et de l'homme ; chez ce dernier, dans certaines maladies, les urates alcalins forment des *sédiments*, ou des *calculs* insolubles, dans la vessie et les voies urinaires.

1645. Préparation. — Scheele a découvert l'acide urique dans les calculs urinaires.

Aujourd'hui, on l'extrait des excréments du boa, ou plutôt du *guano*. Pour cela, on fait bouillir ces substances avec une lessive étendue de potasse, qui dissout l'acide urique à l'état d'urate neutre de potassium soluble; en ajoutant à la liqueur de l'acide carbonique, il se forme un urate acide de potassium insoluble, qui se précipite.

On le recueille, on le lave, on le dissout dans une lessive étendue de potasse et on le précipite par l'acide chlorhydrique.

Sa synthèse a été réalisée en chauffant à 200° un mélange de glycocolle $C^2H^3(AzH^2)O^2$ et d'urée $COAz^2H^4$, d'après l'équation :

$$C^2H^3(AzH^2)O^2 + 3COAz^2H^4 = C^5H^4Az^4O^3 + 2HO^2 + 3Az$$

1646. Propriétés physiques. — L'acide urique est un corps solide incolore, inodore et insipide.

Il est insoluble dans l'eau, l'alcool et l'éther ; les lessives alcalines étendues le dissolvent et les acides, comme l'acide chlorhydrique, le précipitent de ces solutions en paillettes nacrées, contenant deux molécules d'eau de cristallisation.

1647. Propriétés chimiques. — L'acide urique donne, avec les alcalis, des sels, appelés *urates ;* il fonctionne dans ce cas comme un acide bibasique, c'est-à-dire qu'il donne des urates neutres et des urates acides. Les premiers seuls sont solubles.

Mais l'acide urique ne donne pas d'éthers avec les alcools et, à ce point de vue, ne se comporte pas comme les autres acides organiques, ou minéraux.

La constitution chimique de l'acide urique peut être établie par la nature des dérivés qu'il fournit.

Sous l'action de l'acide azotique, à froid, il s'oxyde et fixe en même temps de l'eau ; il se forme de l'urée $CO^2Az^2H^4$ et de l'alloxane $C^4H^2Az^2O^4$:

$$C^5H^4Az^4O^3 + O + H^2O = COAz^2H^4 + C^4H^2Az^2O^4.$$

L'alloxane, sous l'action de la baryte, donne de l'urée $COAz^2H^4$ et du mésoxalate de baryum, correspondant à l'acide mésoxalique $C^3H^2O^5$, d'après l'équation :

$$C^4H^2Az^2O^4 + BaO^2H^2 = COAz,H^5 + C^3BaO^5.$$

L'acide urique, sous l'action de l'acide azotique à froid, fixe donc en définitive un atome d'oxygène et trois molécules d'eau, pour donner deux molécules d'urée et de l'acide mésoxalique, d'après l'équation :

$$C^5H^4Az^4O^3 + O + 3H^2O = 2COAz^2H^4 + C^3H^2O^5.$$

L'acide urique dérive donc de l'urée, par élimination d'eau et d'oxygène.

De même l'alloxane dérive, d'après ce qui précède, de l'urée, par le remplacement de deux groupes OH par l'acide mésoxalique $C^3H^2O^5$; c'est donc une *mésoxalylurée*.

L'action de l'acide azotique bouillant oxyde davantage l'acide urique et donne de l'*oxalylurée* $C^3H^2Az^2O$, ou *acide parabamique :*

$$C^5H^4Az^4O^3 + O^5 = C^5H^2Az^2O^3 + H^2O + 2AzO^3.$$

Sous l'action de l'oxyde puce de plomb, l'acide urique donne une diuréide, l'*allantoïne* $C^4H^8Az^4O^3$.

1648. Uréides. — Les *uréides*, tels que l'alloxane, l'allantoïne, sont des sels d'urée, moins de l'eau.

Ils jouent donc, par rapport aux sels d'urée, le même rôle que les amides par rapport aux sels ammonicaux.

ALLOXANE

$$C^4H^2Az^2O^4$$

1649. Préparation et propriétés. — L'alloxane, ou *mésoxalylurée*, se produit par l'action ménagée de l'acide azotique, à froid, sur l'acide urique :

$$C^5H^4Az^4O^3 + O + H^2O = COAz^2H^4 + C^4H^2Az^2O^4.$$

L'alloxane est une substance solide, très soluble dans l'eau et dans l'alcool.

La solution aqueuse laisse déposer par évaporation des cristaux volumineux.

L'alloxane est dimorphe. Elle peut cristalliser, avec trois molécules d'eau de cristallisation, sous la forme de prismes orthorhombiques, ou bien, avec une molécule seulement, dans le système clinorhombique.

Sous l'action de l'hydrogène naissant, ou des corps hydrogénants, l'alloxane donne un composé dérivé intéressant l'*alloxantine*.

ALLOXANTINE

$$C^8H^4Az^4O^7$$

1650. Préparation et propriétés. — L'alloxantine se prépare en faisant passer, dans une solution aqueuse d'alloxane, un courant d'hydrogène sulfuré ; deux atomes d'hydrogène se fixent sur l'alloxane et donnent l'alloxantine, avec élimination d'une molécule d'eau :

$$2C^4H^2Az^2O^4 + H^2 = C^8H^4Az^4O^7 + H^2O.$$

L'alloxantine est un corps solide soluble dans l'eau, cristallisable en prismes tricliniques, avec trois molécules d'eau de cristallisation.

MUREXIDE

1651. Préparation et propriétés. — La *murexide*, ou *purpurate d'ammoniaque*, est une belle matière colorante rouge, qui s'obtient en mélangeant les solutions aqueuses d'alloxane et d'alloxantine, et ajoutant un peu de carbonate d'ammonium.

On l'a longtemps préparé industriellement en partant des guanos. On en retirait l'acide urique, que l'on traitait par l'acide azotique à froid, ce qui donnait de l'alloxane (1649), et on ajoutait un peu d'ammoniaque.

La murexide est une poudre rouge, peu soluble dans l'eau froide, plus soluble dans l'eau chaude, et dont les solutions sont pourpres.

Avant la découverte des couleurs d'aniline, la murexide a été très employée pour teindre en rouge, ou en orangé.

MALONYLURÉE

$$C^5H^4Az^2O$$

1652. Préparation et propriétés. — La malonylurée se produit par l'action des hydrogénants énergiques sur l'alloxane.

On l'obtient synthétiquement, en chauffant de l'urée, de l'acide malonique et de l'oxychlorure de phosphore.

La malonylurée est intéressante, parce qu'elle peut reproduire synthétiquement, sous des influences convenables, l'alloxane et l'alloxantine.

ALLANTOÏNE

$$C^4H^6Az^4O^3$$

1653. État naturel et préparation. — L'allantoïne a été découverte par Vauquelin dans l'urine des jeunes veaux.

On l'obtient en oxydant l'acide urique par le bioxyde de plomb PbO^2 :

$$C^5H^4Az^4O^3 + PbO^2 + H^2O = C^4H^6Az^4O^3 + CO^2 + PbO.$$

On peut la reproduire synthétiquement, en chauffant l'acide glyoxylique $C^2H^2O^3$ avec de l'urée, d'après l'équation :

$$C^2H^2O^3 + 2COAz^2H^4 = C^4H^6Az^4O^3 + 2H^2O.$$

1654. Propriétés. — L'allantoïne est un corps solide, incolore, peu soluble dans l'eau.

Elle cristallise en prismes clinorhombiques d'un aspect très brillant.

La synthèse indiquée précédemment et les propriétés chimiques de l'allantoïne montrent qu'elle fonctionne comme un diuréide glyoxylique.

GUANINE

$$C^5H^5Az^5O$$

1655. État naturel et propriétés. — La guanine est une substance qui existe dans le guano, d'où elle a été extraite.

C'est un corps solide, blanc, insoluble dans l'eau, l'alcool et l'éther. Elle est amorphe.

Au point de vue chimique, la guanine fonctionne comme une base et se combine aux acides pour donner des sels cristallisables.

L'acide azoteux l'oxyde et la transforme en *xanthine*.

XANTHINE

$$C^5H^4Az^4O^2$$

1656. Préparation et propriétés. — La xanthine résulte de l'action de l'acide azoteux sur la guanine :

$$C^5H^5Az^5O + AzO^2H = C^5H^4Az^4O^2 + H^2O + Az^2O$$

La xanthine est un corps solide, pulvérulent, amorphe, insoluble dans l'eau et fonctionnant en général comme une base; elle se combine aux acides énergiques.

Par l'action des alcalis, la xanthine donne des produits de substitution, dans lesquels deux atomes d'hydrogène sont remplacés par deux atomes de métal.

THÉOBROMINE

$$C^7H^8Az^2O^2$$

1657. État naturel, préparation et propriétés. — La *théobromine* est l'alcaloïde qui a été extrait du cacao.

La synthèse a été réalisée par M. Fischer au moyen du dérivé plombique de la xanthine, $C^5H^4Az^2O^2Pb$. Ce corps, chauffé avec de l'iodure de méthyle, donne de l'iodure de plomb et de la xanthine diméthylée, d'après l'équation :

$$C^5H^2Az^2O^2Pb + 2CH^3I = PbI^2 + C^5H^2Az^2O^2(CH^3)^2.$$

La xanthine diméthylée de M. Fischer est identique avec la théobromine.

La théobromine est un corps solide, peu soluble dans l'eau et qui se précipite en poudre cristalline.

Au point de vue chimique, elle fonctionne comme une base faible et donne des sels avec les acides très énergiques, comme l'acide sulfurique.

Sous l'action du chlore humide, la théobromine s'oxyde et donne le méthylalloxane $C^4HAz^2O^4(CH^3)$.

Comme la xanthine, elle donne avec les métaux des dérivés. Le principal est le dérivé argentique $C^7H^7Az^2O^4Ag$.

CAFÉINE

$$C^8H^{10}Az^2O^2$$

1658. État naturel, préparation et propriétés. — La *caféine* est l'alcaloïde qui a été retiré du café vert ; elle est identique avec la *théine*, qui a été retirée du thé.

La caféine peut s'obtenir artificiellement en traitant le dérivé argentique de la théobromine $C^7H^7Az^2O^4Ag$ par l'iodure de méthyle CH^3I, d'après l'équation :

$$C^7H^7Az^2O^4Ag + CH^3I = C^8H^{10}Az^2O^4 + AgI.$$

C'est donc une théobromine méthylée.

La caféine est un corps solide, blanc, peu soluble dans l'eau et cristallisant en aiguilles soyeuses.

Au point de vue chimique, elle fonctionne comme une base faible et donne, avec les acides énergiques, des sels cristallisables.

Sous l'action des corps oxydants, la caféine donne de la diméthylalloxane $C^4Az^2O^4(CH^3)^2$ et de l'acide méthylparabanique $C^3H^2Az^3O(CH^3)$.

MATIÈRES ALBUMINOÏDES

1659. Généralités. — On donne le nom de *matières albuminoïdes* à des substances qui, par leur composition et l'ensemble de leurs propriétés, rappellent celles de l'*albumine*, ou *blanc d'œuf*.

Les matières albuminoïdes sont solides, incolores, généralement amorphes.

Elles sont peu solubles dans l'eau et constituent des substances *colloïdes* (757), qui ne passent pas à travers les membranes des dialyseurs.

Par dessiccation, elles forment des corps translucides, ayant l'aspect de la corne, qui se gonflent dans l'eau et s'y dissolvent quelquefois un peu.

Au point de vue de la constitution chimique, les matières albuminoïdes sont des substances azotées, qui contiennent aussi du carbone, de l'hydrogène, de l'oxygène et un peu de soufre.

Elles brûlent en répandant à l'air l'odeur de la corne brûlée.

Leur distillation sèche fournit des produits très complexes, d'où l'on a pu retirer des ammoniaques composées, de l'aniline et de la pyridine.

Les matières albuminoïdes se dissolvent dans les lessives alcalines, en donnant des combinaisons, auxquelles on a donné le nom d'*albuminates*.

Sous l'influence de *ferments figurés*, les matières albuminoïdes subissent la fermentation putride.

Les matières albuminoïdes sont toutes isomères les unes des autres et ont pour formule générale $C^3H^5(AzH^2)O^2$.

Les principales matières albuminoïdes sont les suivantes.

ALBUMINE

1660. État naturel et préparation. — L'albumine constitue le blanc de l'œuf des animaux ovipares. On en rencontre également dans les tissus des végétaux et dans le sang des animaux.

L'albumine, qui est un colloïde, peut être retirée par dialyse du blanc d'œuf, où elle se trouve mélangée à des sels. Pour cela on sature par un acide étendu le blanc d'œufs, on concentre la solution et on la place dans un dyaliseur, qui plonge lui-même dans l'eau distillée (fig. 295). Au bout de plusieurs jours, il reste dans le dialyseur une solution pure d'albumine, qu'on évapore dans le vide.

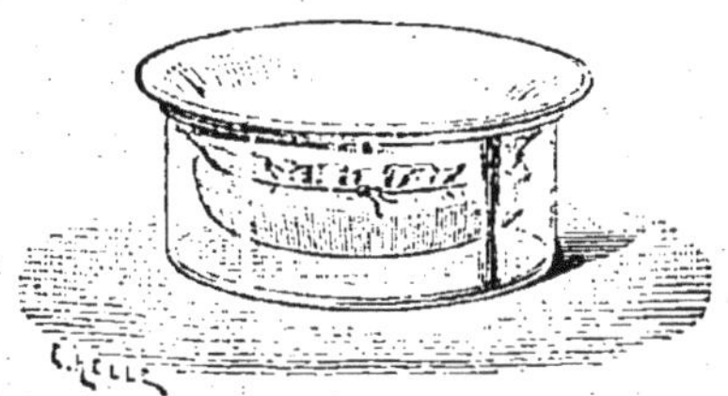

Fig. 295. — Dialyse de l'albumine.

1661. Propriétés. — L'albumine est une substance solide, transparente, un peu jaunâtre.

Elle se dissout facilement dans l'eau en donnant une solution de consistance gommeuse. La solution d'albumine se coagule, quand on la chauffe à 75°.

Plusieurs substances coagulent aussi l'albumine. Les principales sont la solution d'acide métaphosphorique et l'alcool concentré.

Certains sels, comme le chlorure mercurique, en solution, précipitent l'albumine et ce corps peut être employé comme contrepoison des sels de mercure et de plomb.

Les acides organiques précipitent généralement par l'albumine.

Les alcalis précipitent l'albumine en masses gélatineuses, qui constituent des albuminates alcalins.

1662. Usages. — L'albumine est employée dans l'impression des couleurs sur tissus.

On utilise aussi, dans le raffinage du sucre, la propriété que possède l'albumine de se coaguler par la chaleur et de donner un voile gélatineux qui entraine les impuretés.

Le blanc d'œuf est employé, pour la même raison, au *collage* des vins.

CASÉINE

1663. État naturel et préparation. — La caséine est une substance albuminoïde, que l'on trouve dans le lait.

Lorsque le lait se caille, le dépôt solide et grumeleux, qui se forme et qui constitue le fromage, est de la caséine.

Le lait est un liquide complexe, dans lequel il y a de la caséine, matière albuminoïde, une matière grasse, le beurre, et de l'eau, tenant en dissolution un certain nombre de sels et de substances minérales, ou organiques, parmi lesquelles des sels de potassium et le sucre de lait.

Sous l'influence des acides étendus et aussi de certains corps, tels que la *présure*, le lait se caille, c'est-à-dire que la caséine se coagule, devient insoluble et se précipite en entraînant la matière grasse.

Pour obtenir la caséine pure, on additionne le lait d'une lessive de potasse, on l'agite avec de l'éther, qui dissout le beurre, on neutralise la liqueur par de l'acide chlorhydrique étendu, puis on soumet ce liquide à la dialyse (fig. 295).

1664. Propriétés. — La caséine est un corps solide, blanc, amorphe, insoluble dans l'eau, soluble dans les solutions de carbonates et de phosphates alcalins.

La caséine pure n'est pas coagulée par la présure et cette coagulation n'a lieu que dans les liqueurs contenant des phosphates.

Les solutions de sel marin et d'acide acétique précipitent la caséine de ses solutions.

L'acide lactique, qui se développe dans le lait par la fermentation du sucre de lait, produit le même effet.

1665. Fromages. — Les fromages sont fabriqués avec le lait, par l'action des ferments contenus dans la *présure*, qui est de l'estomac de veau. Ces ferments coagulent la caséine, qui précipite sous la forme d'un corps blanc, en grumeaux; on les comprime dans des formes, pour en exprimer le petit lait, et on a les fromages frais.

Les fromages sont le plus souvent exposés à l'air et subissent alors un commencement de fermentation butyrique. Ce sont les fromages *faits* que l'on obtient ainsi.

Les fromages *gras* sont obtenus en précipitant la caséine du lait non écrémé; elle entraine alors avec elle un peu de beurre. Les fromages *maigres* sont préparés au contraire avec du lait, d'où l'on a enlevé la crème.

La plupart des fromages ne sont pas cuits. Quelques-uns, cependant, comme le fromage de Gruyère, sont soumis à la cuisson.

FIBRINE

1666. État naturel et préparation. — La fibrine est une matière albuminoïde, que l'on trouve dans le sang et dans certaines humeurs de l'économie animale.

La fibrine se coagule sous l'influence d'une substance soluble, que ces humeurs tiennent en dissolution et qu'on appelle la *paraglobuline*. C'est la fibrine du sang qui, retenant les globules rouges dans la substance coagulée, forme les *caillots*, desquels se sépare le *sérum*.

Pour obtenir la caséine, on prend du sang de bœuf frais et on le bat vivement avec un balai, formé de petites tiges sèches d'arbustes; on voit bientôt se suspendre aux fibrilles du balai une substance d'aspect gommeux comme le blanc d'œuf : c'est la fibrine. On lave le balai à grande eau, la fibrine est entraînée dans le liquide; on évapore la solution à l'étuve.

1667. Propriétés. — La fibrine est un corps solide, jaunâtre et cassant. Elle est insoluble dans l'eau, où elle se gonfle et devient transparente.

Elle se dissout dans les solutions étendues d'acides et d'alcalis.

GLUTEN

1668. État naturel et préparation. — Le gluten, qu'on a appelé aussi *albumen végétal*, est la matière albuminoïde que l'on trouve dans la farine des céréales et qui lui donne sa plasticité.

On l'en extrait en même temps que l'amidon (1416). Lorsqu'on malaxe la farine sous un mince filet d'eau, l'eau entraîne l'amidon, qui traverse les trous de l'amidonnière, et il reste du gluten, qui constitue une masse molle et élastique comme du caoutchouc.

1669. Propriétés. — Le gluten est un corps solide, plastique et élastique, de couleur grisâtre et d'une saveur fade.

En dissolvant le gluten dans l'alcool bouillant, on le sépare en plusieurs variétés, l'une soluble et l'autre insoluble.

Le gluten, ne se transformant pas, comme l'amidon, en glucose, est employé pour fabriquer des pains à l'usage des malades diabétiques.

C'est, comme toutes les substances albuminoïdes et azotées, un aliment important. En le mélangeant avec de la farine, on obtient une pâte très plastique, que l'on moule et qui sert à fabriquer les diverses pâtes alimentaires, telles que vermicelle, macaroni, pâtes d'Italie, etc.

MATIÈRES COLLAGÈNES

1670. Généralités. — Les matières collagènes sont des substances qui présentent, au point de vue physique, une grande analogie d'aspect et de propriétés avec les substances albuminoïdes.

Au point de vue chimique, elles en diffèrent un peu par la composition. Elles contiennent aussi du carbone, de l'oxygène, de l'hydrogène et de l'azote.

Mais elles sont plus riches en azote et moins riches en carbone que les précédentes.

Les principales sont les suivantes.

OSSÉINE

1671. État naturel et préparation. — L'osséine constitue la matière organique des os, le tissu de la peau et des diverses membranes.

Pour obtenir l'osséine, on met, dans une éprouvette à pied, de l'eau contenant un dixième d'acide chlorhydrique, on y plonge un os de bœuf qu'on maintient par un fil et on l'abandonne pendant quelques jours.

La matière minérale de l'os est attaquée par l'acide et transformée en substances solubles. De sorte que bientôt l'os, qui a conservé le même aspect, est devenu élastique; il est formé d'*osséine*.

1672. Propriétés. — L'osséine est une substance solide, blanche, élastique.

Elle est insoluble dans l'eau et dans les acides.

Soumise à l'action de l'eau bouillante à une température de 120°, elle se transforme en gélatine, qui, par le refroidissement, se prend en une gelée.

L'osséine subit facilement la fermentation putride; le tannin et le sulfate d'aluminium rendent l'osséine de la peau imputrescible, d'où leur emploi dans le tannage (1561).

GÉLATINE

1673. Préparation. — La gélatine se retire des os et de divers tissus animaux, tels que la peau. Mais elle n'y préexiste pas et provient de la transformation de l'osséine, en présence de l'eau bouillante.

Pour obtenir la gélatine, on soumet les tissus précédents à l'action de l'eau chaude, à une température d'environ 120°. Pour cela, on opère dans une marmite de Papin, ou marmite fermée, à laquelle on donne dans ce cas le nom de *digesteur*.

Par le refroidissement, la solution se prend en une masse ayant l'apparence d'une gelée; on la recueille sur des cadres métalliques, où on la découpe, et on la soumet à la dessiccation dans l'étuve.

1674. Propriétés. — La gélatine est un corps solide, incolore, transparent, dur et cassant. Elle est inodore.

Elle se gonfle dans l'eau froide et, dans l'eau bouillante, donne une solution, qui se prend en gelée par le refroidissement et peut être utilisée comme colle.

La gélatine, chauffée avec de l'acide sulfurique étendu, donne le glycocolle, ou sucre de gélatine (1237).

Les solutions de gélatine, même en faible proportion, se reconnaissent toujours facilement avec le tannin, qui donne un précipité brun.

La gélatine, qui est inaltérable à l'air, est généralement employée comme colle.

1675. Colles. — Les principales colles sont les suivantes :

La *colle de poisson* s'extrait, de la même façon que la gélatine des os, de la membrane interne de la vessie natatoire de l'esturgeon.

La colle de poisson est une colle blanche, transparente, formée de gélatine très pure, soluble dans l'eau et se prenant bien en gelée. On s'en sert pour l'apprêt des tissus de soie et des rubans et pour monter les pierreries.

La *colle de Flandre* s'extrait des peaux et surtout des peaux de lapin. On les fait d'abord macérer dans l'eau froide, on les soumet à plusieurs ébullitions et on concentre les liqueurs ainsi obtenues, qui finissent par se prendre en gelée par le refroidissement.

La colle de Flandre est en plaques jaunâtres, transparentes, solubles dans l'eau. On s'en sert pour la fabrication du taffetas d'Angleterre, de la colle à bouche, des gelées de table et pour émailler les photographies.

La *colle forte* est fabriquée, toujours de la même manière, avec des matières premières beaucoup moins pures, des déchets organiques de provenances diverses.

Desséchée, elle est en masses brunes, ou jaunes, dures, cassantes. On l'emploie à un grand nombre d'usages; les menuisiers, les ébénistes, les chapeliers emploient la colle forte.

Les relieurs emploient une colle forte non desséchée, qu'on appelle *colle au baquet* et qui ne se conserve pas.

CHONDROGÈNE

1676. État naturel et propriétés. — Le chondrogène est une matière albuminoïde, qui existe dans les cartilages.

Elle présente de grandes analogies avec l'osséine et, par l'action de l'eau bouillante, donne une substance analogue à la gélatine et appelée la cl.ondrine.

CHONDRINE

1677. Préparation et propriétés. — La chondrine se prépare avec les cartilages, comme la gélatine avec les os, en les faisant bouillir avec de l'eau dans des chaudières fermées.

C'est une substance analogue à la gélatine, qui se dissout dans l'eau chaude et dont les solutions se prennent en gelée par le refroidissement.

Les gélatines et les gelées du commerce, fabriquées avec des déchets de divers tissus animaux, sont toujours mélangées de chondrine.

TABLE DES MATIÈRES

DE LA TROISIÈME PARTIE

—

CHAPITRE PREMIER

DÉFINITION. — ANALYSE ORGANIQUE. — ÉTABLISSEMENT DES FORMULES. — CLASSIFICATION ET NOMENCLATURE

CHAPITRE II

GÉNÉRALITÉS. — SÉRIE MÉTHYLIQUE

CHAPITRE III

SÉRIE ÉTHYLIQUE

CHAPITRE IV

HYDROCARBURES SATURÉS. — ALCOOLS. — ÉTHERS

CHAPITRE V

AMINES. — ALDÉHYDES. — ACÉTONES

CHAPITRE VI

ACIDES GRAS. — AMIDES. — NITRILES. — COMPOSÉS DU CYANOGÈNE

CHAPITRE VII

ALCOOLS D'ATOMICITÉ SUPÉRIEURE. — HYDROCARBURES BIVALENTS. —
GLYCOLS. — AMINES ÉTHYLÉNIQUES. — DÉRIVÉS DES
GLYCOLS. — ACIDES BIBASIQUES

CHAPITRE VIII

ALCOOLS TRIATOMIQUES. — GLYCÉRINE. — CORPS GRAS. — SAVONS ET
BOUGIES. — SÉRIE ALLYQUE. — SÉRIE ACRYLIQUE

CHAPITRE IX

ALCOOLS POLYATOMIQUES. — GLUCOSES. — MATIÈRES AMYLACÉES
GOMMES

CHAPITRE X

MATIÈRES CELLULOSIQUES. — PAPIER. — FERMENTATION. — CONSERVATION DES ALIMENTS. — ACIDES POLYBASIQUES

CHAPITRE XI

SÉRIE AROMATIQUE. — BENZÈNE ET SES DÉRIVÉS

CHAPITRE XII

HOMOLOGUES DE LA BENZINE. — COULEURS D'ANILINE. — TANNIN. — INDIGO

CHAPITRE XIII

ESSENCES. — ESSENCE DE TÉRÉBENTHINE ET SES DÉRIVÉS
CAMPHRES. — ALCALOÏDES VÉGÉTAUX

CHAPITRE XIV

SÉRIE URIQUE. — MATIÈRES ALBUMINOÏDES

ÉVREUX, IMPRIMERIE DE CHARLES HÉRISSEY

Documents manquants (pages, cahiers...)

NF Z 43-120-13